高等职业教育课程改革系列教材

电工技术及应用

主　编　容　慧　蒋　燕

副主编　裴　琴　张誉腾　吕雨农

参　编　宁金叶　石　琼　周　展　周笔锋

　　　　李信德　李书舟　陆小璐　陈　新

　　　　庞积国　王增木

主　审　陈意军

机械工业出版社

本书共八个项目，分别是电路及其基本定律、电路等效分析与简单直流电路故障检测、普通电路分析方法与基本定理、正弦交流电与典型电路安装、三相交流电与典型电路安装、安全用电、磁路与变压器、一阶动态电路分析。

本书精心设计了融电工理论知识、电工仪表使用以及电工综合技能为一体的教学内容，充分体现了高等职业教育的特色。

本书可作为高等职业院校电气自动化技术专业、机电一体化技术专业及相关专业的教材，也可供相关工程技术人员参考学习。本书还可作为湖南省高等职业院校电气自动化技术专业技能抽考的指导用书，不同专业可以根据自身特点和需要进行取舍。

为方便教学，本书配有电子课件等，凡选用本书作为授课教材的教师，均可来函来电索取。电子邮箱:cmpgaozhi@ sina. com；咨询电话：010－88379375。

图书在版编目（CIP）数据

电工技术及应用 / 容慧，蒋燕主编 . —北京：机械工业出版社，2022.7（2024.9 重印）
高等职业教育课程改革系列教材
ISBN 978-7-111-70889-6

Ⅰ. ①电… Ⅱ. ①容… ②蒋… Ⅲ. ①电工技术-高等职业教育-教材 Ⅳ. ①TM

中国版本图书馆 CIP 数据核字（2022）第 092741 号

机械工业出版社（北京市百万庄大街 22 号 邮政编码 100037）
策划编辑：王宗锋 责任编辑：王宗锋 王 荣
责任校对：张 征 刘雅娜 封面设计：陈 沛
责任印制：常天培
固安县铭成印刷有限公司印刷
2024 年 9 月第 1 版第 4 次印刷
184mm×260mm · 15.5 印张 · 382 千字
标准书号：ISBN 978-7-111-70889-6
定价：49.90 元

电话服务 网络服务
客服电话：010-88361066 机 工 官 网：www. cmpbook. com
010-88379833 机 工 官 博：weibo. com/cmp1952
010-68326294 金 书 网：www. golden-book. com
封底无防伪标均为盗版 机工教育服务网：www. cmpedu. com

前 言

“电工技术与应用”是高等职业院校电类相关专业学生必修的一门专业基础课程。为适应高等职业教育发展，满足电工技术的理论知识学习需要、电工岗位工作需求以及高等职业院校学生专业技能抽考的需要，编者在总结电工技术理论与技能知识、电工从业资格证书必考知识，并参考电类相关专业专升本考试大纲的基础上编写本书。

本书主要特点如下：

1. 本书打造知行合一、德技并修的人才培养模式，力争做到内容结构合理，紧密联系岗位需求，突出基础专业理论知识和实用技能训练。以职业能力培养为主线，注重教学过程的实践性和职业性，把教学内容和技能考核标准有机结合，形成理实一体的课程体系。将电工职业道德、安全操作规程和劳模、工匠人物学习等融入书中，使学生从课程学习中，做到德技并修，遵技重技。

2. 本书打造体现“互联网+”新形态的开放式学习平台，立体化资源丰富。配有课程导入、电子课件、教学录像、实验实训指导、课程考核评价等资源，方便教师教、学生学。数字化教学资源已认定为湖南省精品在线开放课程，在超星学银在线平台中为大家呈现，读者可自行前往免费学习。

3. 本书由高职院校与企业共同开发编写，突出职业能力训练与职业素质的培养。根据行业对应用型人才岗位核心能力要求，参照国家相关工种的职业标准，构建合理的知识、能力、素质结构，建立有效的理论和实践相融合的内容体系，培养面向电工岗位、具备综合职业技术应用能力的高素质技能型人才。

4. 书中插入二维码，读者可通过手机扫描查看针对重点、难点的知识点讲解视频或动画。

本书由湖南电气职业技术学院容慧、蒋燕任主编，裴琴、张誉腾、吕雨农任副主编，陈意军教授任主审。参加编写的还有湖南电气职业技术学院宁金叶、石琼、周展、周笔锋、李信德、李书舟，中国兵器工业集团有限公司研究员级高级工程师陆小璐，湖湘建筑工程有限公司高级工程师庞积国，湖南国天电子科技有限公司高级工程师陈新以及湘电集团有限公司电机事业部高级技师王增木。编写分工如下：容慧完成项目四和整书的统稿工作。蒋燕、陈新编写项目一，裴琴、王增木编写项目五，张誉腾、庞积国编写项目二，吕雨农、陆小璐编写项目七，宁金叶、石琼编写项目六，周展、周笔锋编写项目三，李信德和李书舟编写项目八。

由于编者水平有限，书中错误和不足之处在所难免，恳请读者批评指正。

编 者

二维码索引

目 录

项目一 1

电路及其基本定律

任务一　应急灯电路与基本物理量测量

知识目标

1）掌握应急灯电路的基本组成。
2）掌握电路的基本物理量。
3）能通过计算功率正确判断元器件性质。

能力目标

1）掌握电路中测量电压、电流的方法。
2）掌握电路中测量电位的方法。

学知识，明定位

电工及相关专业、岗位与职业职称证书

电工是电力系统工作人员的统称，指从事机械设备和电气系统电路及元器件的安装、调试与维护、修理等工作的技术工人。

电工类相关专业有电气工程及其自动化、智能电网信息工程、电气工程与智能控制、电缆工程专业等；相关职业岗位有电工、电气助理工程师、电气工程师和总工程师等；需要考取的职业资格和职称证书包括电工上岗证、各级电工证、各级电气工程师证和注册电气工程师证。

任务导入

应急照明电路是在正常照明电路发生故障时，能有效地照明和显示疏散通道，或能持续照明而不间断工作的一类电路，广泛应用于公共场所和不能间断照明的地方。常用应急灯如图 1-1 所示。这种应急照明灯的工作原理如何？电路结构如何？电路参数如何测量？

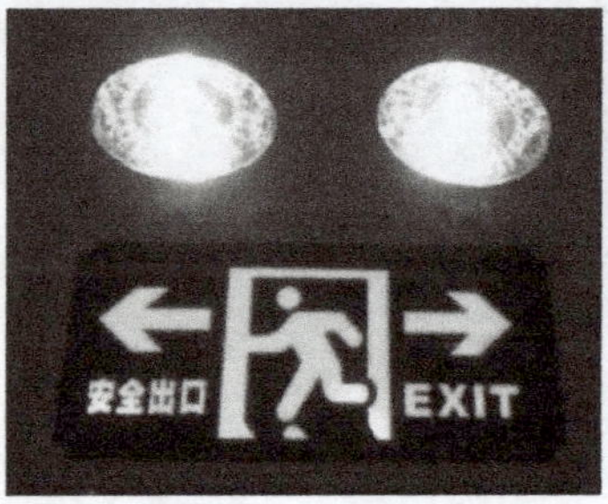

a) 消防安全应急灯

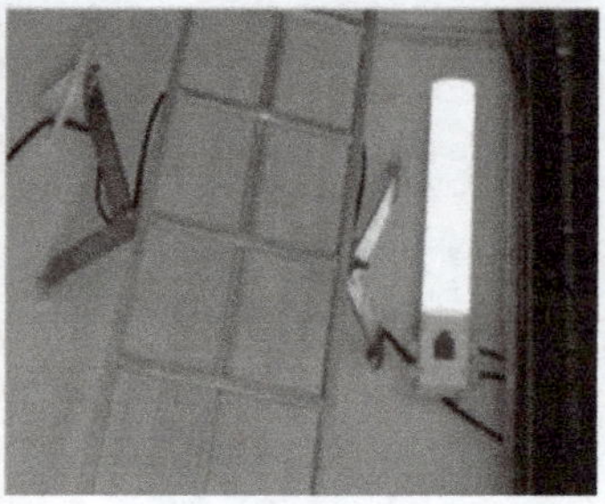
b) 风电塔筒内应急灯

c) 电梯专用应急灯

图 1-1　常用应急灯

知识链接

一、应急灯电路的工作原理

应急灯内部有两套供电系统：一套是内部的蓄电池给应急灯供电；一套是外接电源给应急灯供电同时给蓄电池充电。这种方式下电源具有转换机构，当外接电源断开（停电）时，电路会切换到蓄电池供电方式，这样可以在应急灯电源断开时应急灯依然保持照明状态。应急照明系统以自带电源独立控制型为主，正常电源接自普通照明供电电路，平时对应急灯蓄电池充电，当正常电源切断时，备用电源（蓄电池）自动供电。这种形式的应急灯，每个灯具内部都有变压、稳压、充电、逆变、蓄电池等大量的电子元器件。

二、电路的概念

电路，简单地说，就是为了实现某种功能，将一些电气设备或元器件按一定方式连接起来使电流流通的回路。

三、电路的组成

实际电路的种类有很多，但是不论电路的具体形式和复杂程度如何不同，都可以分为电源、负载和中间环节三个部分。图 1-2 所示是应急灯电路在蓄电池工作方式下的简化电路示意图，图中左边的电池（蓄电池）是电源；右边的灯泡是负载；电路的其他部分称为中间环节。

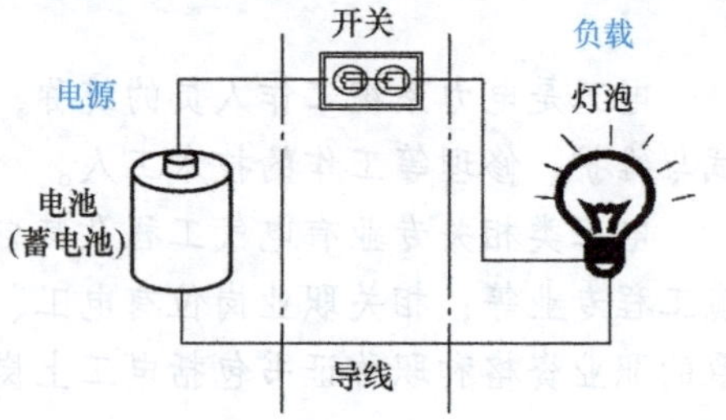

图 1-2　应急灯电路在蓄电池工作方式下的简化电路示意图

1. 电源

电源是指产生电能或电信号的装置，如各种发电机、电池、蓄电池、稳压电源及信号源等。

2. 负载

负载是取用电能的设备，它将电能转换为其他形式的能量。例如，白炽灯将电能转换为热能和光能，电动机将电能转换为机械能、热能，扬声器将电能转换为声能等。

3. 中间环节

中间环节是指传输、控制电能的装置，如连接导线、变压器、开关及保护电器等。

四、电路的功能

电路的种类很多，用途各异，但其基本功能可以概括为以下两大类：

1. 实现电能的传输、分配与转换

发电机把机械能、热能、原子能、风能、水能等非电能形式的能量转换为电能；电力网系统实现电能的传输与分配；荧光灯、白炽灯实现电能到光能的转换；电动机把电能转换成机械能等。

2. 进行信号的传递与处理

电视机将接收到的有线电视信号进行选择，得到所需的频率信号，再经过多级放大等处理，将电信号转换成图像、声音等信号进行输出。手机能看电视、听音乐也是类似的原理。教师上课用的扬声器，其工作原理则是将语音信号转换为电信号，经放大器进行放大处理传递给扬声器，以驱动扬声器发声。

五、电路的基本物理量

在进行电路分析时，常用的基本物理量主要有电流、电压、电位、电动势、功率和能量等，下面逐一进行介绍。

电流

1. 电流

（1）电流的定义　带电粒子的定向移动形成电流。

（2）电流的大小　电流是指单位时间内通过导体横截面的电荷量，即

$$i = \mathrm{d}q/\mathrm{d}t$$

在直流电路中，电流用大写字母 I 表示；在交流电路中，用小写字母 i 表示。

（3）电流的单位　在国际单位制中，电流的基本单位为安培（A），简称安。常用的单位还有毫安（mA）、微安（μA），其中：

$$1\mathrm{mA} = 10^{-3}\mathrm{A},\ 1\mu\mathrm{A} = 10^{-3}\mathrm{mA} = 10^{-6}\mathrm{A} \qquad (1\text{-}1)$$

（4）电流的方向　电流的方向分为实际方向和参考方向两种。

1）电流的实际方向。规定正电荷的移动方向为电流的实际方向。

2）电流的参考方向。由于在分析电路时，电流的实际方向很难判定，因此为了方便分析和计算电路，任意假定一个方向作为电流的参考方向。

3）电流参考方向与实际方向的关系。如图 1-3 所示，在进行电流的计算时，如果计算结果 i 为正值（$i>0$），说明电流的参考方向与实际方向一致；如果计算结果 i 为负值（$i<0$），说明电流的参考方向与实际方向相反。

【例 1-1】　如图 1-4 所示，两元件上流过的电流大小均为 2A，但由于图 1-4a 中电流参考方向与实际方向相同，因此流过元件 1 的电流应写作 $I_1 = 2\mathrm{A}$；图 1-4b 中电流参考方向与实际方向相反，因此流过元件 2 的电流应写作 $I_2 = -2\mathrm{A}$。

采用了电流的参考方向以后，电流就变为一个代数量，既有大小，又有方向。此后，本书电路图上所标出的电流方向，无特殊说明，均是指参考方向。

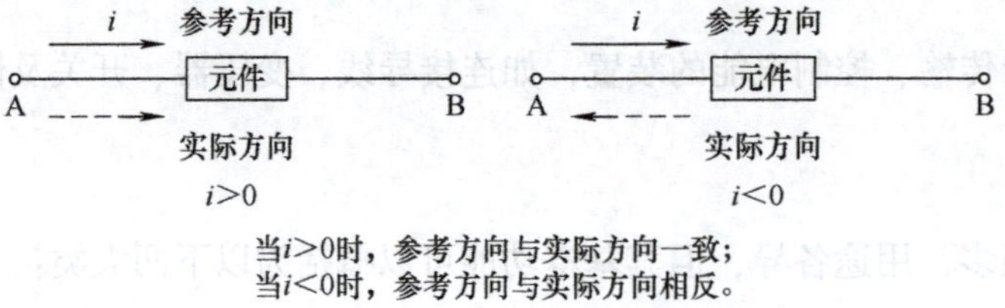

图 1-3 电流参考方向与实际方向的关系

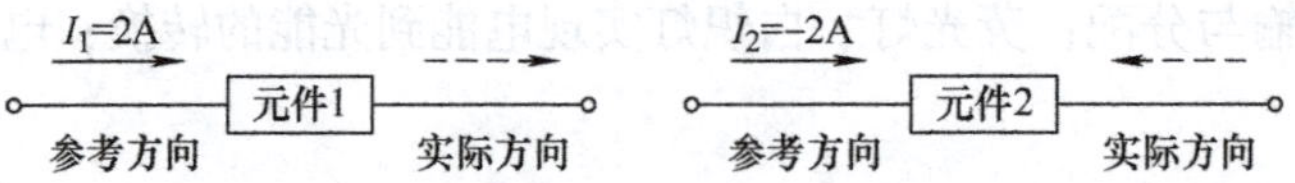

a) b)

图 1-4 电流参考方向与实际方向的关系举例

（5）电流参考方向的表示方法 电流参考方向有两种表示方法。

1）用箭头进行表示，如图 1-5a 所示。在电路中如果没有特别说明，用实线箭头表示的都是电流的参考方向。

2）用电流符号 i 加双下标进行表示，如图 1-5b 所示。图中 i_{AB} 表示电流的参考方向由 A 指向 B；i_{BA} 表示电流的参考方向由 B 指向 A，且 $i_{AB} = -i_{AB}$。

a) 箭头法 b) 双下标法

图 1-5 电流的参考方向的两种表示方法

2. 电压

（1）电压的定义 电压也称为电位差或电势差，是衡量单位电荷在静电场中由于电势不同所产生的能量差的物理量。

电压

（2）电压的大小 电压表示电场力移动电荷做功的本领，等于电场力将单位正电荷从 A 点（高电位）移到 B 点（低电位）所做的功，$u = dW/dq$，如图 1-6 所示。

在直流电路中，电压用大写字母 U 表示；在交流电路中，用小写字母 u 表示。

（3）电压的单位 在国际单位制中，电压的基本单位为伏特，简称伏（V）。常用单位还有千伏（kV）、毫伏（mV）、微伏（μV），其中：

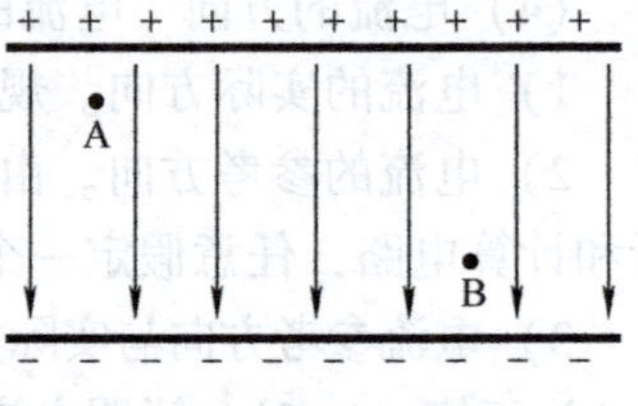

图 1-6 电压

$$1\text{kV} = 10^3\text{V},\ 1\text{mV} = 10^{-3}\text{V},\ 1\mu\text{V} = 10^{-3}\text{mV} = 10^{-6}\text{V} \tag{1-2}$$

（4）电压的方向 与电流方向类似，电压的方向也分为实际方向和参考方向两种。

1）电压的实际方向。电压的实际方向也称为正方向，规定为从高电位指向低电位。

2）电压的参考方向。由于在分析电路时，电压的实际方向很难判定，因此为了方便分析和计算电路，任意假定一个电压降低的方向即为电压的参考方向。

3）电压的参考方向与实际方向的关系。如图 1-7 所示，在进行电压的计算时，如果计算结果 u 为正值（$u>0$），说明电压的参考方向与实际方向一致；如果计算结果 u 为负值（$u<0$），说明电压的参考方向与实际方向相反。

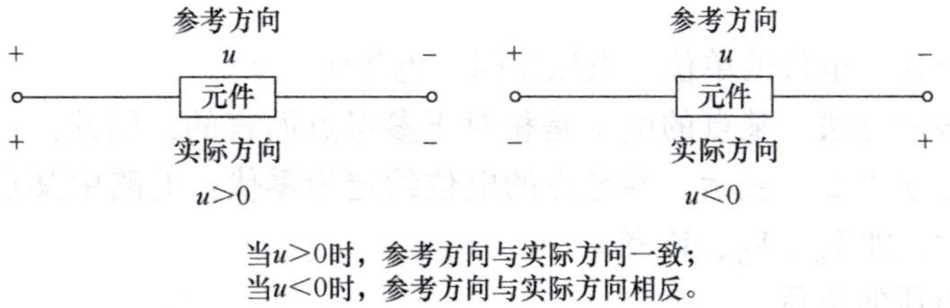

图 1-7　电压参考方向与实际方向的关系

【例 1-2】 如图 1-8 所示，根据标注的电压参考方向，图 1-8a 中元件 1 两端电压 $U_1=3V$，说明元件 1 两端电压参考方向与实际方向相同，即实际电压方向也向右，实际电位左端比右端高。图 1-8b 中元件 2 两端电压 $U_2=-3V$，说明元件 2 两端电压大小为 3V，但参考方向与实际方向相反，即实际电压方向向左，实际电位左端比右端低。

图 1-8　电压参考方向与实际方向的关系举例

采用了电压的参考方向以后，电压就变为一个代数量，既有大小，又有方向。此后，本书电路图上所标出的电压方向，无特殊说明，均是指参考方向。

4）电压参考方向的表示方法。电压的参考方向有三种表示方法。图 1-9a 所示为用箭头进行表示，箭头由高电位端指向低电位端；图 1-9b 所示为用“+”“−”极性分别表示高电位端和低电位端；图 1-9c 所示为用电压符号 u 加双下标进行表示，如 u_{ab} 表示 a、b 两点间电压的方向是从 a 指向 b。

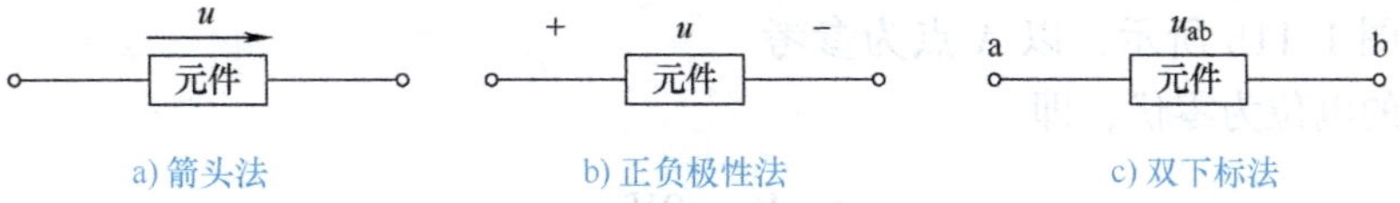

图 1-9　电压参考方向的三种表示方法

（5）电压、电流的关联与非关联方向　电压、电流的关联与非关联方向是对元件或支路中电压、电流参考方向关系的一种描述。如图 1-10a 所示，电压 U 与电流 I 的参考方向都是从 A 指向 B，方向一致，则称电流电压为关联参考方向。图 1-10b 中，电压 U 的参考方向是从 A 指向 B，而电流 I 的参考方向是从 B 指向 A，即电流电压参考方向不一致，因此电流电压为非关联参考方向。

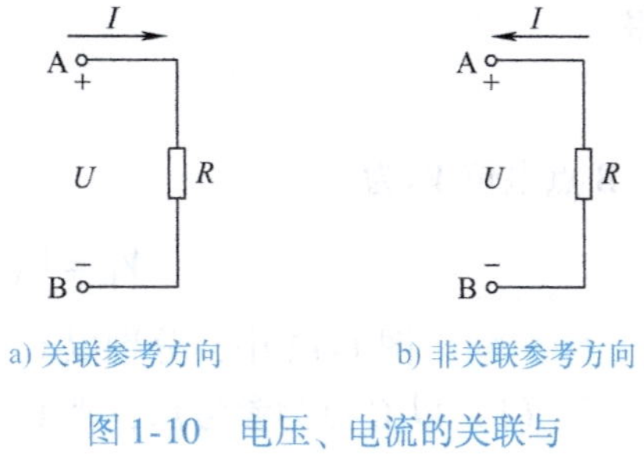

图 1-10　电压、电流的关联与非关联参考方向

3. 电位

电位

（1）电位的定义　在电路中任选一个点为参考点，电路中另外某点到参考点的电压就称为该点的电位，也就是电场力把单位正电荷从该点移到参考点所做的功。

（2）电位的单位　电位的单位与电压相同，也是伏（V）。

（3）电位的表示方法　某点的电位是相对于参考点而言的，因此，在电路中任选的一个参考点用接地符号“⊥”表示，参考点的电位约定为零伏；电路中某点到参考点的电位用 V 加单下标表示，如 V_a、V_b、V_c 等。

（4）电位与电压的关系

1）相同点。电位与电压的单位相同，基本单位都是伏（V）。

2）不同点。电位是相对于参考点而言的，选取的参考点不同，某点的电位就不同，因此电位是一个相对值。而电压是两电位间的差值，与参考点的选取无关，因此电压是一个绝对值。

3）电位与电压之间的数学关系。电路中任意两点 a、b 之间的电压等于这两点电位之差，即

$$U_{ab} = V_a - V_b \tag{1-3}$$

【例 1-3】　图 1-11 中，分别以 A 点与 B 点为参考点，求 A、B 点的电位。

解：（1）如图 1-11a 所示，以 B 点为参考点，则 B 点的电位为零伏，即

$$V_B = 0V$$

已知 $U_{AB} = 6V$，且 A、B 两点间的电压 U_{AB} 等于 A 点电位 V_A 与 B 点电位 V_B 的差值，可得

$$U_{AB} = V_A - V_B$$

A 点电位 V_A 为

$$V_A = U_{AB} + V_B = 6V + 0V = 6V$$

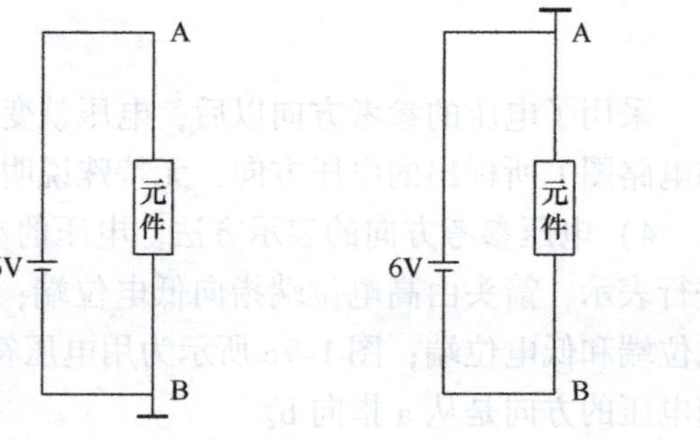

a) 以B点为参考点的电路　　b) 以A点为参考点的电路

图 1-11　例 1-3 题图

（2）如图 1-11b 所示，以 A 点为参考点，则 A 点的电位为零伏，即

$$V_A = 0V$$

已知 $U_{AB} = 6V$，且 A、B 两点间的电压 U_{AB} 等于 A 点电位 V_A 与 B 点电位 V_B 的差值，可得

$$U_{AB} = V_A - V_B$$

B 点电位 V_B 为

$$V_B = V_A - U_{AB} = 0V - 6V = -6V$$

【例 1-4】　图 1-12 中，分别以 C 点和 B 点为参考点，求 A、B、C 点的电位。

解：（1）以 C 点为参考点，则 C 点的电位为零伏，即

$$V_C = 0V$$

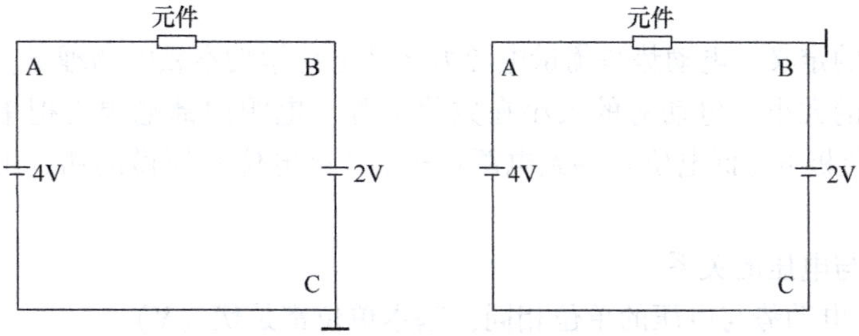

a) 以C点为参考点的电路　　b) 以B点为参考点的电路

图1-12　例1-4题图

已知 $U_{AC}=4V$，且 A、C 两点间的电压 U_{AC} 等于 A 点电位 V_A 与 C 点电位 V_C 的差值，可得

$$U_{AC}=V_A-V_C$$

A 点电位 V_A 为

$$V_A=U_{AC}+V_C=4V+0V=4V$$

已知 $U_{BC}=2V$，且 B、C 两点间的电压 U_{BC} 等于 B 点电位 V_B 与 C 点电位 V_C 的差值，可得

$$U_{BC}=V_B-V_C$$

B 点电位 V_B 为

$$V_B=U_{BC}+V_C=2V+0V=2V$$

(2) 以 B 点为参考点，则 B 点的电位为零伏，即

$$V_B=0V$$

已知 $U_{BC}=2V$，则

$$U_{CB}=-2V,\ U_{AB}=4V-2V=2V$$

由 $U_{AB}=V_A-V_B$ 得 A 点的电位为

$$V_A=U_{AB}+V_B=2V+0V=2V$$

由 $U_{CB}=V_C-V_B$ 得 C 点的电位为

$$V_C=U_{CB}+V_B=-2V+0V=-2V$$

知识拓展

等电位的概念

如果电路中某两点间电压的计算结果为零，则表示该两点等电位。若两等电位点之间原本无导线连接，用导线连接这两点后，此导线中不会有电流通过。高压带电作业时，正是利用等电位的概念，作业人员穿上全套屏蔽服（包括屏蔽帽、屏蔽手套、屏蔽鞋/靴、屏蔽袖、屏蔽护肩、屏蔽衣，也称作等电位均压服）后，屏蔽服与高压电线之间形成等电位，这样电流只会通过身体表面的屏蔽服流过而不流经人体，从而可以保障高压带电作业人员的人身安全。

4. 电动势

电动势

(1) 电动势的定义　电动势是衡量电源力移动电荷做功本领的物理量。

(2) 电动势的大小　电动势的大小在数值上等于电源内部电源力把单位正电荷从电源负极 b（低电位）移到电源正极 a（高电位）所做的功，用字母 E 表示。

(3) 电动势与电压的关系

1）相同点。电动势与电压的单位相同，基本单位都是伏（V）。

2）概念不同。如图 1-13 所示，电动势描述的是在电源内部，电源力把单位正电荷从电源负极 b（低电位）移到电源正极 a（高电位）所做的功；电压描述的是在电源外部，电场力把单位正电荷从电源正极 a（高电位）移到电源负极 b（低电位）所做的功。

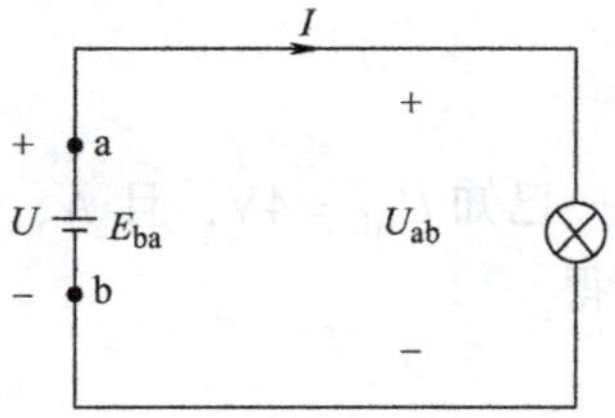

图 1-13　电压与电动势

3）方向不同。电动势的实际方向规定为在电源内部由低电位（负极）指向高电位（正极），即电位升高的方向。电压的实际方向规定为在电源外部由高电位（正极）指向低电位（负极），即电位降低的方向。

5. 功率

功率

(1) 功率的定义　在电气工程中，电功率是用来衡量能量转换快慢的物理量，简称功率，定义为单位时间内元件吸收或发出的电能，用 p 表示，即

$$p = \mathrm{d}W/\mathrm{d}t = ui \tag{1-4}$$

(2) 功率的单位　在国际单位制中，功率的基本单位是瓦特，简称瓦（W）。常用单位还有千瓦（kW）、毫瓦（mW），其中：

$$1\text{kW} = 10^3\text{W}, 1\text{mW} = 10^{-3}\text{W} = 10^{-6}\text{kW} \tag{1-5}$$

(3) 功率的计算　由式(1-4) 可知，电功率与电压、电流关系密切。在电路分析时，电压、电流都采用参考方向，因此计算功率时应注意：

1）电压、电流为关联参考方向时，即电压、电流参考方向一致时，计算功率用公式为

$$p = ui \tag{1-6}$$

2）电压、电流为非关联参考方向时，即电压、电流参考方向不一致时，计算功率用公式为

$$p = -ui \tag{1-7}$$

(4) 元件属性的判定　通过计算元件的功率，可以判断元件的属性。不论元件的电压、电流参考方向关联与否，计算出的功率值与元件属性有如下关系：

$$\begin{aligned} &p > 0, \text{吸收功率，该元件是负载；} \\ &p < 0, \text{释放功率，该元件是电源。} \end{aligned} \tag{1-8}$$

【例 1-5】　求图 1-14 中各元件的功率，判断元件在吸收还是释放功率？是电源还是负载？

解：

(1) 图 1-14a 中，由于电压、电流为关联参考方向，有

$$P_1 = U_1 I_1 = 3\text{V} \times 2\text{A} = 6\text{W} > 0$$

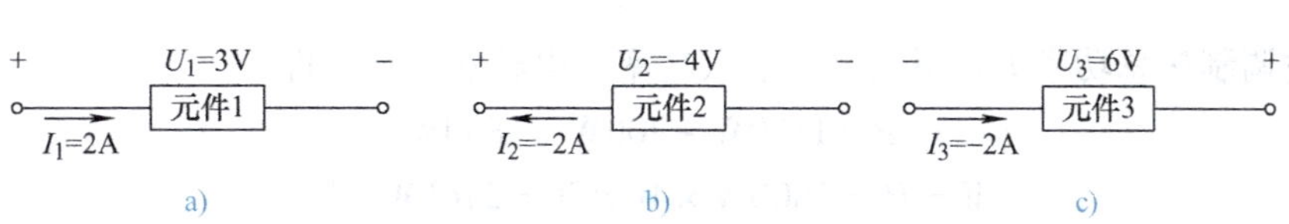

图 1-14　例 1-5 题图

计算得元件 1 的功率为 6W，功率为正值，该元件在吸收功率，是负载。

（2）图 1-14b 中，由于电压、电流为非关联参考方向，有

$$P_2 = -U_2I_2 = -(-4\text{V})\times(-2\text{A}) = -8\text{W} < 0$$

计算得元件 2 的功率为 −8W，功率为负值，该元件在释放功率，是电源。

（3）图 1-14c 中，由于电压、电流为非关联参考方向，有

$$P_3 = -U_3I_3 = -6\text{V}\times(-2\text{A}) = 12\text{W} > 0$$

计算得元件 3 的功率为 12W，功率为正值，该元件在吸收功率，是负载。

【例 1-6】　求图 1-15 所示电路中各元件的功率，并计算电路的总功率。

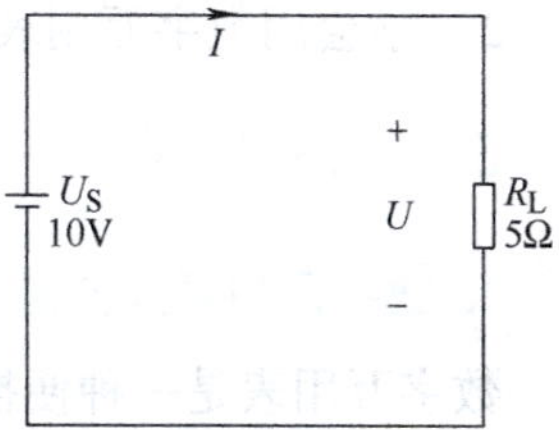

图 1-15　例 1-6 题图

解：在图 1-15 所示电路中，流经电阻 R_L 的电流 I 为

$$I = U_S/R_L = 10\text{V}/5\Omega = 2\text{A}$$

电源 U_S 两端电压与电流为非关联参考方向，电源的功率为

$$P_S = -U_SI = -10\text{V}\times 2\text{A} = -20\text{W} < 0$$

电源 U_S 在释放功率。

电阻 R_L 两端电压电流为关联参考方向，电阻的功率为

$$P_L = UI = 10\text{V}\times 2\text{A} = 20\text{W} > 0$$

电阻 R_L 在吸收功率。

电路的总功率 P 为

$$P = P_S + P_L = -20\text{W} + 20\text{W} = 0$$

可见，电路中的总功率是平衡的，即电路中电源释放的功率一定等于负载所吸收的功率，电路总功率为零。

能量

6. 能量

（1）能量的定义　电工学中所说的能量是指电能，简单地说就是电流在经过电气设备时发生的能量转换的大小，也是电流所做的功，用符号 W 表示。

（2）能量的单位　国际单位为焦耳，简称焦（J），常用的电能单位为千瓦时（kW·h），1kW·h 为 1kW 的用电器工作 1h 所消耗的能量，即

$$1\text{kW}\cdot\text{h} = 3.6\times 10^6\text{J} \qquad (1\text{-}9)$$

（3）能量的计算　电能的计算公式为

$$W = qU = UIt \qquad (1\text{-}10)$$

对于电阻来说，吸收的电能全部转换成热能，其大小为

$$W_R = UIt = I^2Rt \qquad (1\text{-}11)$$

【例 1-7】　若宿舍配有 1.5 匹壁挂式空调一台，已知该空调制热时的输入功率为 1100W，电辅热功率为 700W，忽略宿舍面积与墙体散热等消耗，试计算该空调每天连续制热 4h，一月算 30 天，共产生电费多少元？1kW·h 电费按 0.6 元计算。

解： 空调制热总功率 P = 制热时的输入功率 + 电辅热功率，即

$$P = 1100\text{W} + 700\text{W} = 1800\text{W}$$

$$W = Pt = 1800\text{W} \times 4\text{h} \times 30 = 216\text{kW} \cdot \text{h}$$

$$\text{电费} = 216 \times 0.6\ \text{元} = 129.6\ \text{元}$$

任务实施与评价一

一、任务描述

对电路中的电压与电流进行测量。

二、任务要求

1）正确使用数字万用表，并对其进行正确的养护。

2）学会用数字万用表测量电路中的电压与电流。

三、实施步骤

1. 数字万用表的介绍

数字万用表是一种便携式电工仪表，它因工作可靠，读数客观、直观，且有价格低、体积小、准确度高等优点，被广泛应用。

（1）数字万用表功能界面简介　数字万用表型号种类多，但主要功能基本相同，下面以 MY60 型数字万用表为例进行详细介绍。

数字万用表的功能界面主要分为液晶显示器构成的显示区、电源开关、晶体管测试孔、功能旋钮对应的功能选择区、电流测试孔、测试公共接地端和电压/电阻测试孔等，功能界面如图 1-16 所示。

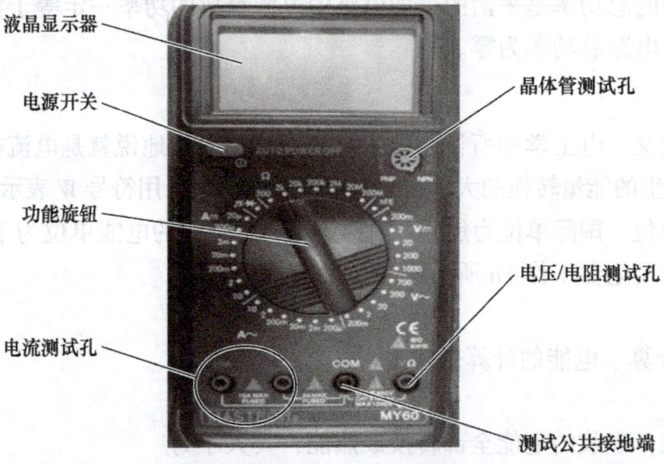

图 1-16　MY60 型数字万用表功能界面示意图

（2）数字万用表的使用方法

1）直流/交流电压测量。测量电压时，数字万用表的红表笔接“VΩ”插孔，黑表笔接

“COM”插孔。测量直流电压时，将功能旋钮旋至“V⎓”所在的合适量程。测量交流电压时，将功能旋钮旋至“V～”所在的合适量程。将红、黑表笔并联入被测电路中，打开万用表电源开关，即可在液晶显示区显示电压测量结果。

注意：若测量之前不知道被测电压范围时，应将功能旋钮旋至相应量程的最高档，并逐档降低量程。当液晶显示区只在最高位显示“1.”时，说明量程选择太小，应将量程调高。测量直流电压时，应注意电压的极性。

MY60型数字万用表不宜测试直流电压大于1000V、交流电压大于700V的电压，否则会损坏仪表。

2）直流/交流电流测量。测量电流时，数字万用表黑表笔接“COM”插孔，被测电流小于2A时，红表笔接“A”插孔，被测电流在2～10A之间时，红表笔接“10A”插孔。测量直流电流时，将功能旋钮旋至“A⎓”所在的合适量程；测量交流电流时，将功能旋钮旋至“A～”所在的合适量程；将红、黑表笔串联入被测电路中，打开万用表电源开关，即可在液晶显示区显示电流测量结果。

注意：当测量之前不知道被测电流范围时，应将功能旋钮旋至相应量程的最高档，并逐档降低量程。当液晶显示区只在最高位显示“1.”时，说明量程选择太小，应将量程调高。

电流测量时，数字万用表装有电流过载保护熔断器，如果电流过载，熔体将熔断，应按规定值及时更换。测量直流电流时，应注意电流的极性。

3）电阻测量。测量电阻时，数字万用表的红表笔接“VΩ”插孔，黑表笔接“COM”插孔；将功能旋钮旋至电阻档合适量程，将表笔跨接在被测电阻两端，读出显示值。

注意：测量电阻值时，应将电阻从原来的电路中断开。

（3）使用数字万用表的注意事项　如果开机不显示任何数字，应首先检查9V电池是否失效，还需检查电池引线有无断线，电池夹是否接触牢靠。若显示为低电压标识符，应及时更换新电池。测量时，若液晶显示器最高位显示数字“1.”，其他位均为消隐，证明万用表已发生过载，应选择更高的量程。有些数字万用表带读数保持开关或者按键，平时应置于关断位置，以免影响正常测量。某些数字万用表增加了自动关机功能，当仪表停止使用或停止于某一档位的时间超过15min时，能自动切断电源，使仪表处于低功耗的“休眠”状态，而非出现故障，此时只需重新启动即可恢复正常工作。

使用数字万用表时不得超过所规定的极限值。最高直流电压档的输入电压极限值为1000V，最高交流电压档位700V或750V（有效值）。当被测交流电压上叠加有直流电压时，两者电压之和不得超过所用交流电压档的输入电压极限值。

测量交流电压时，应当用黑表笔接被测电压的低电位端（如被测信号源的公共接地端、机壳、220V交流电的中性线端）等，以消除仪表输入端对地分布电容的影响，减小测量误差。

测量大电流时，必须使用“10A”插孔。

数字万用表的红表笔带正电，黑表笔带负电，这与指针式万用表的表笔极性正好相反，测量有极性的元器件时，必须注意表笔的极性。

测量电阻时，两手不得碰触表笔的金属端或元器件的引出端，以免引入人体电阻，影响测量结果。严禁在被测电路带电的情况下测量电阻。

有些数字万用表有电容测试档，因此在用电容档测量电解电容时，被测电容的极性应与电容插座所标明的极性保持一致，测量前必须将电容放电，以免损坏仪表。

2. 用数字万用表测量电路中的电压参数

1）如图1-17所示，根据电压、电流测量电路原理图调试好直流电源电压。

本次任务采用电工技术实验装置中的“直流数显稳压恒流电源”供电，电源面板如图1-18所示。将“电压调节”旋钮调至6V，“电流调节”旋钮调到最大。

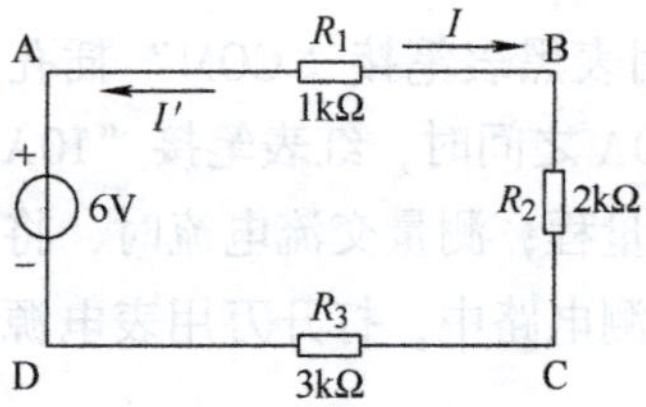

图1-17 电压与电流测量电路原理图

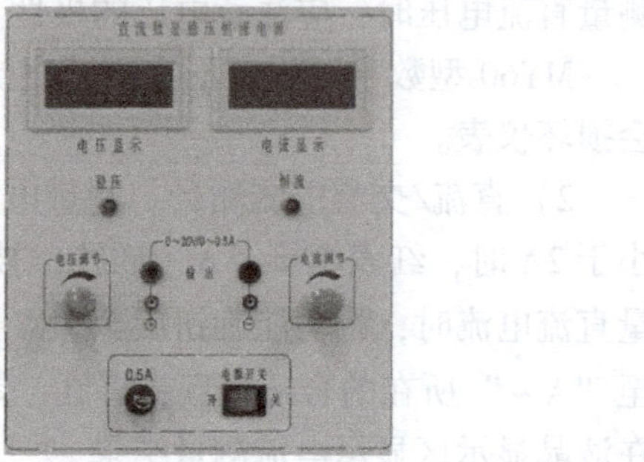

图1-18 直流数显稳压恒流电源面板

2）电源调试好后，关闭电源开关。

3）根据图1-17将电路的其他部分搭建完毕，并检查电路连接的正确性。

4）将数字万用表并联入电路的相应位置，测量电压U_{AB}、U_{BC}、U_{CD}和U_{AD}的值。例如测量电压U_{AB}时，数字万用表红表笔插入“VΩ”插孔，黑表笔插入“COM”插孔，将功能旋钮旋至“V⎓”所在的合适量程。再将红、黑表笔表头并联于电阻R_1两侧，红表笔接在电路中的A点，黑表笔接在电路中的B点。打开电路中的6V电源，打开万用表，即可在液晶显示区读取出电压U_{AB}的值，如图1-19所示。

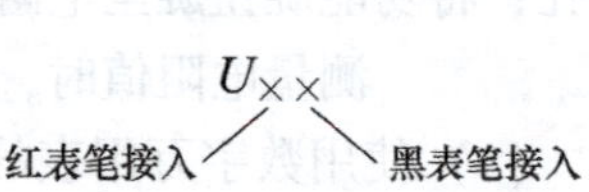

图1-19 电压测量示意图

5）将测量的电压值记入任务实施报告中。

注意：当一个电压值测量完毕后，应先关闭电源和数字万用表；改动好测量电路后，再打开电源和万用表，测量另一个电压值。

6）按上述方法，测量电路中电压U_{BA}、U_{CB}、U_{DC}和U_{DA}的值，将数据记录于任务实施报告中。

3. 用数字万用表测量电路中的电流参数

1）调节好所需6V电源后，关闭电源开关。

2）计算（估算）电路中电流I的值，确定合适的电流插孔。

3）将数字万用表串联入电路中，测量电流I即I_{AB}的值。具体操作：数字万用表黑表笔接“COM”插孔。因本电路中的电流$I<2A$，红表笔接“A”插孔。测量直流电流时，将功能旋钮旋至“A⎓”所在的合适量程。将万用表串联在电路中同一电流路径的任意位置中。打开电路中的6V电源，打开万用表，即可在液晶显示区读取电流$I(I_{AB})$的值，如图1-20所示。

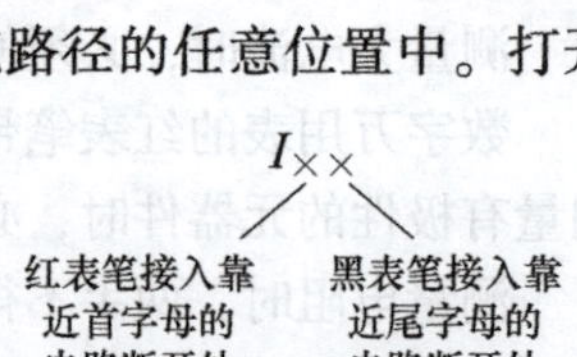

图1-20 电流测量示意图

注意：当一个电流值测量完毕后，应先关闭电源和数字万用表，改动好测量电路后，再打开电源和万用表，测量另一个电流值。

4）按上述方法，测量电路中电流 I' 的值，将数据记录于任务实施报告中。

四、注意事项

1）在进行电路参数测量时，应养成良好的操作习惯：先调试好电路所需电源，关闭电源；再根据原理图搭建电路其他部分。检查正确无误后，合上电源，进行相关任务的实施。任务完成后，应先关闭电源，再拆除电路，恢复操作现场。严禁带电改动电路。

2）测量电路参数时，应选择合适的量程，以免引入测量误差或损坏仪表。

3）禁止用电流档测量电压值。

4）测量电压时，应根据电压的参考方向，将电位高的一端接入万用表的红表笔，电位低的一端接入万用表的黑表笔。

5）测量电流时，应根据电流的参考方向，电流的“流入”方向接万用表的红表笔，电流的“流出”方向接万用表的黑表笔。

五、任务实施报告

填写任务实施报告，见表 1-1。

表 1-1　任务实施报告

<table>
<tr><td>任务名称</td><td>测量电路中的电压与电流参数</td><td>学时</td><td>2 学时</td><td>日期</td><td></td></tr>
<tr><td>组员</td><td colspan="5"></td></tr>
<tr><td rowspan="2">成绩评定</td><td colspan="3">实操测评（90%）</td><td colspan="2">线上测评（10%）</td></tr>
<tr><td colspan="3">自评：　　　　互评：　　　　教师评定：</td><td colspan="2"></td></tr>
<tr><td>任务要求</td><td colspan="5">1）正确使用数字万用表，并对其进行正确的养护
2）学会用数字万用表测量电路中的电压与电流参数</td></tr>
<tr><td>工具、仪表与器材</td><td colspan="5">1）电工技术实验装置
2）1kΩ、2kΩ、3kΩ 电阻各 1 个
3）数字万用表 1 块
4）导线若干</td></tr>
<tr><td>技术文档</td><td colspan="5">绘制电压与电流测量电路原理图，参见图 1-17</td></tr>
</table>

（续）

<table>
<tr><td rowspan="6">技术文档</td><td colspan="9">电压测量记录表</td></tr>
<tr><td>测量参数</td><td>U_{AB}/V</td><td>U_{BA}/V</td><td>U_{BC}/V</td><td>U_{CB}/V</td><td>U_{CD}/V</td><td>U_{DC}/V</td><td>U_{AD}/V</td><td>U_{DA}/V</td></tr>
<tr><td>电压</td><td></td><td></td><td></td><td></td><td></td><td></td><td></td><td></td></tr>
<tr><td colspan="9">电流测量记录表</td></tr>
<tr><td>测量参数</td><td colspan="4">I/A</td><td colspan="4">I'/A</td></tr>
<tr><td>电流</td><td colspan="4"></td><td colspan="4"></td></tr>
<tr><td>任务总结</td><td colspan="9">1）根据测量数据，简述电压、电流参数的特点

2）简述数字万用表的养护应做到哪几点

3）任务实施环节出现了什么问题？如何解决的？</td></tr>
</table>

六、评价标准

评价标准见表 1-2。

表 1-2 评价标准

评价项目		配分	考核内容及评分标准	评分
职业素养（20 分）	6S 基本要求	10	1. 着装不整齐、不规范，不穿戴相关防护用品等，每项扣 2 分 2. 工具、仪表、材料、作品摆放不整齐，每项扣 2 分 3. 操作完成后未清理、清扫施工现场，扣 5 分	
	安全操作	10	浪费耗材，不爱惜工具，扣 3 分；损坏工具、仪表扣本大项的 20 分；发生严重违规操作，取消操作成绩	
实操结果及质量（50 分）	质量	30	1. 正确进行电路的连接，每错一处扣 3 分 2. 电路连接好后，根据任务要求正确测量电压、电流参数，每错一处扣 3 分	
	工艺	10	导线连接牢靠，正确放置和使用工具和仪器仪表，每错一处扣 3 分	
	技术文件	10	按要求填写相关技术文件，填写内容错误，每项扣 2 分	
操作过程与检测结果（30 分）	操作过程及规范	15	正确使用数字万用表，并能正确进行万用表的养护。根据行业相关标准及规范操作。操作工序、操作规范等每错一处扣 3 分	
	操作结果检测	15	正确进行操作结果的检测。结果检测方法不当、检测结果错误，每项扣 3 分	

任务实施与评价二

一、任务描述

测量电路中的电压与电位参数。

二、任务要求

1）正确理解电压与电位的概念。

2）正确使用电工实训台，对电压、电位参数进行测量。

三、实施步骤

1）根据电位、电压测量电路（如图1-21所示）调试好直流电源电压。

本任务采用电工技术实验装置中的“直流数显稳压恒流电源”供电，电源面板如图1-22所示。将“电压调节”旋钮调至6V，“电流调节”旋钮调到最大。

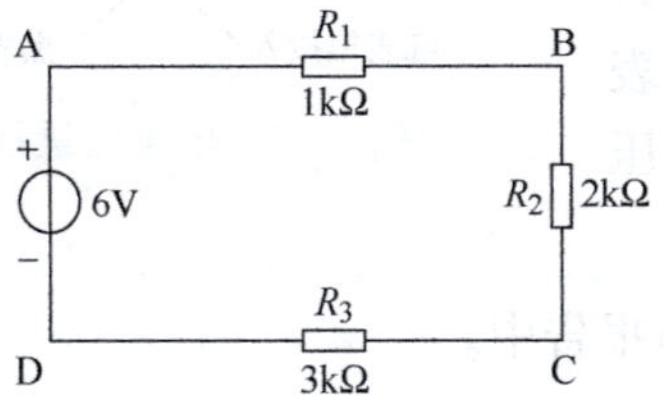

图1-21　电位与电压的测量电路原理图

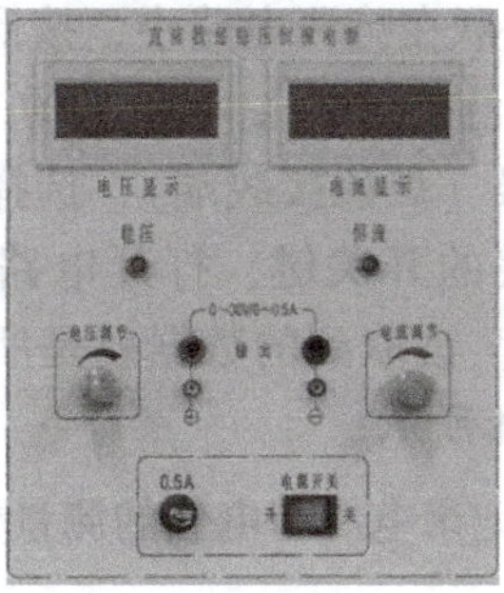

图1-22　直流数显稳压恒流电源面板

2）电源调试好后，关闭电源开关。

3）根据图1-21将电路的其他部分搭建完毕。

4）以A点为参考点，测量电位V_A、V_B、V_C、V_D的值。这里详细介绍用电工技术实验装置的“直流电压表”（见图1-23）测量电位的方法。

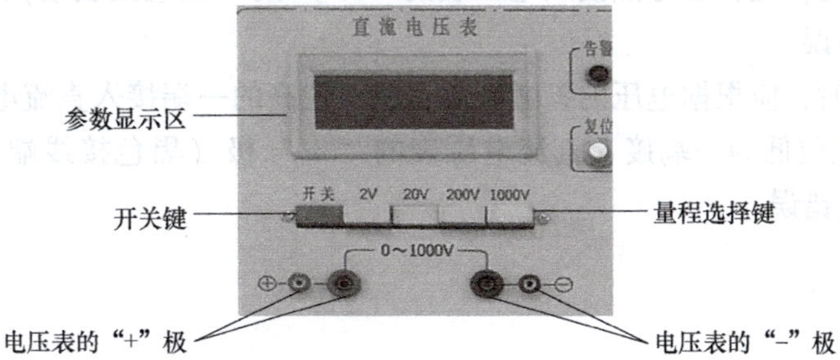

图1-23　直流电压表

根据图 1-21，以 A 点为参考点，测量 A、B、C、D 各点电位时，应将 A 点接入直流电压表的“-”极（黑色接线端），再依次将 A、B、C、D 各点接入直流电压表的“+”极（红色接线端）；选择合适的量程，打开直流电压表的“开关键”，打开电路电源，在电压表“参数显示区”读取到的数据就是所测各点的电位值。

具体操作：

① 以 A 点为参考点，测量电位 V_B 的值：将 A 点接入直流电压表的“-”极（黑色接线端），再将 B 点接入直流电压表的“+”极（红色接线端）；选择合适的量程，打开直流电压表的“开关键”，打开电源，在电压表“参数显示区”读取到的数据即为电位 V_B。

② 以 A 点为参考点，测量电位 V_A：将 A 点接入直流电压表的“-”极（黑色接线端），再将 A 点接入直流电压表的“+”极（红色接线端），测量的电位即为 V_A。

需要注意，一个电位测量完毕后，测量另一个电位时，应先关闭电路电源和直流电压表，改动好电路后，再打开电源和电压表，测量该点的电位。

5）用同样的方法，再以 D 点为参考点，测量电路中 A、B、C、D 各点电位 V_A、V_B、V_C、V_D。

6）测量电压 U_{AB}、U_{BC}、U_{CD} 的值。根据图 1-21 所示电路，测量两点间的电压时，应将直流电压表并联在待测电路中，按照电压的参考方向，将电位高的一端接入直流电压表的“+”极（红色接线端），电位低的一端接入直流电压表的“-”极（黑色接线端），选择合适的量程，打开直流电压表的开关键，打开电路电源，在电压表“参数显示区”读取到的数据就是所测两点间的电压值，如图 1-24 所示。

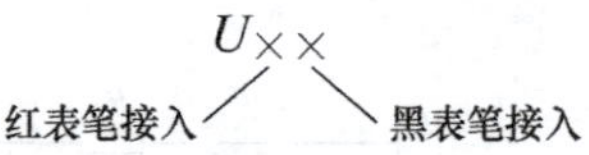

图 1-24 电压测量示意图

7）如实记录电压与电位的测量数据于任务实施报告中。

四、注意事项

1）在进行电路参数测量时，应养成良好的操作习惯：先调试好任务所需电源，关闭电源；再根据原理图搭建电路，检查正确无误后，合上电源，开始相关任务的实施。任务完成后，应先关闭电源，再拆除电路，恢复操作现场。严禁带电改动电路。

2）测量电压或电位时，应选择合适的量程，以免引入测量误差或损坏仪表。

3）测量电位时，应将参考点接入电压表的“-”极（黑色接线端）；避免反接直流电压表，造成测量错误。

4）测量电压时，应根据电压的参考方向，将电位高的一端接入直流电压表的“+”极（红色接线端），电位低的一端接入直流电压表的“-”极（黑色接线端）；避免反接直流电压表，造成测量错误。

五、任务实施报告

填写任务实施报告，见表 1-3。

表 1-3　任务实施报告

任务名称	电路中电位与电压的测量	学时	2 学时	日期	
组员					
成绩评定	实操测评（90%）			线上测评（10%）	
	自评：　　互评：　　教师评定：				
任务要求	1）正确理解电压与电位的概念 2）正确使用电工实训台，对电压、电位参数进行测量				
工具、仪表与器材	1）电工技术实验装置 2）1kΩ、2kΩ、3kΩ 电阻各 1 个 3）导线若干				
技术文档	绘制电位与电压测量的电路原理图，参见图 1-21				
技术文档	分别以 A 点和 D 点为参考点测量电位与电压，填入下方表格				
任务总结	简述电路中电位与电压的关系				

参考点	V_A/V	V_B/V	V_C/V	V_D/V	U_{AB}/V	U_{BC}/V	U_{CD}/V
A							
D							

六、评价标准

评价标准见表 1-4。

表 1-4　评价标准

评价项目		配分	考核内容及评分标准	评分
职业素养（20 分）	6S 基本要求	10	1. 着装不整齐、不规范，不穿戴相关防护用品等，每项扣 2 分 2. 工具、仪表、材料、作品摆放不整齐，每项扣 2 分 3. 操作完成后未清理、清扫施工现场，扣 5 分	
	安全操作	10	浪费耗材，不爱惜工具，扣 3 分；损坏工具、仪表扣本大项的 20 分；发生严重违规操作，取消操作成绩	
实操结果及质量（50 分）	质量	30	1. 正确进行电路的连接，每错一处扣 3 分 2. 电路连接好后，根据任务要求正确测量电压、电位参数，每错一处扣 3 分	
	工艺	10	导线连接牢靠，正确放置和使用工具和仪器仪表，每错一处扣 3 分	
	技术文件	10	按要求填写相关技术文件，填写内容错误，每项扣 2 分	
操作过程与检测结果（30 分）	操作过程及规范	15	根据行业相关标准及规范操作。操作工序、操作规范等每错一处扣 3 分	
	操作结果检测	15	正确进行操作结果的检测。结果检测方法不当、检测结果错误，每项扣 3 分	

任务二　电路元件认知与电阻值的测量

知识目标

1）认识常用的电路元件，并能正确区分电路元件和电路基本物理量。

2）了解什么是电路模型。

能力目标

1）正确区别电路元件与电路基本物理量。

2）掌握数字万用表测电阻值的方法。

守道德，护初心

电工职业道德十二条之一、二

电工职业道德一：爱祖国、爱人民、爱公司。①有崇高的职业理想；②有高尚的职业情感；③有纯正的职业作风；④有严格的职业纪律；⑤有娴熟的职业技能；⑥有遵纪守法的职业意识；⑦有社会责任感和民族自尊心；⑧有在任何场合都注意维护公司形象的言行。

电工职业道德二：以奉献的精神为客户提供热情服务。①主动了解客户需求、不满和愿望，努力使其满意；②待客礼貌、热情，耐心联系相关工作部门，主动服务，无有过激言行；③不夸大其词，随意承诺，履行承诺服务要言而有信；④服务耐心周到，对客户的合理要求尽力满足，收取费用严格按规定执行；⑤耐心倾听客户投诉，找出事情发生的原委，并迅速解决和报告。

任务导入

各种实际电路都是由电阻器、电容器、线圈、半导体管、变压器等实际元器件组成的。由于实际电路元件在工作时都与电磁现象有关，其电磁性质比较复杂，给分析电路带来一定的困难。为了方便电路的分析与计算，在一定假设条件下，对实际元件加以近似处理，忽略它的次要性质，用一个足以表征其主要性能的模型来表示，便有了理想电路元件与电路模型。

知识链接

一、理想电路元件

在电工技术中，常用的理想电路元件主要有以下几种。

1. 电阻

（1）电阻的定义　电阻表示将电能转换为其他能量形式进行耗散的一类耗能元件，如电阻器、灯泡、电炉等。可用理想电阻来反映其在电路中消耗电能这一主要特征。

（2）电阻的表示方法　电阻的文字符号为 R，图形符号如图 1-25 所示。

图 1-25　电阻图形符号

（3）电阻的单位　电阻的基本单位为欧姆，简称欧（Ω）。常用的电阻单位还有千欧（kΩ）、兆欧（MΩ），其中：

$$1\text{k}\Omega = 10^3\Omega,\ 1\text{M}\Omega = 10^3\text{k}\Omega = 10^6\Omega \tag{1-12}$$

（4）电阻值的计算

1）当电阻两端的电压与流经电阻的电流参考方向一致，即 u、i 为关联参考方向时，有

$$u = +Ri,\ R = +u/i \tag{1-13}$$

2）当电阻两端的电压与流经电阻的电流参考方向不一致，即 u、i 为非关联参考方向时，有

$$u = -Ri,\ R = -u/i \tag{1-14}$$

（5）电阻的功率计算　电阻两端加电压后，电阻上有电流流过，此时电阻消耗的功率为

$$p = \pm ui = Ri^2 = u^2/R \geqslant 0 \tag{1-15}$$

因为电阻 R 是正实常数，从式(1-15) 可知功率 p 为非负值。由此可见，电阻只会消耗电能，是负载，不能产生能量。

【例 1-8】　现有一白炽灯，已知其额定功率为 40W，工作电压为 220V，求该灯泡的电阻值和流过灯泡的电流。

解：把白炽灯看作电阻，由白炽灯的额定功率为 40W 与工作电压为 220V 可求得灯泡的电阻值 R。由 $P = U^2/R$ 可得

$$R = U^2/P = (220 \times 220/40)\Omega = 1210\Omega$$

流过灯泡的电流 I 为

$$I = P/U = (40/220)\,\text{A} = 0.182\text{A}$$

知识拓展

常见电阻

常见电阻如图 1-26 所示。

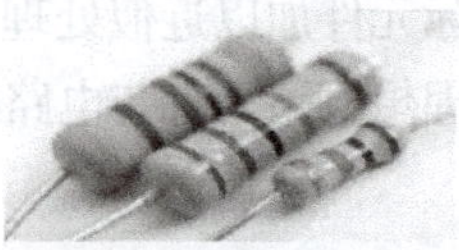
a) 色环电阻

b) 贴片电阻

c) 精密电阻

d) 水泥电阻

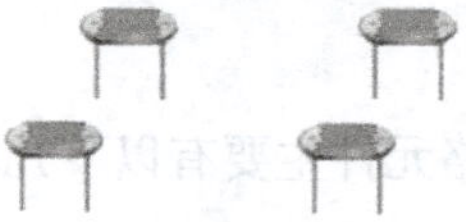
e) 热敏电阻

f) 线绕电阻

图 1-26 常见电阻

2. 电容

(1) 电容的定义 电容表示产生电场、储存电场能量的一类储能元件。一定条件下，这类储能元件又能将电场能转换为电能，如各种电容器。可用理想电容来反映其储存电能的特征。

(2) 电容的表示方法 电容的文字符号为 C，图形符号如图 1-27所示。

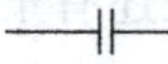
图 1-27 电容图形符号

(3) 电容的单位 电容的基本单位为法拉，简称法（F）。常用的电容单位还有毫法（mF）、微法（μF）、皮法（pF）、纳法（nF），其中：

$$1\mu\text{F} = 10^{-3}\text{mF} = 10^{-6}\text{F},\ 1\text{nF} = 10^{-9}\text{F},\ 1\text{pF} = 10^{-12}\text{F} \tag{1-16}$$

(4) 电容储存的电场能 当电容两极板间的电压为 u 时，电容储存的电场能为

$$W_C = \frac{1}{2}Cu^2 \tag{1-17}$$

知识拓展

常见电容

常见电容如图 1-28 所示。

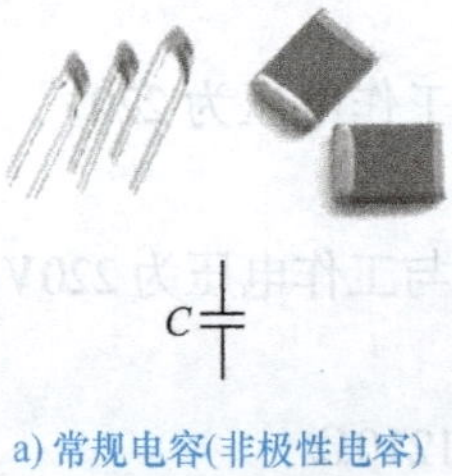

a) 常规电容(非极性电容)

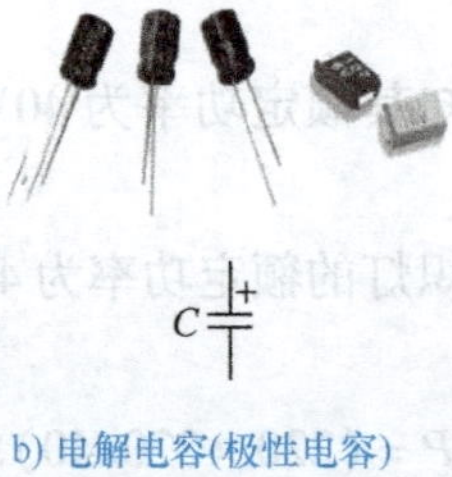

b) 电解电容(极性电容)

c) 可调电容(非极性电容)

图 1-28 常见电容

3. 电感

（1）电感的定义　电感表示产生磁场、储存磁场能量的一类储能元件。一定条件下，这类储能元件能将储存的磁场能转换为电能，如各种电感线圈，可用理想电感来反映其储存磁场能的特征。

（2）电感的表示　电感的文字符号为 L，图形符号如图 1-29 所示。

图 1-29　电感图形符号

（3）电感的单位　电感的单位也叫电感系数 L 的单位，其基本单位为亨利，简称亨（H）。常用的电感系数单位还有毫亨（mH）、微亨（μH），其中：

$$1\text{mH}=10^{-3}\text{H},\ 1\mu\text{H}=10^{-6}\text{H} \tag{1-18}$$

（4）电感储存的磁场能量　当流过电感元件的电流为 i 时，电感储存的能量为

$$W_L=\frac{1}{2}Li^2 \tag{1-19}$$

知识拓展

常见电感

常见电感如图 1-30 所示。

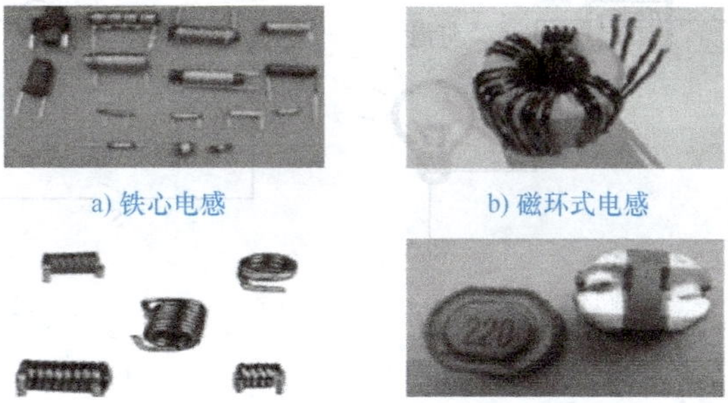

a) 铁心电感　b) 磁环式电感

c) 空心电感　d) 工形电感

图 1-30　常见电感

4. 电源

电源的定义　电源表示能将其他形式的能量转换为电能的元件。理想电源是从实际电源抽象得到的电路模型，有两种类型：理想电压源和理想电流源。

（1）理想电压源　理想电压源是指其两端电压总能保持恒定或给定时间函数的电路元件，而流过电压源的电流大小与方向由电源及外电路共同决定。

（2）理想电压源的表示方法　理想电压源的表示方法如图 1-31a 所示，图中 u_s 表示电压源所产生的电压数值，“+”“－”表示电压源的极性。当 u_s 为恒定值时，理想电压源称为恒定电压源或直流电压源，可用图 1-31b 表示，电压值用大写字母 U_s 或 E 表示。

（3）理想电流源　其输出电流总能保持定值或一定的时间函数，其值与它的两端电压 u 无关的元件叫理想电流源。电流源两端的电压由电源及外电路共同决定。

（4）理想电流源的表示方法　理想电流源的电路符号如图 1-32a 所示，图中 i_s 表示电

流源产生的电流数值，“箭头”表示 i_s 的参考方向。当 i_s 为恒定值时，这种电流源称为恒定电流源或直流电流源，通常用大写字母 I_s 表示，如图 1-32b 所示。

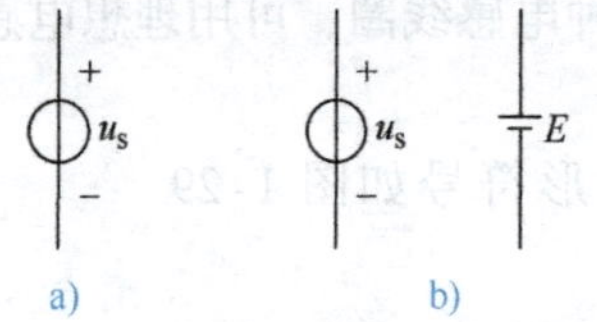

图 1-31　理想电压源的表示方法

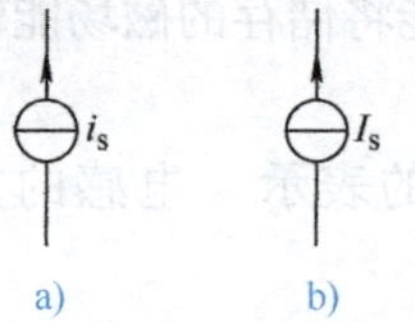

图 1-32　理想电流源的表示方法

本书中如无特殊说明，电路中的元件均为理想线性元件。线性元件是指输出量和输入量具有正比关系的元件。理想电压源不允许短路，理想电流源不允许开路，否则可能引发事故。

二、电路模型

为了在电路分析中简化分析和计算，可用理想电路元件或其某种组合来代替实际的电路元件。这种由理想电路元件构成的电路称为电路模型。图 1-33 是应急灯简化电路与电路模型。今后我们研究的电路都是这种由理想元件构成的电路模型。

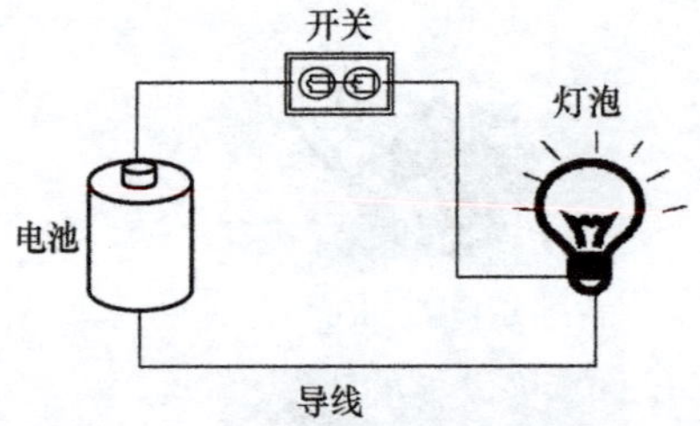

a) 实物电路

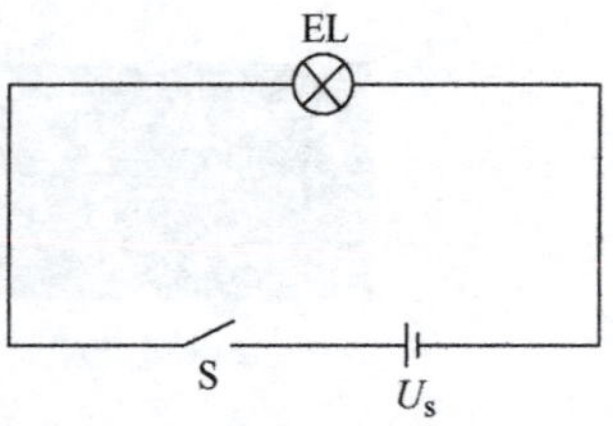

b) 电路模型

图 1-33　应急灯简化电路与电路模型

任务实施与评价

一、任务描述

用数字万用表测量元器件的电阻值。

二、任务要求

1）正确使用数字万用表，并对其进行正确的养护。

2）学会用数字万用表测量元器件的电阻值。

三、实施步骤

1. 电阻的标称与识别

（1）直标法　直标法是一种常见标注方法，特别是在体积较大（功率大）的电阻器上采用。它将该电阻器的标称阻值和允许偏差，型号、功率等参数直接标在电阻器表面，如图 1-34所示，该电阻的标称阻值是 51kΩ，允许偏差是 ±5%，功率是 1W。

（2）文字符号法　文字符号法和直标法相同，也是直接将有关参数印制在电阻体上，一般用于变阻器上。图 1-35 所示电阻的标称阻值是 4.7kΩ，允许偏差是 ±5%，功率是 2W。

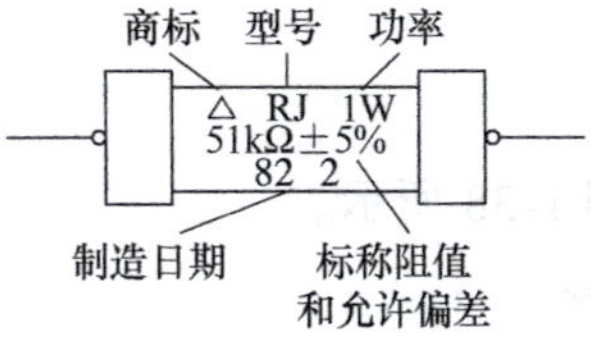

图 1-34　直标法

图 1-35　文字符号法

（3）数标法　数标法一般用于贴片电阻、小体积可调电阻。一般用三位数字表示，从左到右的顺序，第一、二位表示有效数字，第三位表示 10 的倍幂或用 R 表示（R 表示“0.”）。图 1-36所示电阻阻值分别为：R047 表示 0.047Ω，103 表示 $10\times10^3\Omega=10k\Omega$。

a) 数标法1

b) 数标法2

图 1-36　数标法

（4）色标法　色标法是指在电阻器上，用不同的颜色代表不同的标称值和允许偏差，可以分为色环法和色点法两种。其中，最常用的是色环法。色环电阻的色码定义见表 1-5。

表 1-5　色环电阻色码定义

序号	颜色	数字	倍率	允许偏差	备注
1	黑	0	0	—	只做中间环
2	棕	1	10	±1%	可以做五环电阻的最后一环
3	红	2	100	±2%	可以做五环电阻的最后一环
4	橙	3	1000	—	不可以做最后一环
5	黄	4	10000	—	不可以做最后一环
6	绿	5	100000	—	不可以做最后一环
7	蓝	6	1000000	—	不可以做最后一环
8	紫	7	10000000	—	不可以做最后一环
9	灰	8	100000000	—	不可以做最后一环
10	白	9	1000000000	—	不可以做最后一环
11	金	—	0.1	±5%	只可以做四环电阻的最后一环
12	银	—	0.01	±10%	只可以做四环电阻的最后一环

四环电阻（普通电阻）的各色环表示的含义如图 1-37 所示。

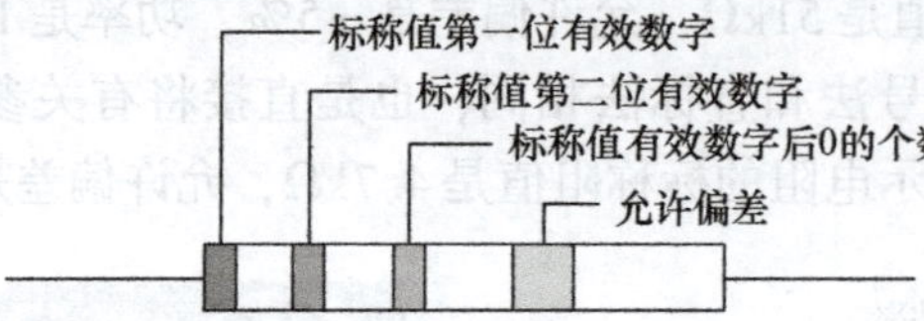

图 1-37 四环电阻各色环的含义

五环电阻（精密电阻）的各色环表示的含义如图 1-38 所示。

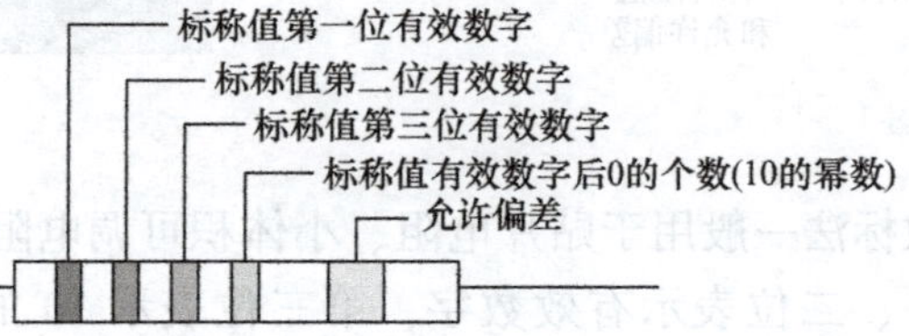

图 1-38 五环电阻各色环的含义

2. 用数字万用表测量元器件的电阻值

1）选取四环电阻、五环电阻、电位器、精密电阻、熔断器熔芯与白炽灯各一个，正确读取各电阻的标称阻值。

2）用数字万用表测量各元器件的电阻值。测量电阻值时，数字万用表的红表笔接“VΩ”插孔，黑表笔接“COM”插孔；将万用表的功能旋钮旋至电阻档合适量程，将表笔跨接在被测元器件的两端，读出电阻的测量阻值。

3）如实记录元器件阻值的测量数据于任务实施报告中。

四、注意事项

1）正确使用数字万用表测量电阻值：选择合适的量程，防止测量溢出。

2）测量电阻时，电阻应从原电路中断开，严禁在被测电阻带电的情况下测量电阻。两手不得碰触表笔的金属端或电阻的引出脚，以免引入人体电阻，影响测量结果。

3）数字万用表使用完毕后，应将万用表调至交流电压档的最大档位，再关闭万用表。

五、任务实施报告

填写任务实施报告，见表 1-6。

表 1-6 任务实施报告

任务名称	用数字万用表测量元器件的电阻值	学时	2 学时	日期	
组员					
成绩评定	实操测评（90%）			线上测评（10%）	
	自评： 互评： 教师评定：				

（续）

<table>
<tr><td>任务要求</td><td colspan="5">1）正确使用数字万用表，并对其进行正确的养护
2）学会用数字万用表测量元器件的电阻值</td></tr>
<tr><td>工具、仪表与器材</td><td colspan="5">1）数字万用表 1 块
2）各类元器件：四环电阻、五环电阻、电位计、白炽灯、熔断器熔芯各 1 个</td></tr>
<tr><td rowspan="5">技术文档</td><td colspan="5">电阻值的测量记录表</td></tr>
<tr><td>元器件类型</td><td>四环/五环电阻</td><td>电位计</td><td>白炽灯</td><td>熔断器熔芯</td></tr>
<tr><td>标称值/规格</td><td></td><td></td><td></td><td></td></tr>
<tr><td>数字万用表测量电阻值</td><td></td><td></td><td></td><td></td></tr>
<tr><td colspan="5"></td></tr>
<tr><td>任务总结</td><td colspan="5">简述数字式万用表测量电阻值时的注意事项</td></tr>
</table>

六、评价标准

评价标准见表 1-7。

表 1-7　评价标准

评价项目		配分	考核内容及评分标准	评分
职业素养（20 分）	6S 基本要求	10	1. 着装不整齐、不规范，不穿戴相关防护用品等，每项扣 2 分 2. 工具、仪表、材料、作品摆放不整齐，每项扣 2 分 3. 操作完成后未清理、清扫施工现场，扣 5 分	
	安全操作	10	浪费耗材，不爱惜工具，扣 3 分；损坏工具、仪表扣本大项的 20 分；发生严重违规操作，取消操作成绩	
实操结果及质量（50 分）	质量	30	正确测量元器件的电阻值，每错一处扣 3 分	
	工艺	10	正确放置和使用工具和仪器仪表，每错一处扣 3 分	
	技术文件	10	按格式要求填写相关技术文件。填写内容错误，每项扣 2 分	
操作过程与检测结果（30 分）	操作过程及规范	15	正确使用数字万用表，并能正确进行万用表的养护。根据行业相关标准及规范操作。操作工序、操作规范等每错一处扣 3 分	
	操作结果检测	15	正确进行操作结果的检测。结果检测方法不当、检测结果错误，每项扣 3 分	

任务三　基尔霍夫定律及其验证

知识目标

1）了解电路的三种状态。

2）掌握支路、回路、节点等电路名词。

3）掌握基尔霍夫定律。

能力目标

1）学会验证基尔霍夫电流定律的方法。

2）学会验证基尔霍夫电压定律的方法。

守道德，护初心

电工职业道德十二条之三、四

电工职业道德三：团结协作，集体奋斗。①奉行集体奋斗原则，做到团结协作，勇往直前，不因个人私利而相互拆台、使绊子；②任何个人利益都必须服从集体利益，将个人努力融入集体奋斗之中；③任何科研、市场、信息成果权均属集体所有，相关工作部门或工作人员皆可享用。

电工职业道德四：彼此尊重，互相沟通。①尊重知识、尊重人才、尊重个人尊严；②与同事和谐相处，不恶言相向；③干部与下属要不断沟通，坦诚相待；④不诋毁同事声誉，不讥讽人成功；对人对事公正、客观。

任务导入

基尔霍夫定律既可以用于直流电路的分析，也可以用于交流电路的分析，还可以用于含有电子元器件的非线性电路的分析。下面，我们一起了解电路的三种状态，学习与基尔霍夫定律相关的电路名词以及基尔霍夫定律。

知识链接

一、电路的三种基本状态

在分析电路时，需要了解电路的状态。实际电路在使用过程中，可能处于负载、开路或短路这三种基本工作状态。下面逐一进行讨论。

1. 负载状态

（1）负载状态的定义　负载状态又称为有载状态或通路状态，即电路中加入负载构成闭合回路，负载中有电流流过。

(2) 负载时的电路特征　如图 1-39 所示，电路处于负载状态时，电路中有电流流通。U_s 表示电源的端电压，U 表示负载的端电压，R_0 表示电源的内阻，负载用 R 表示，电路中流通的电流和电源向外输出的电压由式(1-20)算得。

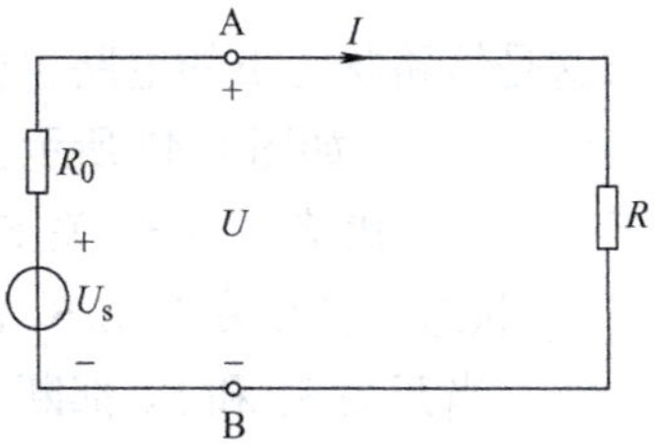

图 1-39　电路负载状态

$$I=\frac{U_s}{R_0+R},\ U=U_s-IR_0 \tag{1-20}$$

负载的大小一般是指电流的大小或负载功率的大小，不是指负载电阻的大小。通常电气设备都并联在电源的两端，用电设备并联的个数越多，电源提供的电流就越大，电源输出的功率也越大，即电源的负载也越大。

知识拓展

电器的额定值

实际电路中的电气设备和元器件，其工作电流、电压和功率等都有一定的使用限额，这种限额称为额定值。额定值是制造厂商综合考虑产品的可靠性、经济性和使用寿命等因素而制定的，它是使用者使用电气设备和元器件的依据。

如果使用值超过额定值较多，则会使电气设备和元器件损伤，影响寿命，甚至烧毁；如果使用值低于额定值较多，则不能正常工作，有时也会造成设备的损坏。例如，电压过低时，白炽灯发光不足，灯泡不能正常工作；电压过高时，白炽灯太亮，灯泡寿命减少，灯泡易烧毁。

2. 断路状态

(1) 断路状态的定义　断路状态又称为开路或空载状态，如图 1-40 所示。当电源断开或负载被烧毁或连接松动时，电路处于断路状态。

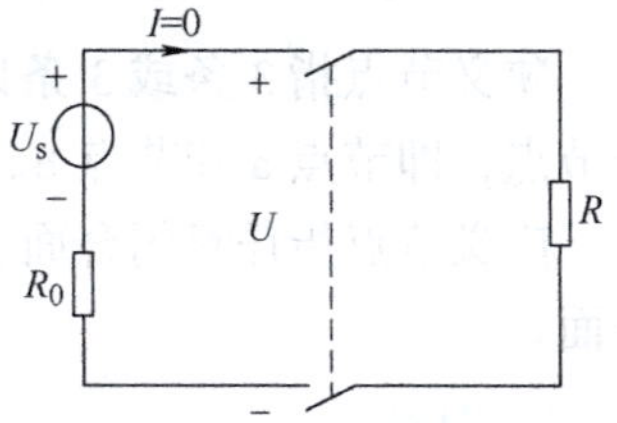

图 1-40　电路的断路状态

(2) 断路时的电路特征　电路在断路部位，电阻变得无穷大，电流无法正常通过，导致电路中电流为零；断路处电压等于电源的外电压；负载上因没有电流流过，负载的功率为零，有

$$I=0,\ U=U_s-IR_0,\ P=0 \tag{1-21}$$

3. 短路状态

(1) 短路状态的定义　短路是指电路中任意两节点间的低阻性短接，如图 1-41 所示。

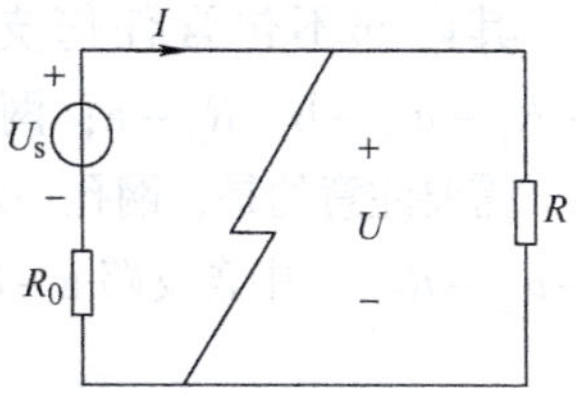

图 1-41　电路的短路状态

(2) 短路时的电路特征　短路分为电源短路和负载短路。电源短路，即电流不经过任何用电器，直接由电源正极经过导线流回负极，短路时电流很大，容易烧坏电源。负载短路也称部分电路短路，即一根导线接在负载的两端，此负载被短路，短路时电流很大，容易产生烧毁其他负载的情况。

不论短路发生在电路的什么位置，短路处电压为零，被短路的负载功率为零，即

$$U=0,\ P=0 \tag{1-22}$$

这是短路状态下的电路主要特点。

【例 1-9】 如图 1-42 所示，当开关 S_1 和 S_2 都断开时，电路处于_______状态；当开关 S_1 闭合、S_2 断开时，电路处于_______状态；当开关 S_1 和 S_2 都闭合时，电路处于_______状态。

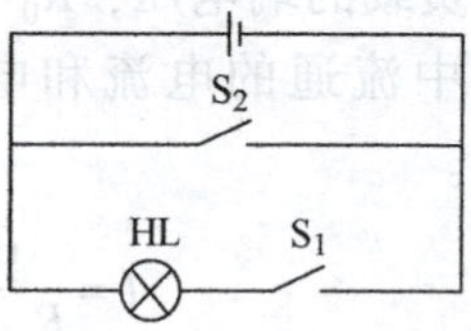

图 1-42 例 1-9 题图

解：当开关 S_1 和 S_2 都断开时，电路中没有完整的闭合回路，电路处于断路状态。当开关 S_1 闭合 S_2 断开时，电源、开关 S_1 和灯泡 HL 构成闭合回路，电路处于负载状态。当开关 S_1 和 S_2 都闭合时，开关 S_2 将电源短路，灯泡 HL 上没有电流流过，电路处于短路状态。

二、电路名词

在介绍基尔霍夫定律之前，先以图 1-43 所示电路为例，介绍基尔霍夫定律相关的名词。

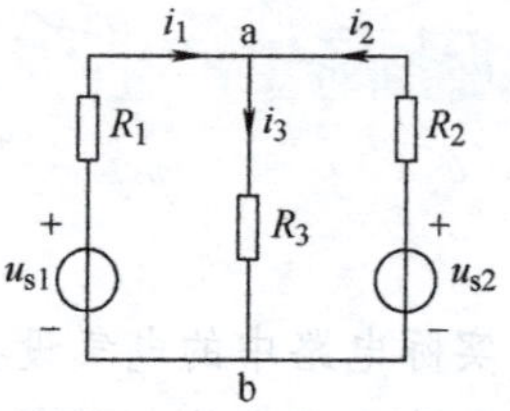

图 1-43 普通电路

1. 支路

通过同一电流的电流路径称为支路。如图 1-43 所示，电路中有三条支路，分别为支路 1：$a-R_1-u_{s1}-b$，支路 2：$a-R_3-b$，支路 3：$a-R_2-u_{s2}-b$。其中支路 1 含电压源 u_{s1}，支路 3 含电压源 u_{s2}，这类含电源的支路，称为有源支路。形如支路 2 这样只含有负载没有电源的支路，称为无源支路。

电路名词

2. 节点

狭义节点指 3 条或 3 条以上支路的连接点，称为节点。图 1-43 中有两个节点，即节点 a 和节点 b。

广义节点指任意闭合面。闭合面是用假想的一条闭合曲线把一个网络包围起来形成的一个面。

3. 回路

电路中任意闭合路径称为回路。图 1-43 中有 3 条回路，即回路 1：$a-R_1-u_{s1}-b-R_3-a$；回路 2：$a-R_3-b-u_{s2}-R_2-a$；回路 3：$a-R_1-u_{s1}-b-u_{s2}-R_2-a$。

4. 网孔

其内部不包含任何支路的回路称为网孔。如图 1-43 所示，有两个网孔，网孔 1：$a-R_1-u_{s1}-b-R_3-a$；网孔 2：$a-R_3-b-u_{s2}-R_2-a$。

需要注意的是，网孔一定是回路，但回路不一定是网孔。如图 1-43 中，回路 $a-R_1-u_{s1}-b-u_{s2}-R_2-a$ 中含支路 $a-R_3-b$，因此，回路 $a-R_1-u_{s1}-b-u_{s2}-R_2-a$ 不能称为网孔。

三、基尔霍夫定律

1. 基尔霍夫电流定律（KCL）

KCL 定律

基尔霍夫电流定律又称基尔霍夫第一定律，简记为 KCL。其内容为，在

任何时刻，电路中流入任一节点中的电流之和恒等于流出该节点的电流之和，即

$$\sum i_{流入} = \sum i_{流出} \tag{1-23}$$

若约定流入任一节点的电流参考方向为“+”，流出该节点的电流参考方向为“-”，则 KCL 的第二种表述为：在任何时刻，电路中任意节点上的各支路电流代数和等于零，即

$$\sum_{k=1}^{m} i_k = 0 \tag{1-24}$$

如图 1-44 所示，电路中流经节点 a 的支路电流有 5 条，其中 i_1、i_2 流入节点 a；i_3、i_4、i_5 流出节点 a。可根据式(1-23) 列方程，得

$$i_1 + i_2 = i_3 + i_4 + i_5 \tag{1-25}$$

也可将式(1-25) 移项得

$$i_1 + i_2 - i_3 - i_4 - i_5 = 0 \tag{1-26}$$

KCL 不仅适用于电路中的节点，还可推广应用于电路中的任意闭合面（广义节点）。即在任意瞬间，通过电路中任意假设的闭合面的电流代数和为零。

如图 1-45 所示，在电路的某一部分，选择虚线所示的闭合面为一个广义节点，在选定的参考方向下，可根据 KCL 列方程：

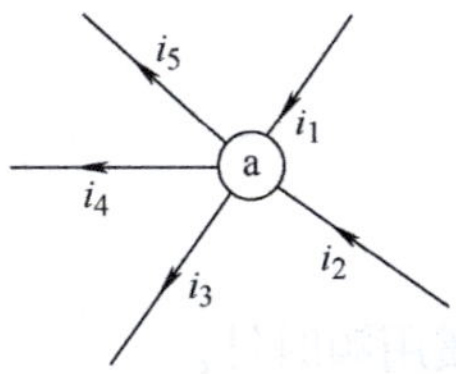

图 1-44　基尔霍夫电流定律

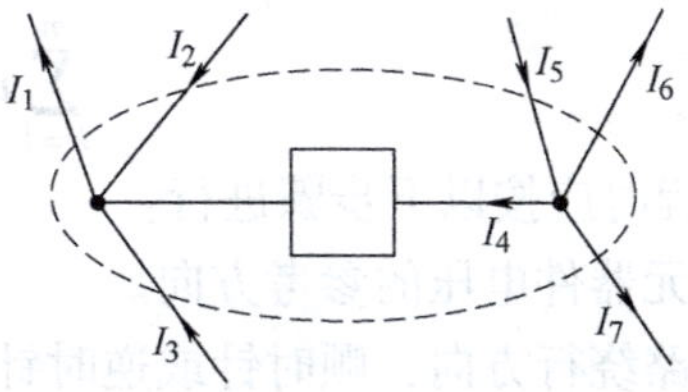

图 1-45　基尔霍夫定律电流的推广应用

$$I_2 + I_3 + I_5 = I_1 + I_6 + I_7 \text{或} \ I_2 + I_3 + I_5 - I_1 - I_6 - I_7 = 0 \tag{1-27}$$

需要说明：

1）KCL 是电荷守恒和电流连续性原理在电路中任意节点处的反映。

2）KCL 是对支路电流加的约束，与支路上接的是什么元件无关，与电路是线性还是非线性无关。

3）KCL 方程按电流参考方向列写，与电流实际方向无关。

【例 1-10】　图 1-46 所示为电路的一部分，已知条件如图中所示，求电流 I 的值。

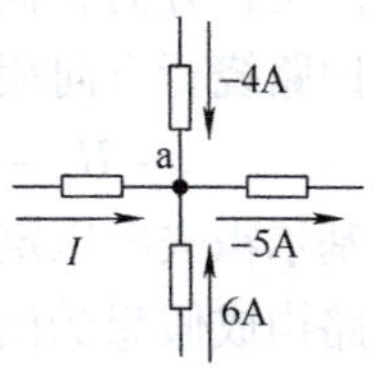

图 1-46　例 1-10 题图

解：根据已知条件和 KCL，在节点 a 处，流入节点 a 的电流之和等于流出节点 a 的电流之和，列方程有

$$I - 4\text{A} + 6\text{A} = -5\text{A}$$

$$I = -5\text{A} + 4\text{A} - 6\text{A} = -7\text{A}$$

【例 1-11】　图 1-47 所示为电路的一部分，已知条件如图中所示，求电流 I_1 和 I_2 的值。

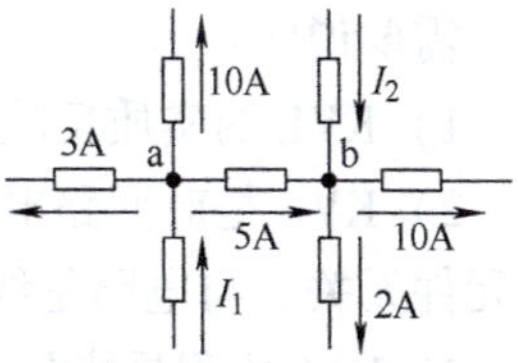

图 1-47　例 1-11 题图

解：根据已知条件和 KCL，在节点 a 处列方程有

$$I_1 = 3\text{A} + 10\text{A} + 5\text{A}$$

所以

$$I_1 = 18\text{A}$$

在节点 b 处，列基尔霍夫电流定律方程有

$$I_2 + 5A = 2A + 10A$$

所以

$$I_2 = 2A + 10A - 5A = 7A$$

【例 1-12】 电路如图 1-48 所示，求电流 I 的值。

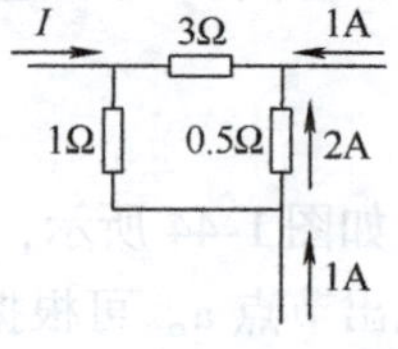

图 1-48 例 1-12 题图

解： 电路中三个电阻构成一个闭合面，可以看作一个广义节点，流入这个广义节点的电流有三个，没有流出广义节点的电流，根据 KCL 可列方程：

$$I + 1A + 1A = 0A$$

$$I = -2A$$

2. 基尔霍夫电压定律（KVL）

KVL定律

基尔霍夫电压定律：在任何时刻，沿任意闭合路径绕行，电压降的代数和等于电压升的代数和。

$$\sum u_{降} = \sum u_{升} \tag{1-28}$$

假设电压降的参考方向为“正”，电压升的参考方向为“负”，则基尔霍夫电压定律的第二种表述：在任何时刻，沿任意闭合路径绕行，各支路电压的代数和等于零。

$$\sum_{k=1}^{m} u_k = 0 \tag{1-29}$$

列 KVL 方程时应按以下步骤进行：

1）标定各元器件电压的参考方向。

2）选定回路绕行方向，顺时针或逆时针都可以，习惯用顺时针。

3）若电压参考方向与选定回路绕行方向相同，则电压取正值；否则，则电压取负值。

4）把回路所有元器件的电压加在一起，代数和等于零。

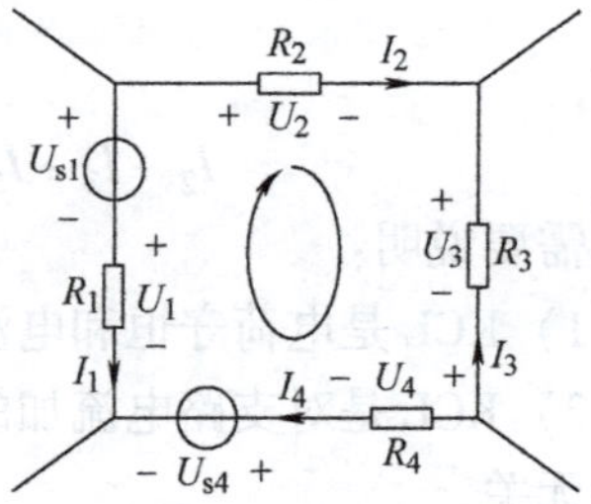

图 1-49 基尔霍夫电压定律

如图 1-49 所示电路，各元件电压参考方向如图中所示，选定回路绕行方向为顺时针方向。电压参考方向与选定回路绕行方向相同时，电压取“+”；电压参考方向与选定回路绕行方向相反时，电压取“-”。列 KVL 方程有

$$-U_1 - U_{s1} + U_2 + U_3 + U_4 + U_{s4} = 0 \text{ 或 } U_2 + U_3 + U_4 + U_{s4} = U_1 + U_{s1} \tag{1-30}$$

基尔霍夫电压定律（KVL）也适用于电路中任一假想的回路。如图 1-50 所示，用虚线将电路构成假想的闭合回路，根据各元件的电压参考方向，选定顺时针为回路绕行方向，可列 KVL 方程为

$$U_{ab} - U_s - U_2 - U_1 = 0 \text{ 或 } U_{ab} = U_s + U_2 + U_1 \tag{1-31}$$

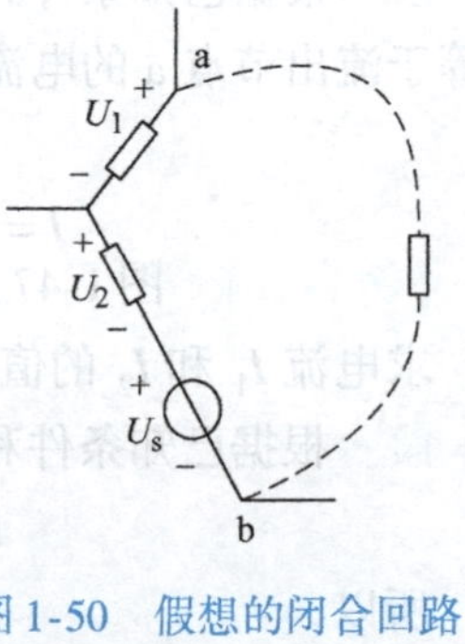

图 1-50 假想的闭合回路

需要说明：

1）KVL 的实质反映了电路遵从能量守恒定律。

2）KVL 是对回路电压加的约束，与回路各支路上接的是什么元件无关，与电路是线性还是非线性无关。

3）KVL 方程是按电压参考方向列写，与电压实际方向无关。

【例 1-13】　电路如图 1-51 所示，电流表读数为 0.2A，$E_1=12V$，$R_1=R_3=10\Omega$，$R_2=R_4=5\Omega$，求 E_2 的值。

解：如图 1-52 所示，先标定各元件电压参考方向，选择原则：电压源的参考方向尽量与其实际方向一致，电阻两端电压参考方向与电流参考方向一致。再选定回路绕行方向，此题选用顺时针方向。

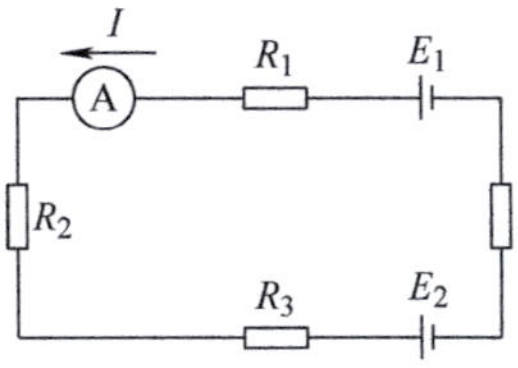

图 1-51　例 1-13 题图

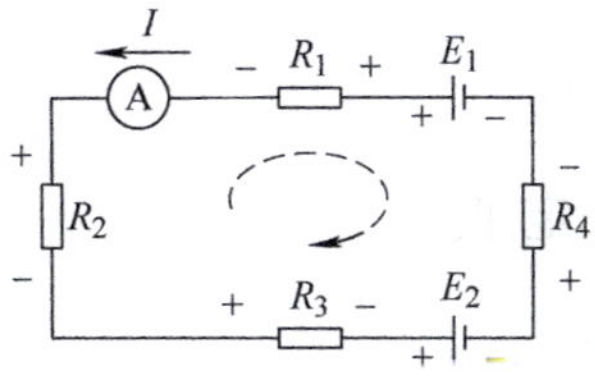

图 1-52　例 1-13 解题图

由于题中各电阻电压参考方向与电流参考方向选择一致，使用欧姆定律时取正号，即 $U=+IR$。但电流的参考方向与选定的绕行方向相反，所以每个电阻两端电压的符号应取负号。因此，列出基尔霍夫电压方程为

$$E_1-IR_4-E_2-IR_3-IR_2-IR_1=0$$

整理得

$$\begin{aligned}E_2&=E_1-IR_4-IR_3-IR_2-IR_1=E_1-I(R_4+R_3+R_2+R_1)\\&=12V-0.2A\times(5+10+5+10)\Omega=12V-6V=6V\end{aligned}$$

【例 1-14】　如图 1-53 所示局部电路，已知条件如图中所示，求 U_{AB}。

解：由图 1-53 可知，$U_{CA}=3V$，$U_{AC}=-3V$，$U_{CD}=24V$，$U_{BD}=5V$，$U_{DB}=-5V$。

如图 1-54 所示，在 C、D 之间假设一条支路，电路构成上下两个闭合回路。选定下面闭合回路的绕行方向为顺时针方向，列 KVL 方程有

$$U_{CD}+U_{DB}+U_{BC}=0$$

将 $U_{CD}=24V$，$U_{DB}=-5V$ 代入上式，可得

$$24V+(-5V)+U_{BC}=0$$

$$U_{BC}=5V-24V=-19V$$

如图 1-55 所示，在 A、B 之间假设一条支路，电路构成左右两个闭合回路。选定左面闭合回路的绕行方向为顺时针方向，列 KVL 方程有

$$U_{AB}+U_{BC}+U_{CA}=0$$

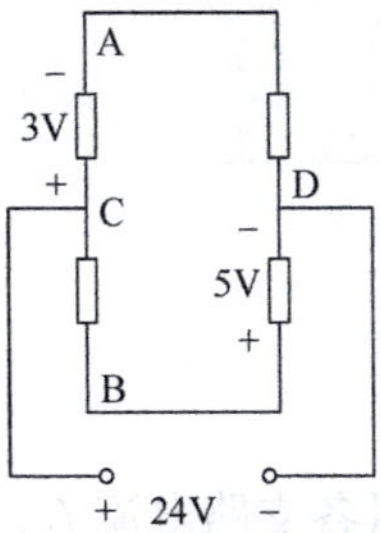

图 1-53　例 1-14 题图 1

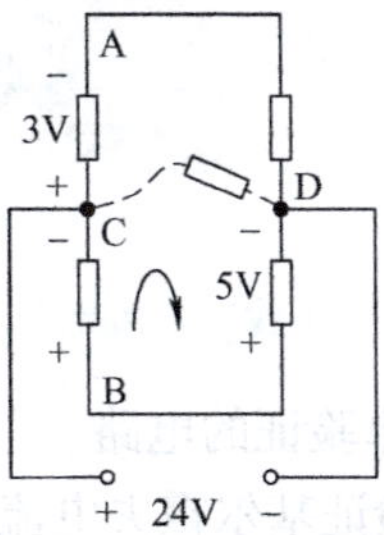

图 1-54　例 1-14 题图 2

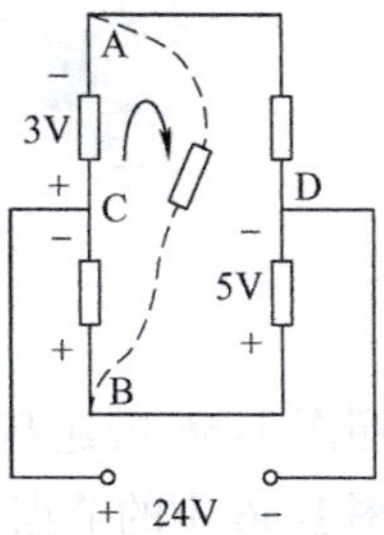

图 1-55　例 1-14 题图 3

将 $U_{BC}=-19V$，$U_{CA}=3V$ 代入上式，有

$$U_{AB}-19V+3V=0$$
$$U_{AB}=19V-3V=16V$$

任务实施与评价

一、任务描述

验证基尔霍夫定律。

二、任务要求

1）验证 KCL：在任意节点处，各支路电流代数和为零，即 $\sum i=0$。

2）验证 KVL：在任意闭合回路中，各元件电压代数和为零，即 $\sum u=0$。

三、任务实施

1. 验证基尔霍夫电流定律（KCL）

1）基尔霍夫定律验证的电路原理图如图 1-56 所示，电路中的 5V 和 12V 电源均由电工技术实验装置中的“直流稳压电源”和“直流数显稳压恒流电源”提供，电源如图 1-57 所示。调节好实训所需的电源值后，确保关闭“直流稳压电源”和“直流数显稳压恒流电源”。

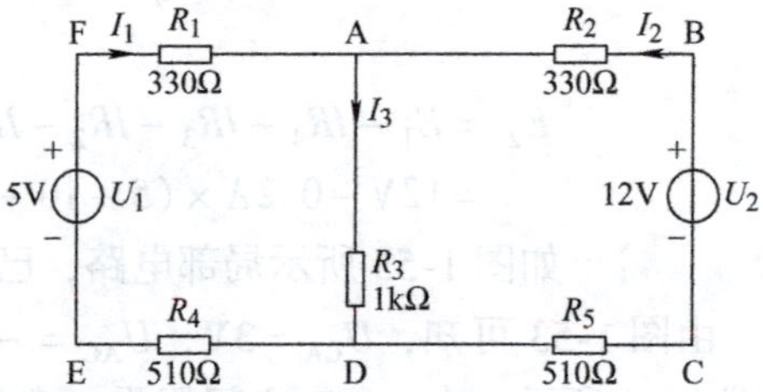

图 1-56 基尔霍夫定律验证的电路原理图

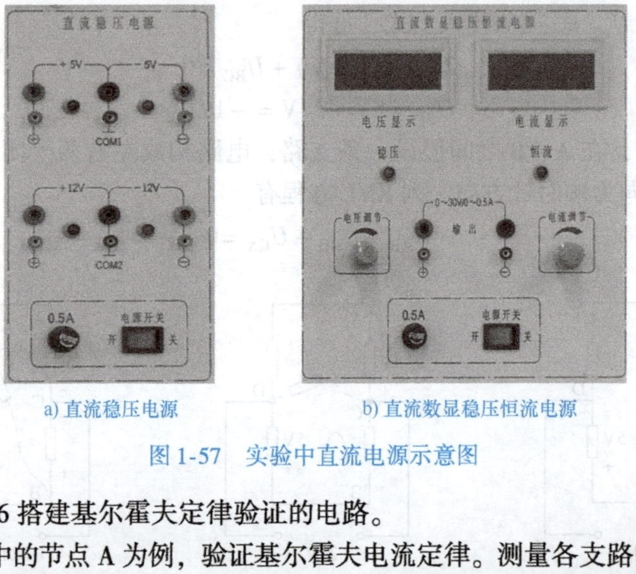

a) 直流稳压电源　　b) 直流数显稳压恒流电源

图 1-57 实验中直流电源示意图

2）按照图 1-56 搭建基尔霍夫定律验证的电路。

3）以图 1-56 中的节点 A 为例，验证基尔霍夫电流定律。测量各支路电流 I_1、I_2 和 I_3 的值时，可用数字万用表的电流档，也可用电工技术实验装置中的“直流毫安表”（见图 1-58），

将其串联于待测支路中，测量出电流值。下面详细介绍用直流毫安表测量电流的方法。

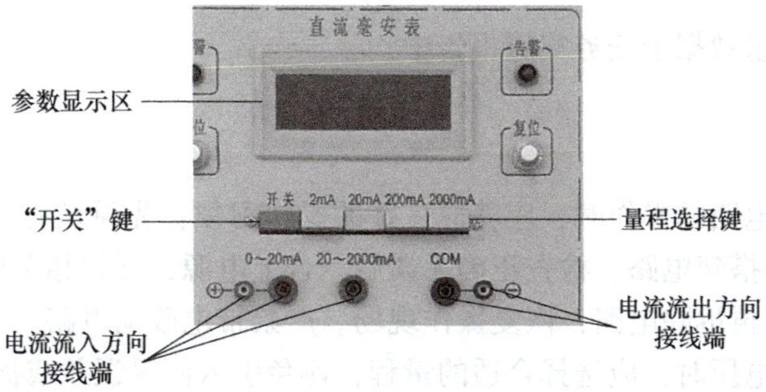

图 1-58　直流毫安表

测电流时，将被测支路断开，按照电流参考方向，电流流入端接入直流毫安表的“+”极红色或蓝色接线端（红色接线端量程为 0~20mA，蓝色接线端量程为 20~2000mA），电流流出端接入直流毫安表的“-”极黑色接线端（“COM”端）。估算待测支路电流大小，选择合适的量程，按下相应的量程选择键，打开“开关”键，打开电源，即可在电流参数显示区读取测量的电流结果。当无法估计被测电流大小时，应先选择较大电流量程，再逐渐降低量程至合适档位。

一条支路的电流测量完毕后，关闭电源，改动好电路，再打开电源和电流表，测量另一条支路的电流。

4）如实记录测量数据于任务实施报告中。

2. 验证基尔霍夫电压定律（KVL）

1）根据图 1-56，调节好实训所需电源大小后，确保关闭电源。

2）任选一个闭合回路，按同一绕行方向，测量回路中各元件的电压值，验证基尔霍夫电压定律。这里详细介绍用电工技术实验装置的“直流电压表”（见图 1-59）测量电压的方法。

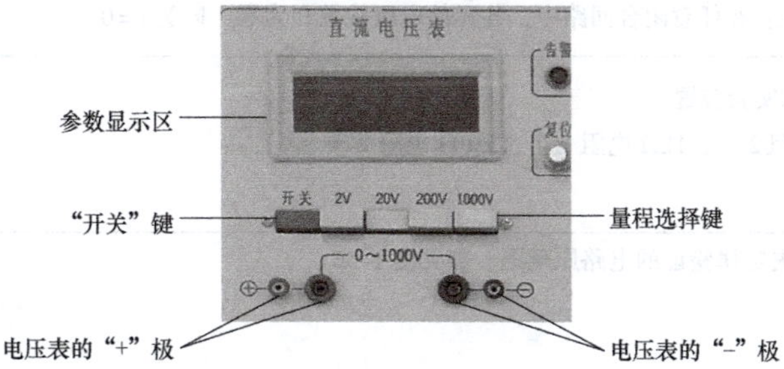

图 1-59　直流电压表

测量某一元件电压时，将直流电压表并联于待测元件两侧，测量其电压值。如图 1-56 中，测量元件 R_1 电压 U_{FA} 的值，将 F 点（即高电位端）接入直流电压表的“+”极红色接线端，A 点（即低电位端）接入直流电压表的“-”极黑色接线端，选择合适的量程，打开“开关”键，打开电源，即可在电压参数显示区读取测量的电压结果。当无法估计被测电压大小时，应先选择较大电压量程，再逐渐降低量程至合适档位。

一个元件的电压测量完毕后，关闭电源，改动好电路，再打开电源和电压表，测量另一个元件的电压。

3）如实记录测量数据于任务实施报告中。

四、注意事项

1）在进行带电电路的操作时，应养成良好的操作习惯：先调试好任务所需电源后关闭电源；再根据原理图搭建电路，检查正确无误后，合上电源，开始相关任务的实施。任务完成后，先关闭电源，再拆除电路，恢复操作现场。严禁带电改动电路。

2）测量电流或电压时，应选择合适的量程，避免引入测量误差或损坏仪表。

3）测量电流或电压时，应注意电流或电压的参考方向，避免反接直流毫安表或直流电压表，造成测量错误。

4）禁止用电流表测量电压值。

五、任务实施报告

填写任务实施报告，见表 1-7。

表 1-7　任务实施报告

实训名称	基尔霍夫定律的验证	学时	2 学时	日期	
组员					
成绩评定	实操测评（90%）			线上测评（10%）	
	自评：　　互评：　　教师评定：				
任务要求	1）验证 KCL：在任意节点处，各支路电流代数和为零，即$\sum i=0$ 2）验证 KVL：在任意闭合回路中，各元件电压代数和为零，即$\sum u=0$				
工具、仪表与器材	1）电工技术实验装置 2）510Ω 电阻 2 个、1kΩ 电阻 1 个、330Ω 电阻 2 个 3）导线若干				
技术文档	绘制基尔霍夫定律验证的电路原理图，参见图 1-56				

（续）

<table>
<tr><td rowspan="2">技术文档</td><td>
在节点 A 处验证基尔霍夫电流定律的数据记录表
<table>
<tr><td>被测量</td><td>I_1/mA</td><td>I_2/mA</td><td>I_3/mA</td><td>计算量</td><td>(I_1+I_2)/mA</td></tr>
<tr><td>测量值</td><td></td><td></td><td></td><td>计算值</td><td></td></tr>
</table>
</td></tr>
<tr><td>
在闭合回路 FABCDEF 中验证基尔霍夫电压定律的数据记录表
<table>
<tr><td>被测量</td><td>U_{FA}/V</td><td>U_{AB}/V</td><td>U_{BC}/V</td><td>U_{CD}/V</td><td>U_{DE}/V</td><td>U_{EF}/V</td><td>计算量</td><td>$(U_{FA}+U_{AB}+U_{BC}+U_{CD}+U_{DE}+U_{EF})$/V</td></tr>
<tr><td>测量值</td><td></td><td></td><td></td><td></td><td></td><td></td><td>计算值</td><td></td></tr>
</table>
</td></tr>
<tr><td>任务总结</td><td>1）根据数据，简述流入和流出节点 A 处的电流 I_1、I_2、I_3 的关系，是否满足基尔霍夫电流定律？

2）根据数据，简述闭合回路 FABCDEF 中各支路电压的关系，是否满足基尔霍夫电压定律？</td></tr>
</table>

六、评价标准

评价标准见表 1-8。

表 1-8　评价标准

评价项目		配分	考核内容及评分标准	评分
职业素养（20 分）	6S 基本要求	10	1. 着装不整齐、不规范，不穿戴相关防护用品等，每项扣 2 分 2. 工具、仪表、材料、作品摆放不整齐，每项扣 2 分 3. 操作完成后未清理、清扫施工现场，扣 5 分	
	安全操作	10	浪费耗材，不爱惜工具，扣 3 分；损坏工具、仪表扣本大项的 20 分；发生严重违规操作，取消操作成绩	
实操结果及质量（50 分）	质量	30	1. 正确进行电路的连接，每错一处扣 3 分 2. 电路连接好后，根据任务要求正确验证基尔霍夫电压定律与电流定律，每错一处扣 3 分	
	工艺	10	导线连接牢靠，正确放置和使用工具和仪器仪表，每错一处扣 3 分	
	技术文件	10	按要求填写相关技术文件。填写内容错误，每项扣 2 分	
操作过程与检测结果（30 分）	操作过程及规范	15	正确使用数字万用表，并能正确进行万用表的养护。根据行业相关标准及规范操作。操作工序、操作规范等每错一处扣 3 分	
	操作结果检测	15	正确进行操作结果的检测。结果检测方法不当、检测结果错误，每项扣 3 分	

项目小结

主要知识点梳理

1）电路的定义：将所需的电气元件或设备，按一定方式连接起来，以备电流流通的集合。

2）电路的组成：电源、中间环节（控制元件、导线等）和负载。

3）电路的基本物理量：电流（A）、电压（V）、电位（V）、电动势（V）、功率（W）和能量（kW·h）。

4）电流与电压的参考方向一致时，称为关联参考方向；电流与电压的参考方向不一致时，称为非关联参考方向。

5）电路元件功率的计算及属性判别。

① u、i 取关联参考方向时，功率 $p=+ui$。

② u、i 取非关联参考方向时，功率 $p=-ui$。

③ 功率 $p>0$ 时，该元件在吸收（消耗）功率，该元件为负载。

④ 功率 $p<0$ 时，该元件在释放（提供）功率，该元件为电源。

6）主要负载元件：电阻、电容、电感（默认为理性线性元件），对比见表1-9。

表1-9 电阻、电容、电感对比表

元件	电路符号	基本单位	功能	属性
电阻	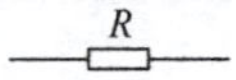	欧（Ω）	电能→热能	耗能
电容	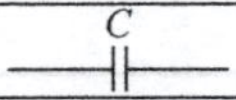	法（F）	电能↔电场能	储能
电感	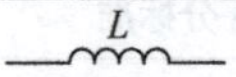	亨（H）	电能↔磁场能	储能

7）电源器件：电压源、电流源。

① 理想电压源：其两端电压总能保持定值或一定的时间函数，其值与流过它的电流无关的器件叫理想电压源。

② 理想电流源：其输出电流总能保持定值或一定的时间函数，其值与它两端的电压无关的器件叫理想电流源。

8）电路的几种状态：开路（断路）、短路、负载。

9）电路中的几个名词：支路、节点、回路、网孔（网孔是回路，但回路不一定是网孔）。

10）基尔霍夫定律。

① 基尔霍夫电流定律（KCL）：在电路中的任意时刻，对于任意节点，流出节点电流等于流入该节点的电流。KCL 可推广应用于电路中包围多个节点的任一闭合面。

② 基尔霍夫电压定律（KVL）：在电路中的任意时刻，沿任一闭合路径绕行，各支路电压的代数和为零。KVL 也适用于电路中任一假想的回路。

11）电位的定义：以一点为参考点，其余各点到参考点的电压。

12）电位与电压的关系：电位值是相对的，与参考点的选取有关；电压值是固定的，与参考点无关。电路中任意两点之间的电压等于这两点电位之差，即 $U_{ab} = V_a - V_b$。

通关测试

一、填空题

1. 电路一般都是由________、________和中间环节三部分组成。

2. 电路的基本物理量有电流、电压、________、电动势、________和________等。

3. 如图 1-60a 所示，电流电压为________参考方向，$U_A = 7V$，$I_A = -3A$，则元件 A 的功率 $P_A =$________，在________（填吸收或释放）功率，元件 A 的性质为________（填负载或电源）。如图 1-60b 所示，电流电压为________参考方向，$U_B = -4V$，$I_B = 4A$，则元件 B 的功率 $P_B =$________，在________（填吸收或释放）功率，元件 B 的性质为________（填负载或电源）。

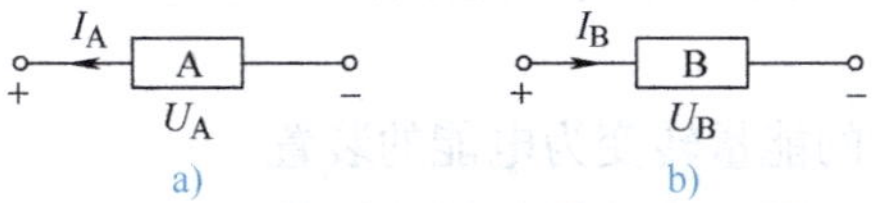

图 1-60　填空题 3 图

4. 电路中有 A、B 两点，其电位分别为 V_A 和 V_B，则两点之间电压为________。

5. 电路就是________通过的路径。

6. 负载就是用电设备，如电动机就是把________能转换为________的装置。

7. 电路中电流的符号是________，基本单位是________；电压的符号是________，基本单位是________；电阻的符号是________，基本单位是________；电容的符号是________，基本单位是________；电感的符号是________，基本单位是________。

8. 如图 1-61 所示电路，有________个节点，________条支路，________个回路，________个网孔。

9. 电路如图 1-62 所示，电流 $I =$________A，$I_1 =$________A，$I_2 =$________A。

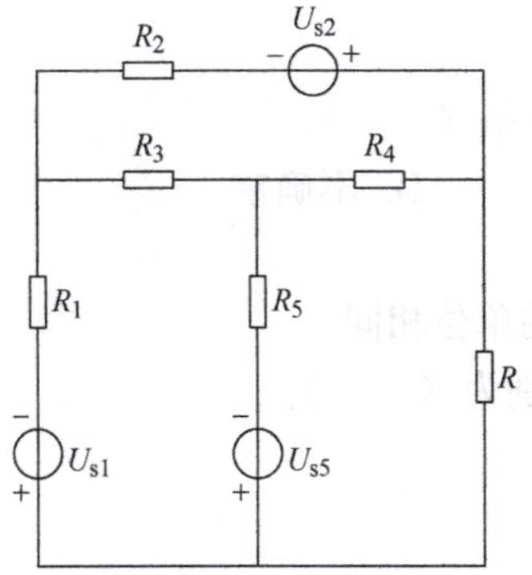

图 1-61　填空题 8 图

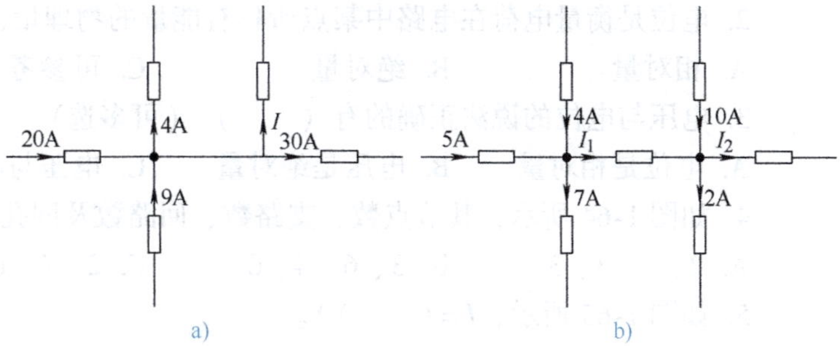

图 1-62　填空题 9 图

10. 电路如图 1-63 所示，$U_{ab} =$________V，$U_{ac} =$________V。

11. 电路有________、________和________三种状态。

12. 电能的单位是________，符号为________，在实际应用中常用________作为电能的单位。

13. 俗称的 1 度电 = ________ kW · h = ________J。

14. 一个用电器的额定电压为 220V，额定电流为 2A，则该用电器电功率为________。

15. 一只“220V、100W”的灯泡，它的灯丝电阻为________，若把它接在 110V 的电路中，则灯泡的实际功率为________（不考虑温度对电阻的影响）。

16. 一个“220V、25W”的灯泡，它正常工作时的电流为________，灯泡的电阻为________。

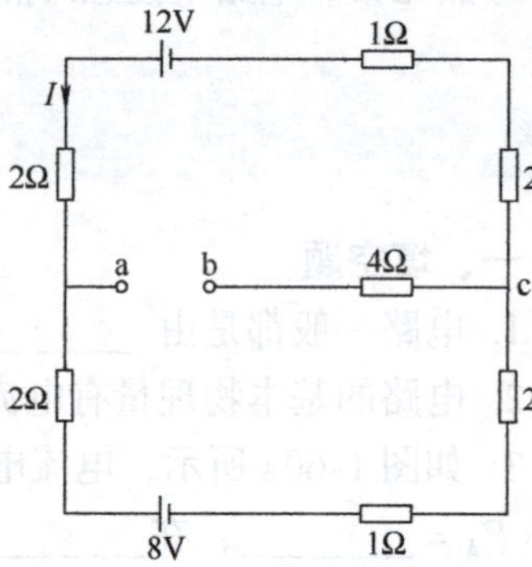

图 1-63　填空题 10 图

17. 基尔霍夫电流定律指出流过任一节点的________为零，其数学表达式为________。基尔霍夫电压定律指出从电路上的任一点出发绕任意回路一周回到该点时，________为零，其数学表达式为________。

二、判断题

1. 电源就是把其他形式的能量转变为电能的装置。（　　）
2. 蓄电池在电路中必是电源，总是把化学能转换成电能。（　　）
3. 电流的参考方向可能与电流的实际方向相同，也可能相反。（　　）
4. 电压是绝对值，与参考点选择无关。电位是相对值，与参考点的选择有关。（　　）
5. 电流计算结果为负值，表明电流的实际方向与电流的参考方向相同。（　　）
6. 用电器（负载）将其他形式的能转换为电能。（　　）
7. 基尔霍夫电流定律仅适用于电路中的节点，与元件的性质有关。（　　）
8. 基尔霍夫电流定律不仅适用于线性电路，而且对非线性电路也适用。（　　）
9. 网孔都是回路，而回路不一定是网孔。（　　）
10. 电路中任意两个节点之间连接的电路统称为支路。（　　）

三、选择题

1. 常见的电路元件有（　　）。（可多选）

A. 电阻　B. 电压　C. 电容
D. 电感　E. 电源

2. 电位是衡量电荷在电路中某点所具有能量的物理量，电位是（　　）。

A. 相对量　B. 绝对量　C. 可参考　D. 不确定

3. 电压与电位的说法正确的有（　　）。（可多选）

A. 电位是相对量　B. 电压是绝对量　C. 电压与电位的单位相同

4. 如图 1-64 所示，其节点数、支路数、回路数及网孔数分别为（　　）。

A. 2、5、3、3　B. 3、6、4、6　C. 2、4、6、3

5. 如图 1-65 所示，I = (　　) A。

A. 2　B. 7　C. 5　D. 6

6. 如图 1-66 所示，E = (　　) V。

A. 3　B. 4　C. −4　D. −3

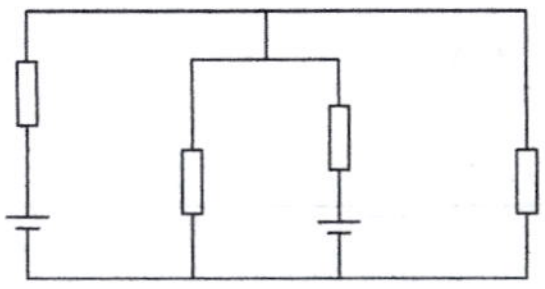

图 1-64　选择题 4 图

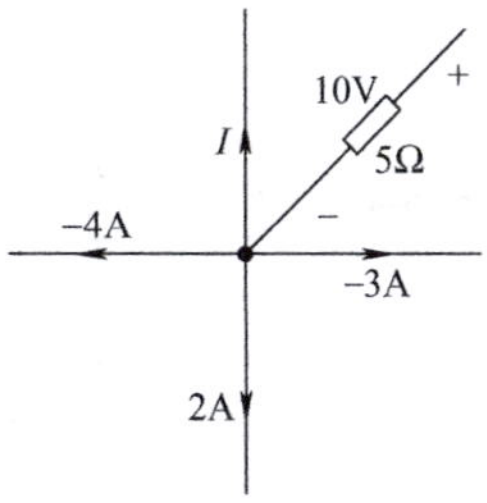

图 1-65　选择题 5 图

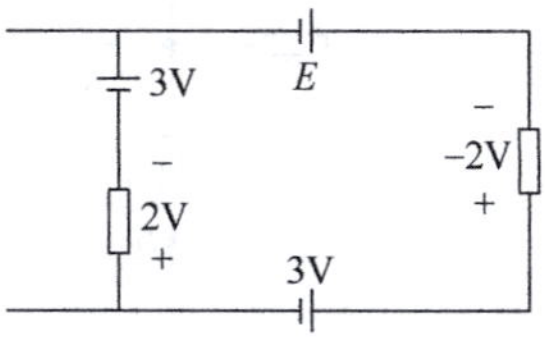

图 1-66　选择题 6 图

7. 如图 1-67 所示电路中，I_1 和 I_2 的关系为（　　）。

A. $I_1 < I_2$　　B. $I_1 > I_2$　　C. $I_1 = I_2$　　D. 不确定

8. 如图 1-68 所示晶体管 $I_b = 20\mu A$，$I_c = 3mA$，则 I_e 为（　　）。

A. 3.02mA　　B. 3.2mA　　C. 3.02μA　　D. 3.2μA

9. 在图 1-69 所示电路中，U_{AB}的表达式可写成 U_{AB} =（　　）。

A. $IR + E$　　B. $IR - E$　　C. $-IR + E$　　D. $-IR - E$

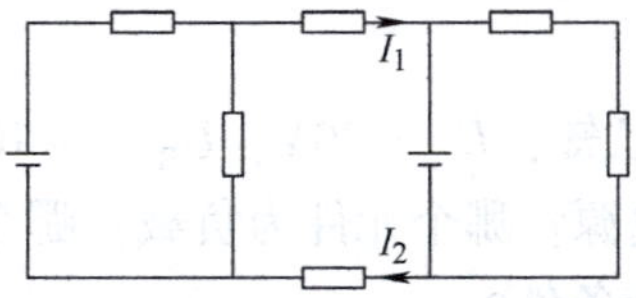

图 1-67　选择题 7 图

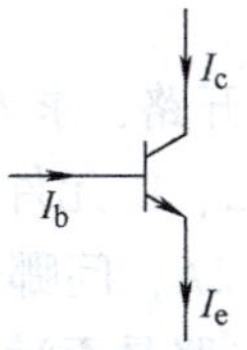

图 1-68　选择题 8 图

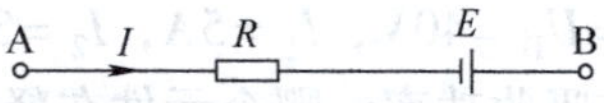

图 1-69　选择题 9 图

10. 在图 1-70 所示电路中，假设绕行方向为逆时针方向，则可列回路电压方程为（　　）。

A. $I_3R_3 - E_2 + I_2R_2 - I_1R_1 + E_1 = 0$

B. $I_1R_3 - E_2 + I_2R_2 + I_1R_1 - E_1 = 0$

C. $-I_3R_3 + E_1 - I_1R_1 + I_2R_2 - E_2 = 0$

D. $-I_3R_3 - E_1 + I_1R_1 - I_2R_2 + E_2 = 0$

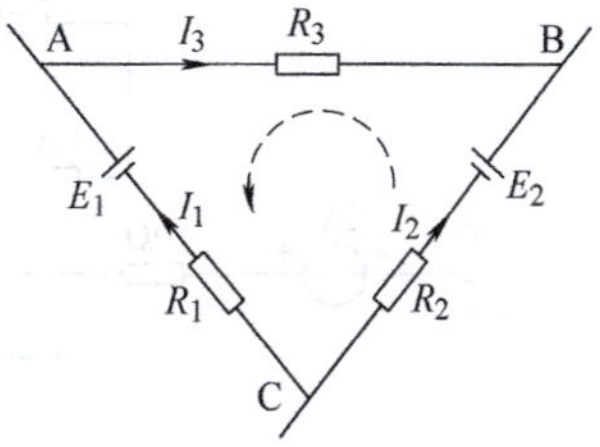

图 1-70　选择题 10 图

四、计算题

1. 一个电吹风的电热丝电阻值为 1210Ω，接在 220V 电源上，它消耗的功率是多少？用多长时间消耗 1kW · h 的电能？

2. 某单位有荧光灯 20 盏，每盏荧光灯的功率为 20W，问全部点亮 4h，消耗的电能为多少？

3. 如图 1-71 所示，求 I_1 和 I_2。

4. 根据基尔霍夫定律求图 1-72 所示电路中的电流 I_1 和 I_2。

5. 电路如图 1-73 所示，求 U_1 和 U_2。

6. 电路如图 1-74 所示，求 U_1、U_2 和 U_{BC}。

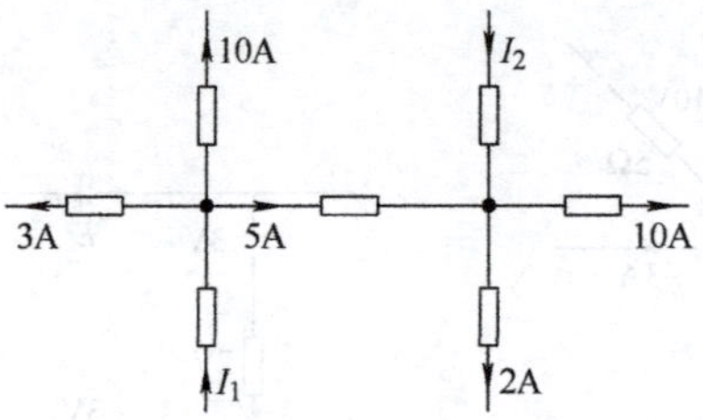

图 1-71　计算题 3 图

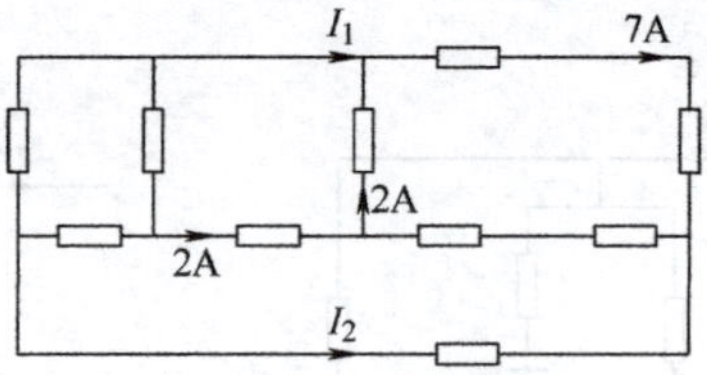

图 1-72　计算题 4 图

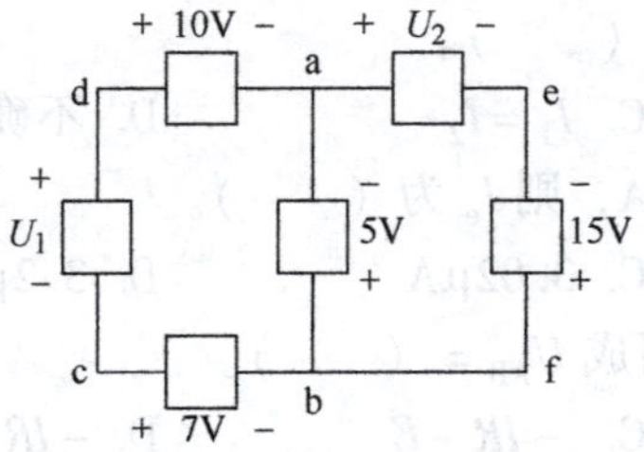

图 1-73　计算题 5 图

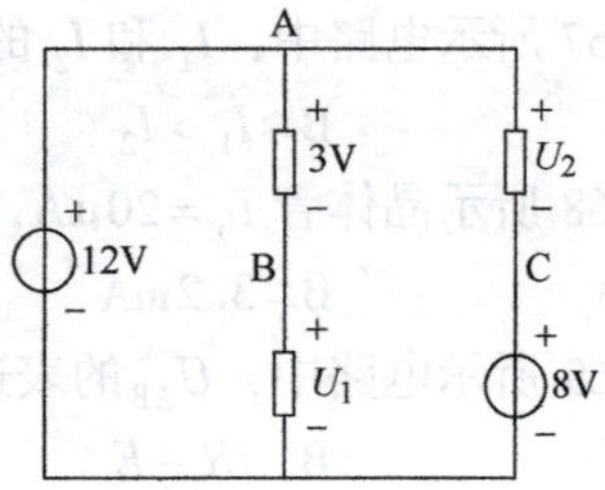

图 1-74　计算题 6 图

7. 图 1-75 所示电路中，已知 A、D 开路，求 U_{AC}和 U_{AD}。

8. 求图 1-76 所示电路中，A、B、C、D 元件的功率。已知：$U_A=30V$，$U_B=-10V$，$U_C=U_D=40V$，$I_1=5A$，$I_2=3A$，$I_3=-2A$，问哪个元件为电源？哪个元件为负载？哪个元件在吸收功率？哪个元件在释放功率？电路是否满足功率平衡条件？

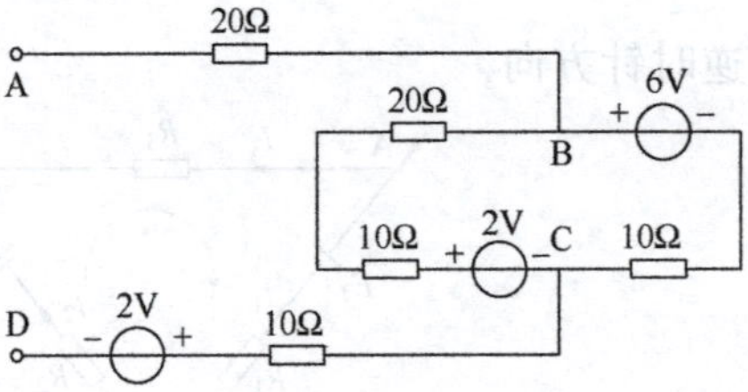

图 1-75　计算题 7 图

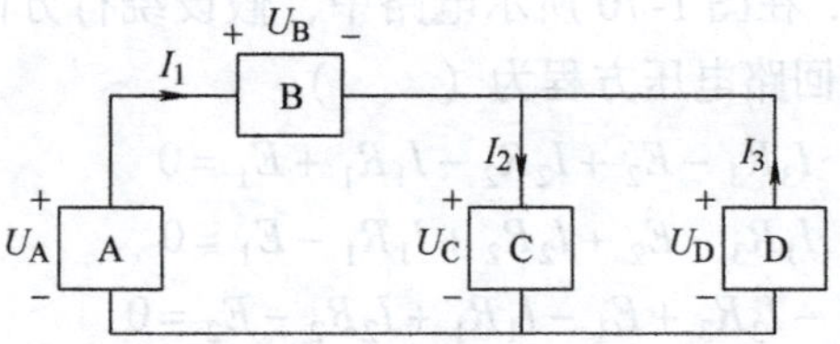

图 1-76　计算题 8 图

9. 如图 1-77 所示局部电路，设元件 A 吸收功率为 10W，求 U_A；设元件 B 吸收功率为 −10W，求 I_B；设元件 C 释放功率为 −10W，求 U_C。

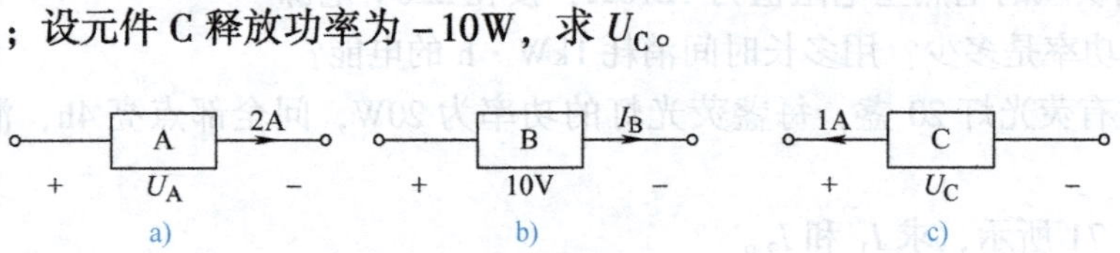

图 1-77　计算题 9 图

10. 电路如图 1-78 所示，求电流 I。

11. 电路如图 1-79 所示，分别求支路电流 I_{AB}与支路电压 U_{AB}。

12. 电路如图 1-80 所示，求电压 U。

13. 电路如图 1-81 所示，列写回路Ⅰ和回路Ⅱ的 KVL 方程。

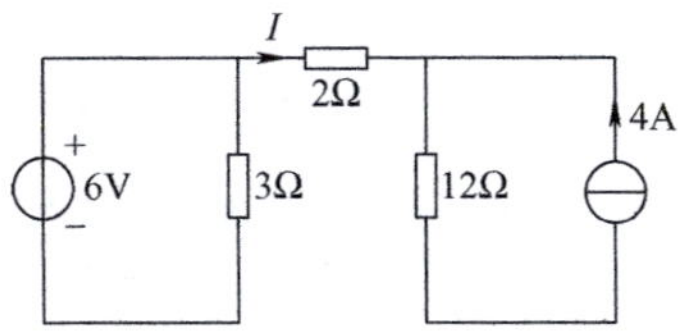

图 1-78 计算题 10 图

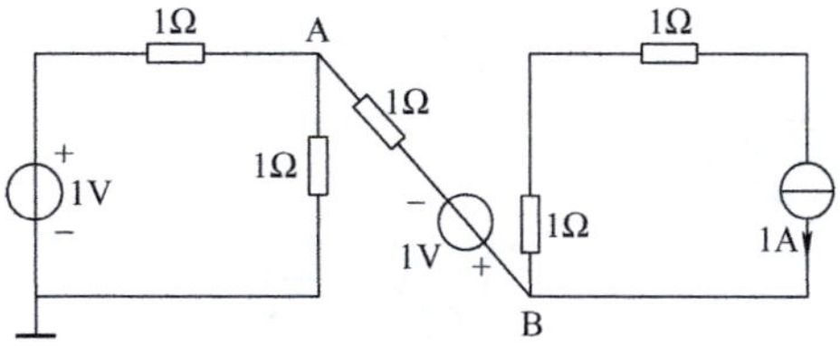

图 1-79 计算题 11 图

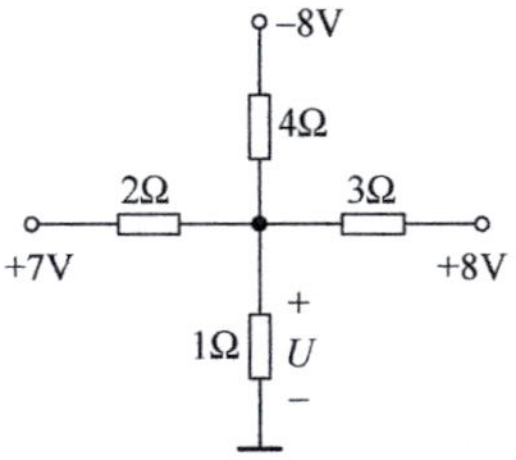

图 1-80 计算题 12 图

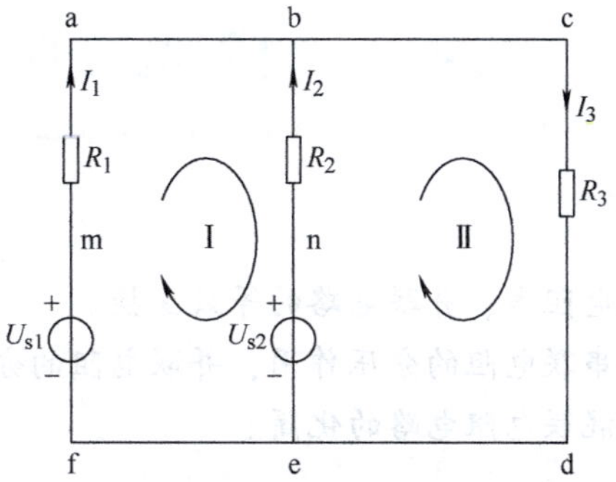

图 1-81 计算题 13 图

14. 求图 1-82 所示电路中元件 N 吸收的功率和电流源释放的功率。

15. 求图 1-83 所示电路中两个独立电源各自释放的功率。

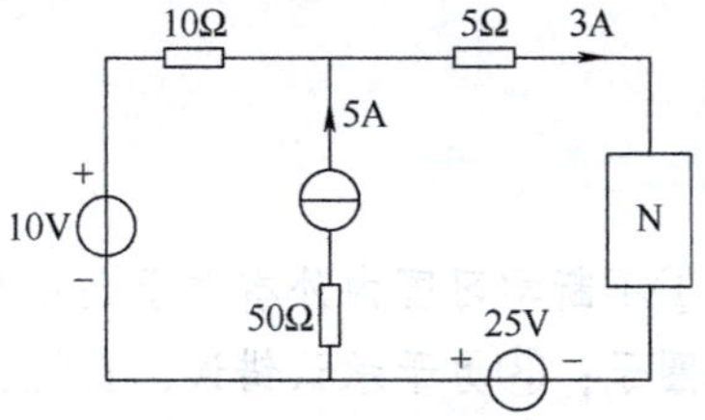

图 1-82 计算题 14 图

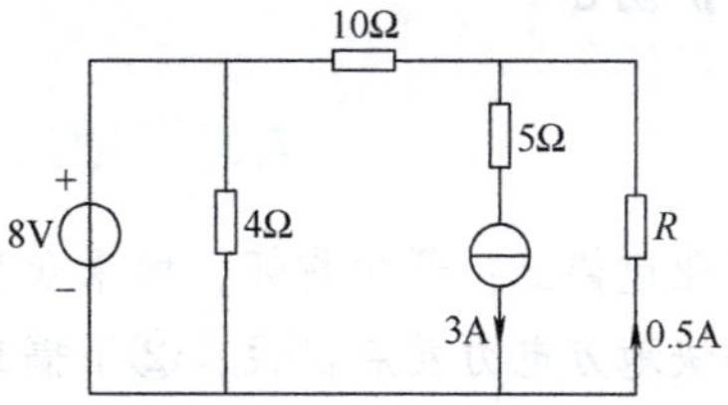

图 1-83 计算题 15 图

项目二

2 电路等效分析与简单直流电路故障检测

任务一　电阻电路的等效变换及其验证

知识目标

1）掌握电阻串、并联电路的等效变换。

2）理解串联电阻的分压作用，并联电阻的分流作用。

3）掌握混联电阻电路的化简。

能力目标

通过电阻的串、并联电路参数测量，验证电阻在串联电路中的分压作用，以及在并联电路中的分流作用。

守道德，护初心

电工职业道德十二条之五、六

电工职业道德五：开放胸怀，博采众家之长。①不断学习国内外有益于企业发展的经验和技术，加快地方电力发展步伐；②不搞封闭的小圈子；③勇于承认错误，正视自身的弱点和不足，并尽力改变。

电工职业道德六：遵守各项规章制度。①电业工人必须严格遵守国家法律法规和公司的各种规章制度，违犯国家法律或严重违反公司规定将会受到严厉处分；②各级干部以身作则；③上班时间佩戴工作证。

任务导入

“曹冲称象”的故事大家耳熟能详，仔细想来，有几分科学思维方法在里面：大象太大，没办法直接称重，用相同重量的石头来间接等效称量大象。在电路分析过程中，同样有等效分析方法，将电阻元件的串联、并联、混联等电路进行等效变换为简单电路，使问题得到简化，达到减少计算量、解决问题的目的。

知识链接

在实际电路中，常会含有多个电阻元件。这些电阻元件根据不同需要，按一定的方式连接起来，便于在各种不同情况下获得不同的电压、电流及功率。电阻的连接方式通常有串联、并联和混联三种。

一、电阻的串联等效变换

如图 2-1 所示，电路中有两个或更多个电阻首尾依次相连，中间没有分支，称为电阻的串联。

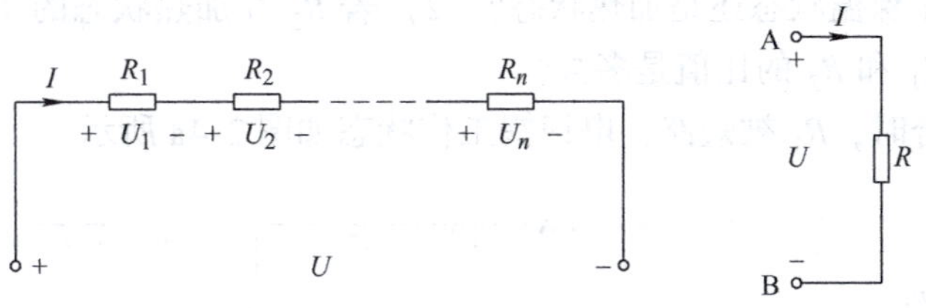

a) 电阻的串联　　b) 等效电路

图 2-1　电阻串联

根据 KVL，串联电阻电路两端口总电压等于各电阻上电压的代数和，即

$$U = U_1 + U_2 + \cdots + U_n$$

根据欧姆定律，有

$$U = U_1 + U_2 + \cdots + U_n = (R_1 + R_2 + \cdots + R_n)I = R_{eq}I$$

$$R_{eq} = R_1 + R_2 + \cdots + R_n = \sum_{k=1}^{n} R_k \tag{2-1}$$

式中，R_{eq}为这些串联电阻的等效电阻，它与这些串联电阻所起的作用一样，即 n 个电阻串联的等效电阻等于各个电阻之和。

串联电阻电路中，各电阻的电压与其阻值具有以下特点：

$$\left.\begin{aligned} U_1 &= R_1 I = \frac{R_1}{R_{eq}}U \\ U_2 &= R_2 I = \frac{R_2}{R_{eq}}U \\ &\vdots \\ U_n &= R_n I = \frac{R_n}{R_{eq}}U \end{aligned}\right\} \tag{2-2}$$

式(2-2) 即为电阻串联的分压公式，该式表明，各串联电阻上分得的电压与它们的电阻值成正比关系。

电阻串联电路应用广泛，常用于降压、调节电流、分压等。

【例 2-1】 如图 2-2 所示，一只小灯泡上标有“2.5V，0.3A”字样，即该灯泡在 2.5V 的电压下正常发光时的电流为 0.3A。现在只有一个电压为 4V 的电源，为了使小灯泡正常发光，要串联一个多大的电阻？

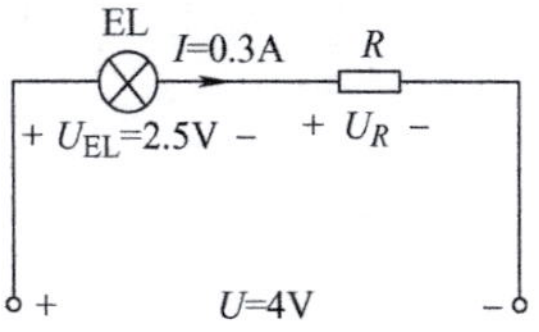

图 2-2　例 2-1 题图

解： 根据题意，串联的电阻 R 必须分担 1.5V 电压，才能使小灯泡正常发光，即

$$U_R = U - U_{EL} = 4\text{V} - 2.5\text{V} = 1.5\text{V}$$

由于小灯泡正常发光时，电流为0.3A，且电路为串联电路，可知，电阻上的电流 $I=0.3A$。由欧姆定律得串联的电阻 R 为

$$R=\frac{U_R}{I}=\frac{1.5}{0.3}\Omega=5\Omega$$

【例 2-2】 电饭锅工作时有两种状态：一种是加热状态，一种是保温状态。如图 2-3 所示，R_1、R_2 为电热丝，S 为温控开关，A、B 两点接在家庭电路上，电压 U_{AB} 恒定。(1) S 闭合时，电饭锅处于保温状态还是加热状态？(2) 若 R_2 在加热状态的功率是它在保温状态功率时的 100 倍，R_1 和 R_2 的比值是多大？

解：(1) S 闭合时，R_1 被短路，电饭锅工作状态如图 2-4a 所示。

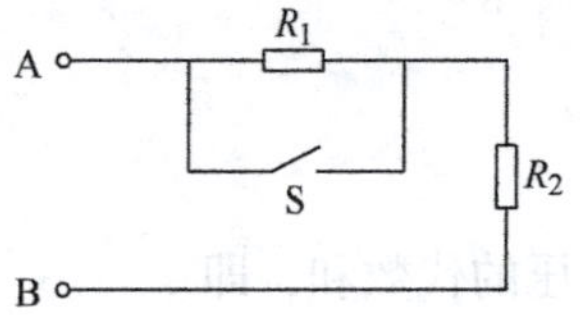

图 2-3 例 2-2 题图

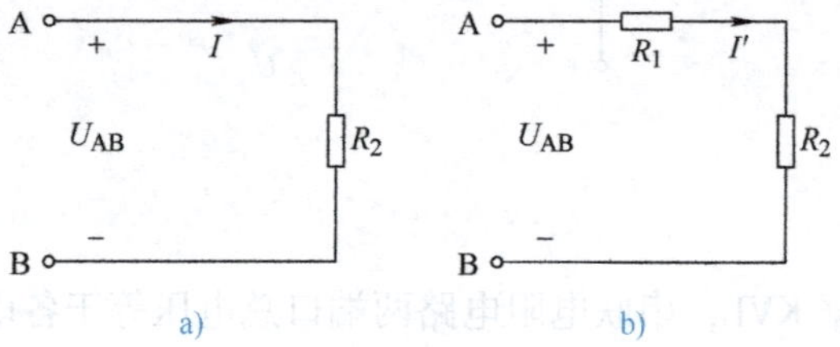

图 2-4 例 2-2 解题图

由欧姆定律可知，此时电路中的电流 I 为

$$I=U_{AB}/R_2$$

电路的总功率 P 为

$$P=I^2R_2=U_{AB}^2/R_2$$

S 断开时，R_1 和 R_2 串联，电饭锅工作状态如图 2-4b 所示，由欧姆定律可知，此时电路中的电流 I'为

$$I'=U_{AB}/(R_1+R_2)$$

电路的总功率 P'为

$$P'=I'^2(R_1+R_2)=U_{AB}^2/(R_1+R_2)$$

通过计算可知，S 闭合时电路的总功率 P 大于 S 断开时的电路的总功率 P'，所以 S 闭合时，电饭锅处于加热状态。

(2) 由第一个问题的解答可知，S 闭合时，电饭锅处于加热状态，电阻 R_2 的功率可计算得

$$P_{R2}=P=I^2R_2=U_{AB}^2/R_2$$

S 断开时，电饭锅处于保温状态，电阻 R_2 的功率可计算得

$$P'_{R2}=I'^2R_2={U_{AB}}^2R_2/(R_1+R_2)^2$$

由于 R_2 在加热状态的功率是它在保温状态功率时的 100 倍，即

$$\frac{P_{R2}}{P'_{R2}}=\frac{U_{AB}^2}{R_2}\Big/\frac{U_{AB}^2R_2}{(R_1+R_2)^2}=\frac{(R_1+R_2)^2}{{R_2}^2}=\frac{100}{1}$$

$$\frac{R_1+R_2}{R_2}=10$$

$$R_1+R_2=10R_2,\quad R_1=9R_2$$

R_1 和 R_2 的比值为

$$\frac{R_1}{R_2}=9$$

二、电阻的并联等效变换

如图 2-5 所示，电路中两个或更多电阻都连接在两个公共节点间，称为电阻的并联。电阻并联时，各电阻两端承受同一电压。

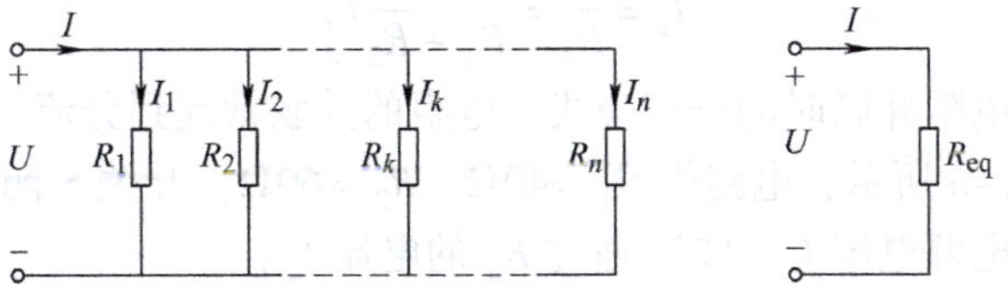

a) 电阻的并联　　b) 等效电路

图 2-5　电阻并联

根据 KCL 有

$$I=I_1+I_2+\cdots+I_n=\left(\frac{1}{R_1}+\frac{1}{R_2}+\cdots+\frac{1}{R_n}\right)U$$

$$\frac{1}{R_{eq}}=\frac{1}{R_1}+\frac{1}{R_2}+\cdots+\frac{1}{R_n}=\sum_{k=1}^{n}\frac{1}{R_k} \tag{2-3}$$

式中，R_{eq} 为多个并联电阻的等效电阻。式(2-3) 经常表示为

$$G=G_1+G_2+\cdots+G_n=\sum_{k=1}^{n}G_k \tag{2-4}$$

即并联电阻电路的等效电导等于各并联电导之和。其中，电阻的倒数称为电导，电导用字母 G 表示，$G=1/R$，电导的单位为西门子，简称西 (S)。

并联电阻电路中，各电阻的电压与其阻值具有以下特点：

$$\left.\begin{aligned}I_1&=\frac{U}{R_1}=\frac{R}{R_1}I\\I_2&=\frac{U}{R_2}=\frac{R}{R_2}I\\&\vdots\\I_n&=\frac{U}{R_n}=\frac{R}{R_n}I\end{aligned}\right\} \tag{2-5}$$

式(2-5) 即为电阻并联的分流公式，该式表明，各并联电阻上流过的电流与它们的电阻值成反比关系。

如果只有两个电阻并联，根据式(2-3)，并联电路的等效电阻为

$$\frac{1}{R}=\frac{1}{R_1}+\frac{1}{R_2}=\frac{R_1+R_2}{R_1R_2}$$

$$R=\frac{R_1R_2}{R_1+R_2} \tag{2-6}$$

式(2-6) 为两个电阻并联时常用的等效电阻计算公式。

两个电阻并联时，若电路端口总电流为 I，则端口总电压为

$$U = RI = \frac{R_1 R_2}{R_1 + R_2} I$$

各电阻流过的电流分别为

$$\left.\begin{aligned} I_1 &= \frac{U}{R_1} = \frac{R_2}{R_1 + R_2} I \\ I_2 &= \frac{U}{R_2} = \frac{R_1}{R_1 + R_2} I \end{aligned}\right\} \tag{2-7}$$

式(2-7) 为两个电阻并联时的分流公式。电阻的并联常起到分流、增大总电流的作用。

【例 2-3】 如图 2-6 所示，电路中 $R_1 = 40\Omega$，$R_2 = 60\Omega$。开关 S 闭合时，电流表读数为 $I_1 = 0.3\text{A}$，求：(1) 电源电压 U；(2) 通过 R_2 的电流 I_2。

解：(1) 开关 S 闭合时，电流表读数为 $I_1 = 0.3\text{A}$，则电源电压为

$$U = I_1 R_1 = 0.3\text{A} \times 40\Omega = 12\text{V}$$

(2) 根据并联电阻两端承受同一电压，则电流 I_2 为

$$I_2 = U/R_2 = 12\text{V}/60\Omega = 0.2\text{A}$$

三、电阻的混联等效变换

既含有电阻串联电路又含有电阻并联电路的电路称为电阻混联电路，如图 2-7 所示。

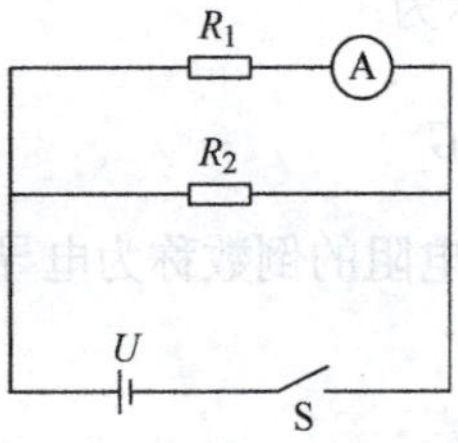

图 2-6 例 2-3 题图

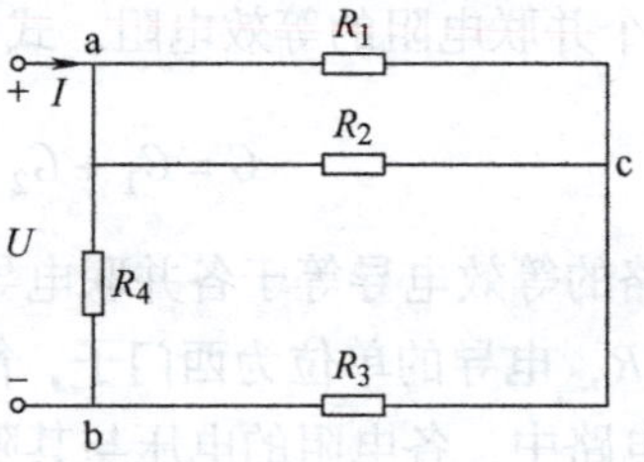

图 2-7 电阻混联电路

电阻混联电路可以用串联、并联公式进行化简，具体方法如下：

1) 正确判断电阻的连接关系。串联电路所有电阻流过同一电流，并联电路所有电阻承受同一电压。

2) 将所有无阻导线连接点用节点表示。

3) 在不改变电路连接关系的前提下，可根据需要改画电路，以便更清楚地表示出各电阻的串、并联关系。

4) 对于等电位点之间的电阻支路，必然没有电流流过，所以既可将它看作开路，也可看作短路。

5) 采用逐步化简的方法，按照顺序化简电路，最后计算出等效电阻。

【例 2-4】 如图 2-8 所示，已知 $R_1 = R_2 = R_3 = 2\Omega$，$R_4 = R_5 = 4\Omega$，求电路 A、B 间的等效电阻 R_{AB}。

解：$R_{AB} = \{[(R_1 + R_2)/\!/R_5] + R_3\}/\!/R^4$，式中，“+”表示电阻的串联关系，“//”表

示电阻的并联关系。

$$R_{12}=R_1+R_2=(2+2)\Omega=4\Omega$$

$$R_{125}=\frac{R_{12}R_5}{R_{12}+R_5}=\frac{4\times4}{4+4}\Omega=2\Omega$$

$$R_{1253}=R_{125}+R_3=(2+2)\Omega=4\Omega$$

$$R_{AB}=\frac{R_{1253}R_4}{R_{1253}+R_4}=\frac{4\times4}{4+4}\Omega=2\Omega$$

【例 2-5】　电路如图 2-9 所示，求 A、B 两端的等效电阻 R_{AB}。

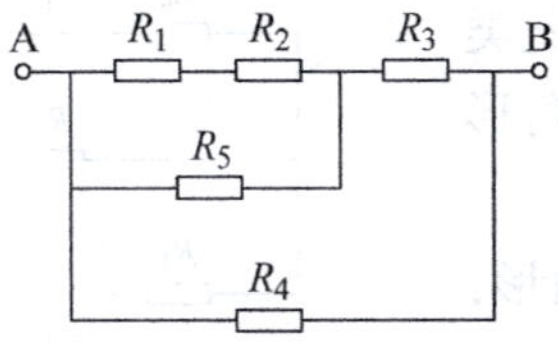

图 2-8　例 2-4 题图

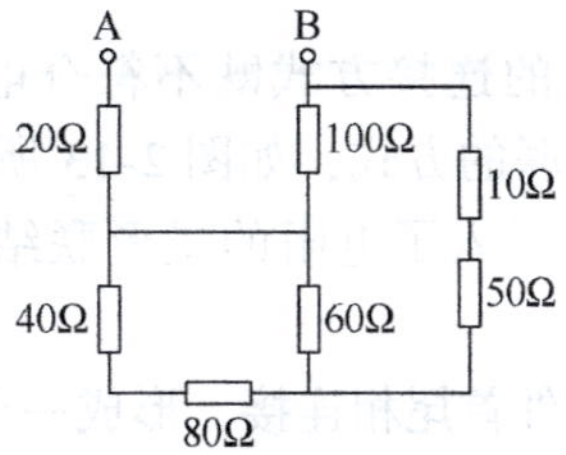

图 2-9　例 2-5 题图

解：求解 R_{AB}的电路如图 2-10 所示，所以有

$$R_{AB}=(100/\!/100)\Omega+20\Omega=70\Omega$$

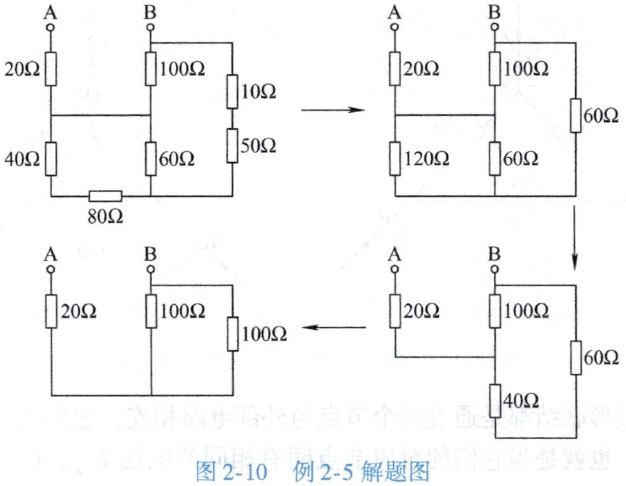

图 2-10　例 2-5 解题图

【例 2-6】　电路如图 2-11 所示，试求：(1) A、B 两端的等效电阻 R_{AB}；(2) C、D 两端的等效电阻 R_{CD}。

解：(1) 求解 R_{AB}的电路如图 2-12a 所示，所以有

$$R_{AB}=[(5+5)/\!/15]\Omega+6\Omega=12\Omega$$

(2) 求 R_{CD}时，电阻的连接关系发生了变化，6Ω 电阻对于求 R_{CD}不起作用。求解 R_{CD}时的电路如图 2-12b 所示，所以有

$$R_{CD}=[(5+15)/\!/5]\Omega=4\Omega$$

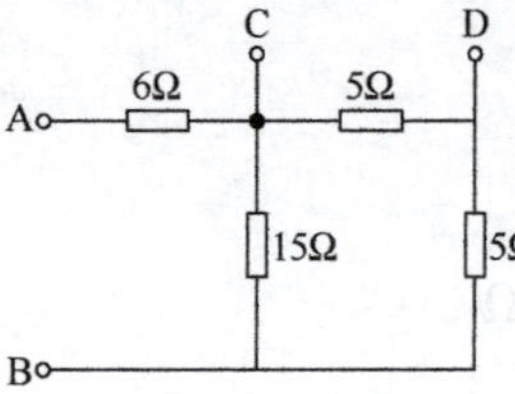

图 2-11 例 2-6 题图

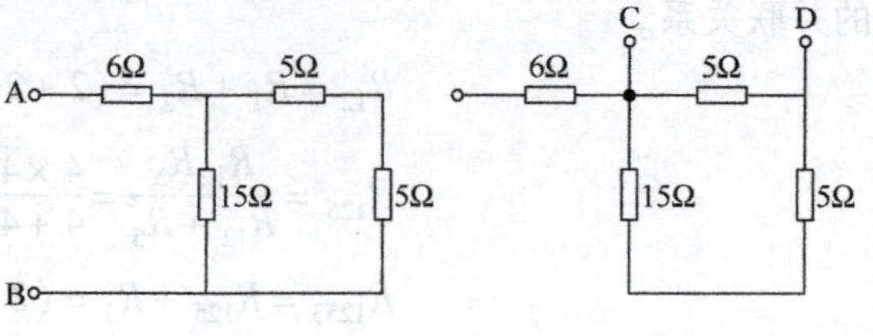

a) b)

图 2-12 例 2-6 解题图

四、电阻星形联结与三角形联结的等效变换

有一些电阻的连接方式既不符合电阻串联的方式，也不符合电阻并联的方式，如图 2-13 所示，为了对此类电路进行分析，引入了电阻的星形联结（Y）与三角形联结（Δ）。

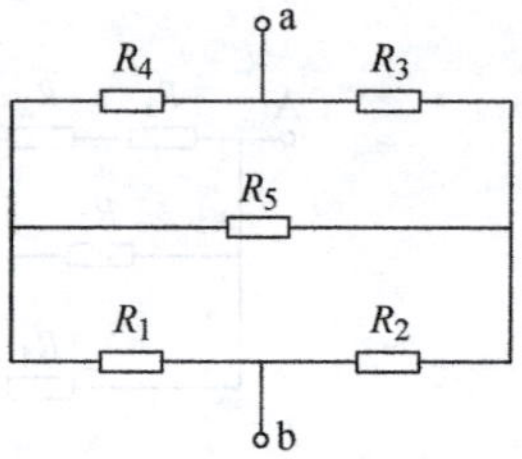

图 2-13 具有Y-Δ联结的电路

三个电阻元件首尾相连接，形成一个封闭的三角形，三角形的三个顶点接到外部电路的三个节点，称为电阻元件的Δ联结，如图 2-14a 所示。三个电阻元件的一端连接在一起，另一端分别连接到外部电路的三个节点，称为电阻元件的星形联结，简称为Y联结，如图 2-14b 所示。

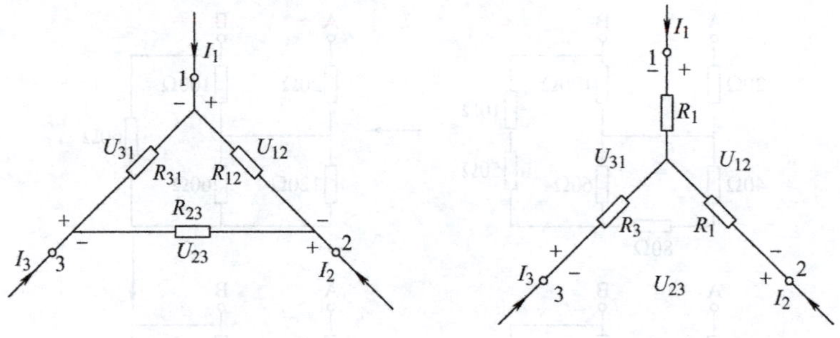

a) 电阻的Δ联结　　b) 电阻的Y联结

图 2-14 电阻Δ联结和Y联结的等效电阻

三角形联结和星形联结都是通过三个节点与外部电路相连，它们之间的等效变换要求它们的外部特性相同，也就是当它们的对应节点间有相同的电压 U_{12}、U_{23}、U_{31} 时，从外电路流入对应节点的电流 I_1、I_2、I_3 也必须分别相等，即Y-Δ变换的等效条件。

根据等效条件，可得星形联结的电阻变换成三角形联结的电阻的计算公式为

$$\left.\begin{aligned} R_{12} &= \frac{R_1R_2+R_2R_3+R_3R_1}{R_3} \\ R_{23} &= \frac{R_1R_2+R_2R_3+R_3R_1}{R_1} \\ R_{31} &= \frac{R_1R_2+R_2R_3+R_3R_1}{R_2} \end{aligned}\right\} \tag{2-8}$$

三角形联结的电阻变换成星形联结的电阻的计算公式为

$$\left.\begin{aligned}R_1&=\frac{R_{12}R_{31}}{R_{12}+R_{23}+R_{31}}\\R_2&=\frac{R_{12}R_{23}}{R_{12}+R_{23}+R_{31}}\\R_3&=\frac{R_{23}R_{31}}{R_{12}+R_{23}+R_{31}}\end{aligned}\right\}\tag{2-9}$$

为了方便记忆，以上互换公式可归纳为

$$\triangle\text{联结电阻}=\frac{\curlyvee\text{联结中各电阻两两乘积之和}}{\text{对面的}\curlyvee\text{联结电阻}}\tag{2-10}$$

$$\curlyvee\text{联结电阻}=\frac{\triangle\text{联结相邻两电阻之积}}{\triangle\text{联结各电阻之和}}\tag{2-11}$$

若星形联结电路中三个电阻相等，即 $R_1=R_2=R_3=R_{\curlyvee}$，则变换为三角形联结电路时，等效三角形联结电路中三个电阻也相等，即 $R_{12}=R_{23}=R_{31}=R_{\triangle}$，并有 $R_{\triangle}=3R_{\curlyvee}$。同样，若三角形联结电路中三个电阻相等，即 $R_{12}=R_{23}=R_{31}=R_{\triangle}$，则变换为星形联结电路时，等效星形联结电路中三个电阻也相等，即 $R_1=R_2=R_3=R_{\curlyvee}$，并有 $R_{\curlyvee}=\frac{1}{3}R_{\triangle}$。

【例 2-7】　电路如图 2-15 所示，求 AB 端的等效电阻 R_{AB}。

解： 运用Y-△变换，可将上面三个 60Ω 的电阻进行Y联结变换，也可以将下面三个 60Ω 的电阻进行Y联结变换。以上面的三个 60Ω 电阻进行Y联结变换为例，变换后的电路如图 2-16 所示。

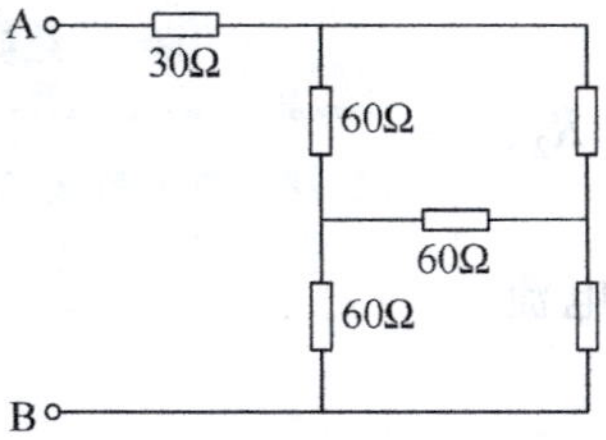

图 2-15　例 2-7 题图

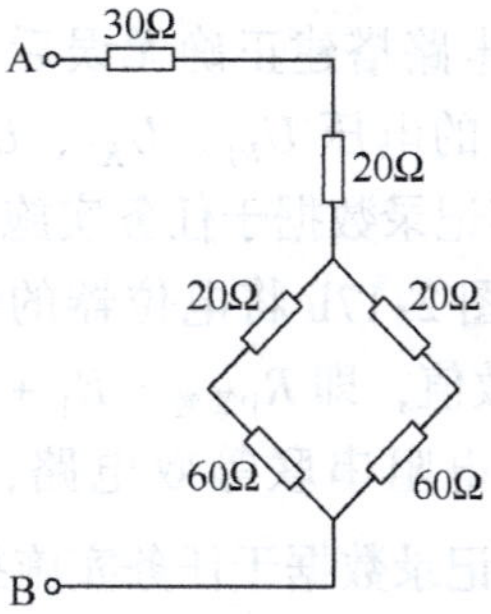

图 2-16　例 2-7 解题图

$$R_{\curlyvee}=\frac{1}{3}R_{\triangle}=\frac{1}{3}\times60\Omega=20\Omega$$

$$R_{AB}=30\Omega+20\Omega+[(20+60)/\!/(20+60)]\Omega=30\Omega+20\Omega+40\Omega=90\Omega$$

任务实施与评价

一、任务描述

通过电阻的串、并联电路参数的测量，掌握电阻的串联等效与并联等效电路特征。

二、任务要求

1）掌握电阻串联、并联电路中电阻等效的关系。

2）理解电阻串联电路中电阻的分压作用和电阻并联电路中电阻的分流作用。

三、实施步骤

1. 电阻串联等效的验证

1）如图2-17所示，根据电阻串联等效电路计算电路相关参数，并记录于任务实施报告中。

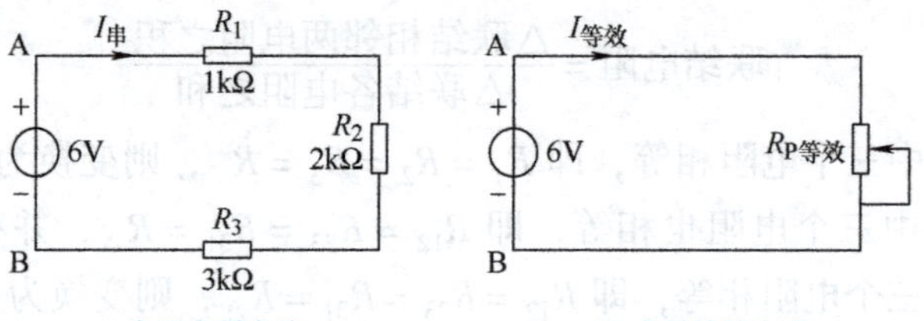

图2-17　电阻串联等效的验证

2）根据图2-17，将电工技术实验装置的直流数显稳压恒流电源（见图2-18）的“电压调节”旋钮调至所需的电压值，“电流调节”旋钮调至最大，调节好后关闭电源。

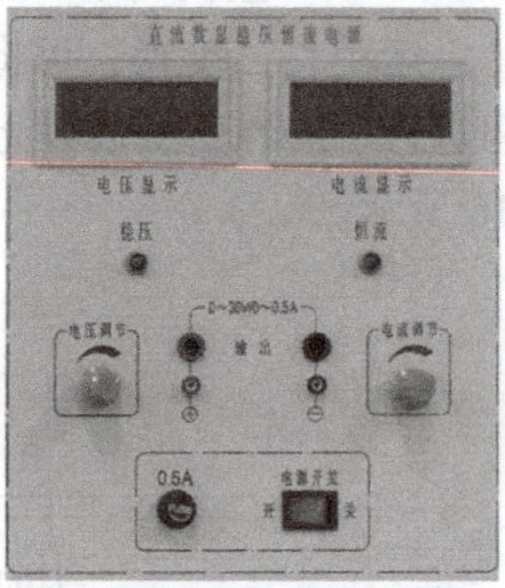

图2-18　直流数显稳压恒流电源

3）根据图2-17a搭建电阻串联电路。

4）串联电路搭建正确无误后，打开电源，完成电阻 R_1、R_2 和 R_3 的电压 U_{R1}、U_{R2}、U_{R3} 以及串联电流 $I_{串}$ 的测量，并如实记录数据于任务实施报告中。

5）根据图2-17b将电位器的电阻值调节至 R_1、R_2、R_3 的串联等效值，即 $R_{P等效}=R_1+R_2+R_3$。

6）搭建电阻串联等效电路，打开电源，测量电流 $I_{等效}$ 的值，并记录数据于任务实施报告中。

2. 电阻并联等效的验证

1）如图2-19所示，根据电阻并联等效电路计算电路相关参数，记录于任务实施报告中。

2）根据图2-19将电工技术实验装置中的直流数显稳压恒流电源调节至实训所需的电压，调节好后关闭电源。

3）根据图2-19a搭建电阻并联电路。

4）打开电源，进行电流 $I_{总}$、I_1、I_2 参数的测量，并如实记录相关数据。

5）根据图2-19b将电位器的电阻值调节至 R_1、R_2 的并联等效值，即 $R_{P等效}=R_1R_2/(R_1+R_2)$。

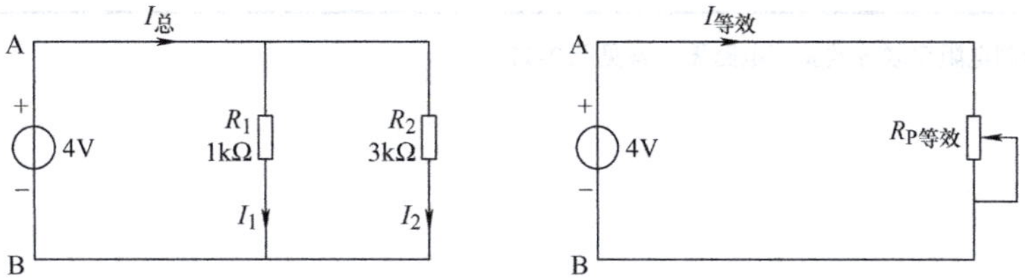

a) 电阻并联电路　　b) 并联等效电路

图 2-19　电阻并联等效的验证

6）搭建电阻并联等效电路，打开电源，测量电流 $I_{等效}$ 的值，并如实记录相关数据于任务实施报告中。

四、注意事项

1）在进行带电电路的操作时，应养成良好的操作习惯：先调试好任务所需电源后关闭电源，再根据原理图搭建电路，检查正确无误后，合上电源，开始相关任务的实施。任务完成后，先关闭电源，再拆除电路，恢复操作现场。严禁带电改动电路。

2）测量电流或电压时，应选择合适的量程，避免引入测量误差或损坏仪表。

3）测量电流或电压时，应注意电流或电压的参考方向，避免反接直流毫安表或直流电压表，造成测量错误。

4）禁止用电流表测量电压值。

五、任务实施报告

填写任务实施报告，见表 2-1。

表 2-1　任务实施报告

<table>
<tr><td>任务名称</td><td colspan="2">电阻的串、并联等效变换</td><td>学时</td><td>2 学时</td><td>日期</td><td></td></tr>
<tr><td>组员</td><td colspan="6"></td></tr>
<tr><td rowspan="2">成绩评定</td><td colspan="4">实操测评（90%）</td><td colspan="2">线上测评（10%）</td></tr>
<tr><td colspan="4">自评：　　　　互评：　　　　教师评定：</td><td colspan="2"></td></tr>
<tr><td>任务要求</td><td colspan="6">1）掌握电阻串联、并联电路中电阻等效的关系
2）理解电阻串联电路中电阻的分压作用和电阻并联电路中电阻的分流作用</td></tr>
<tr><td>工具、仪表与器材</td><td colspan="6">1）电工技术实验装置
2）数字万用表 1 块
3）1kΩ、2kΩ、3kΩ 电阻各 1 个，10kΩ 电位器 1 个
4）导线若干</td></tr>
</table>

（续）

技术文档

1）绘制电阻串联等效验证电路图，参见图2-17

2）绘制电阻并联等效验证电路图，参见图2-19

技术文档

电阻的串联等效数据记录表

名称		$I_{串}$/mA	U_{R1}/V	U_{R2}/V	U_{R3}/V	U_{AB}/V	$I_{等效}$/mA	$R_{P等效}$/Ω
串联	计算值					—		
	测量值							

电阻的并联等效数据记录表

名称		$I_{总}$/mA	I_1/mA	I_2/mA	U_{AB}/V	$I_{等效}$/mA	$R_{P等效}$/Ω
并联	计算值				—		
	测量值						

任务总结

1）根据数据简述电阻串联电路的特点

2）根据数据简述电阻并联电路的特点

六、评价标准

评价标准见表2-2。

表 2-2　评价标准

评价项目		配分	考核内容及评分标准	评分
职业素养（20 分）	6S 基本要求	10	1. 着装不整齐、不规范，不穿戴相关防护用品等，每项扣 2 分 2. 工具、仪表、材料、作品摆放不整齐，每项扣 2 分 3. 操作完成后未清理、清扫施工现场，扣 5 分	
	安全操作	10	浪费耗材，不爱惜工具，扣 3 分；损坏工具、仪表扣本大项的 20 分；发生严重违规操作，取消操作成绩	
实操结果及质量（50 分）	质量	30	1. 正确进行电路的连接，每错一处扣 3 分 2. 电路连接好后，根据任务要求正确测量串联电路与并联电路中的参数，每错一处扣 3 分	
	工艺	10	正确放置和使用工具和仪器仪表，每错一处扣 3 分	
	技术文件	10	按要求填写相关技术文件。填写内容错误，每项扣 2 分	
操作过程与检测结果（30 分）	操作过程及规范	15	正确使用数字万用表，并能正确进行万用表的养护。根据行业相关标准及规范操作。操作工序、操作规范等每错一处扣 3 分	
	操作结果检测	15	正确进行操作结果的检测。结果检测方法不当、检测结果错误，每项扣 3 分	

任务二　电源的等效变换与简单直流电路故障检测

知识目标

1）掌握理想电压源的等效变换。
2）掌握理想电流源的等效变换。
3）掌握电压源模型与电流源模型间的等效变换。

能力目标

1）能对电路故障类型进行准确判断。
2）能对简单直流电路的故障进行检测。

守道德，护初心

电工职业道德十二条之七、八

电工职业道德七：品德高尚。①不利用工作的便利谋求私利、假公济私、贪污腐化；②任何时候都以公司利益和效益为重，个人服从集体；③任何活动必须严格遵守相关纪律，一切外事活动更要审慎、严格把关；④不做鼓动他人闹事、罢工或停职等损害企业利益的行为；⑤不从事第二职业，全力以赴地工作；⑥不攻击同行，始终处于高层次水平上竞争。

电工职业道德八：言行得体，仪表大方。①接待来客做到仪表端正，举止大方，谈吐得体，待人诚恳；②接听电话迅速，热情礼貌，语气温柔，对咨询的电话要耐心说明或转告相关人员，切勿生硬回绝，影响公司形象。

任务导入

电源的等效变换是一种利用电压源与电流源的相互等效，分析计算电路中某支路电流或电压的方法。在实际电路中，为了电路分析的需要，将多个电源串联或并联的方式转换为单个电源供电，或将电压源模型供电转换为电流源模型供电等。电源的等效变换是在保持电源转换前后两者的外特性（伏安曲线）完全相同的原则下进行的。

综合应用之前所学的电路知识进行简单直流电阻电路的故障检测。

知识链接

一、理想电压源串联等效

根据基尔霍夫电压定律，当电路中有多个理想电压源串联时，可以等效为一个理想电压源，等效电压源的端电压等于各串联电压源端电压的代数和，即

$$u_s = u_{s1} + u_{s2} + \cdots + u_{sn} = \sum_{k=1}^{n} u_{sk} \quad (2\text{-}12)$$

图 2-20 所示为理想电压源串联等效电路。

等效电压的计算公式为

$$u_s = u_{s1} + u_{s2} - u_{s3}$$

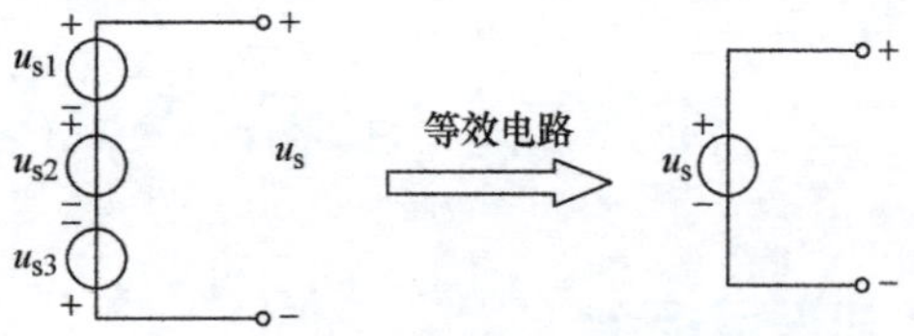

图 2-20 理想电压源串联等效电路

二、理想电流源并联等效

当多个理想电流源并联时，可以用一个理想电流源来等效替代，等效电流源的电流为多个电流源电流值的代数和，即

$$i_s = i_{s1} + i_{s2} + \cdots + i_{sn} = \sum_{k=1}^{n} i_{sk} \quad (2\text{-}13)$$

图 2-21 所示为理想电流源并联等效电路。

等效电流的计算公式为

$$i_s = i_{s1} + i_{s2} - i_{s3}$$

三、理想电压源与任意元件并联等效

当理想电压源与电阻、电流源等任意元件并联时，都等效为理想电压源，如图 2-22 所示。

四、理想电流源与任意元件串联等效

当理想电流源与电阻、电压源等任意元件串联时，都等效为理想电流源，如图 2-23 所示。

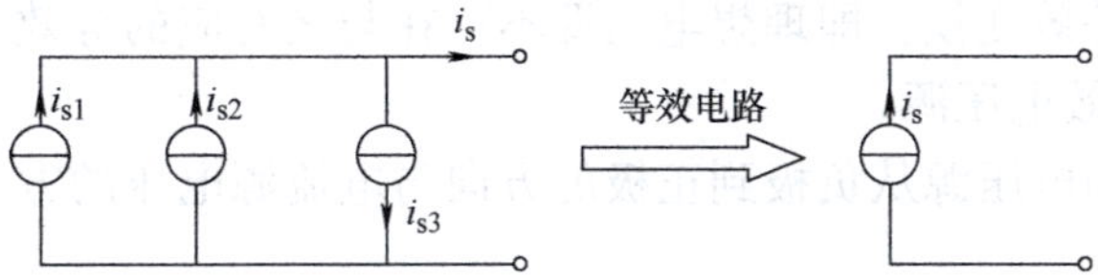

图 2-21　理想电流源的并联等效电路

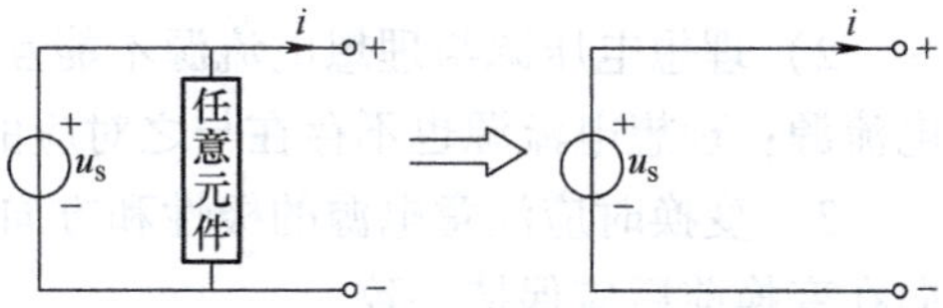

图 2-22　理想电压源与任意元件并联等效电路

五、实际电压源模型与实际电流源模型等效变换

对于如图 2-24a 所示的实际电压源模型，当外接负载 R_i 时，电路的端口电压 u 和电路中的电流 i 关系根据 KVL 和欧姆定律可得

$$u = u_s - iR_i \tag{2-14}$$

式(2-14) 变形，可得

$$i = \frac{u_s}{R_i} - \frac{u}{R_i} \tag{2-15}$$

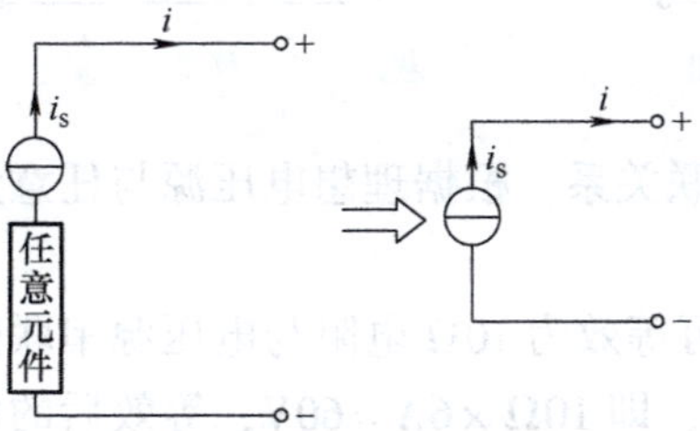

图 2-23　理想电流源与任意元件串联等效电路

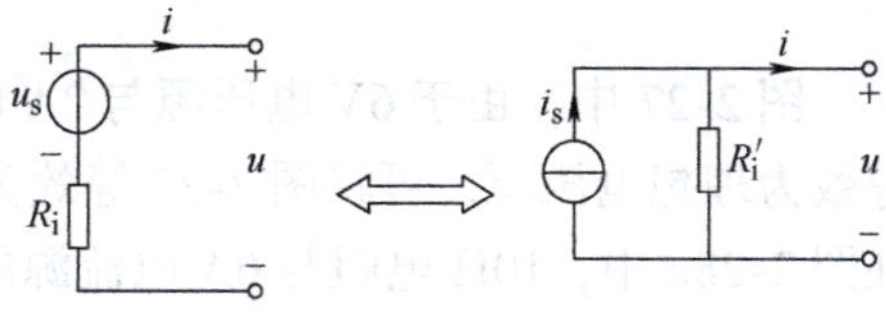

a) 实际电压源模型　b) 实际电流源模型

图 2-24　实际电压源模型与实际电流源模型的等效电路

对于如图 2-24b 所示的实际电流源模型，当外接负载 R_i' 时，电路的端口电压 u 和电路中的电流 i 关系为

$$i = i_s - \frac{u}{R_i'} \tag{2-16}$$

如果令

$$\left.\begin{aligned} R_i &= R_i' \\ i_s &= \frac{u_s}{R_i} \end{aligned}\right\} \tag{2-17}$$

则式(2-15) 和式(2-16) 所示的两个方程完全相同，即图 2-24a 与图 2-24b 所示两个电路的伏安特性完全相同。式(2-17) 就是把电压源模型等效为电流源模型必须满足的条件。如把电流源模型等效为电压源模型，则把式(2-17) 写成

$$\left.\begin{aligned} R_i &= R'_i \\ u_s &= i_s R'_i \end{aligned}\right\} \tag{2-18}$$

式(2-18)就是把电流源模型转换为电压源模型必须满足的条件。

电源等效变换时，需要注意以下几点：

1）电源模型的等效变换只是对外电路等效，对电源模型内部是不等效的。

2）理想电压源与理想电流源不能互相等效变换，即理想电压源不存在与之对应的等效电流源；理想电流源也不存在与之对应的等效电压源。

3）变换时应注意电源的极性和方向，即电压源从负极到正极的方向与电流源电压的方向在变换前后应保持一致。

【例 2-8】 如图 2-25 所示，把电路转换成一个电压源和一个电阻的串联。

解：图 2-25 是电流源模型图，可以等效为图 2-26 的电压源模型图。等效变换时，电阻值不变，为 10Ω。等效后电压源的正方向应以图 2-25 中电流源流出方向对应，电压源的大小为

$$U = IR = 2\text{A} \times 10\Omega = 20\text{V}$$

【例 2-9】 如图 2-27 所示，把电路转换成一个电压源和一个电阻的串联。

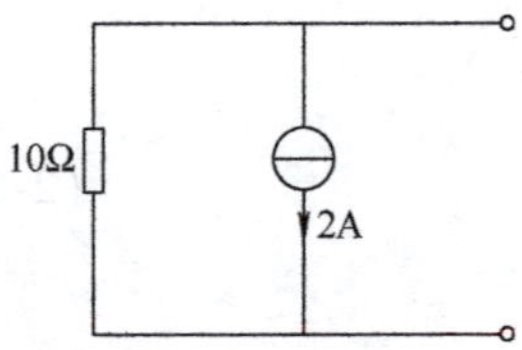

图 2-25 例 2-8 题图

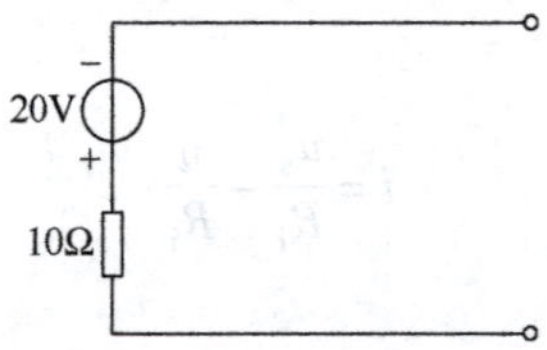

图 2-26 例 2-8 解题图

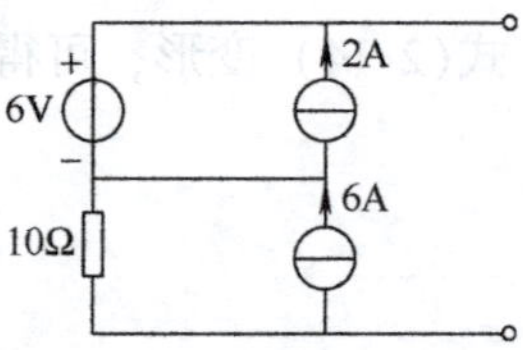

图 2-27 例 2-9 题图

解：图 2-27 中，由于 6V 电压源与 2A 电流源是并联关系，根据理想电压源与任意元件并联等效为理想电压源，可将图 2-27 等效为图 2-28a。

在图 2-28a 中，10Ω 电阻与 6A 电流源的并联电路可等效为 10Ω 电阻与电压源串联的模型，此处电压源的大小为 10Ω 电阻与 6A 电流源的乘积，即 10Ω×6A=60V，等效后的电压源正方向与 6A 电流源流出方向一致，如图 2-28b 所示。

在图 2-28b 中，6V 电压源与 60V 电压源串联，等效为一个电压源。由于 6V 电压源与 60V 电压源的参考方向一致，所以等效的电压源大小为 6V+60V=66V。

最终，图 2-27 所示电路等效为一个电压源和电阻串联的电路，如图 2-28c 所示。

【例 2-10】 如图 2-29 所示，利用电源转换简化电路计算。

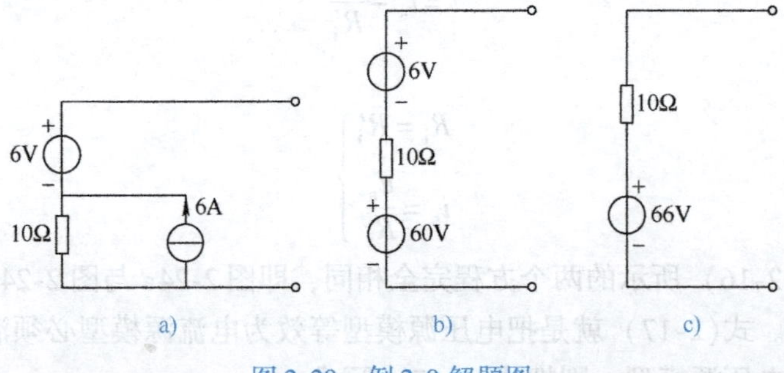

图 2-28 例 2-9 解题图

解：图2-29中，5A电流源与3Ω电阻并联的电路可以等效为3Ω的电阻与一个电压源串联的模型，此处电压源的正方向与5A电流源流出方向一致，电压源“+”极在上，电压的大小由5A电流与3Ω电阻的乘积得到，即5A×3Ω=15V。等效变换后的电路如图2-30a所示。

图2-29中，2A电流源与4Ω电阻并联的电路可以等效为4Ω的电阻与一个电压源串联的模型，此处电压源的正方向与2A电流源流出方向一致，电压源“+”极在下，电压的大小由2A电流与4Ω电阻的乘积得到，即2A×4Ω=8V。等效变换后的电路如图2-30a所示。

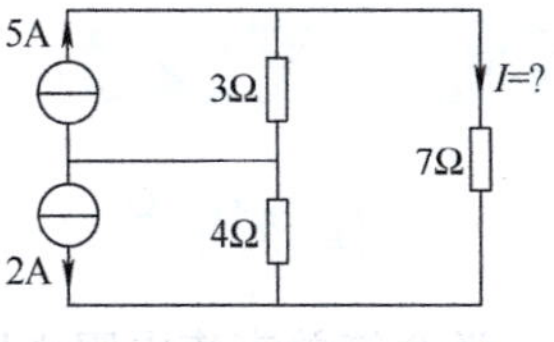

图2-29　例2-10题图

在图2-30a中，3Ω电阻与4Ω电阻串联，等效为一个7Ω的电阻。15V电压源与8V电压源串联，等效为一个电压源；但15V电压源与8V电压源方向不同，等效的电压源大小为15V－8V＝7V。

最终，图2-29所示电路等效变换后如图2-30b所示。求原来电路中7Ω电阻上流过的电流I的值，由串联电阻电路与欧姆定律可得

$$I=\frac{7\text{V}}{7\Omega+7\Omega}=0.5\text{A}$$

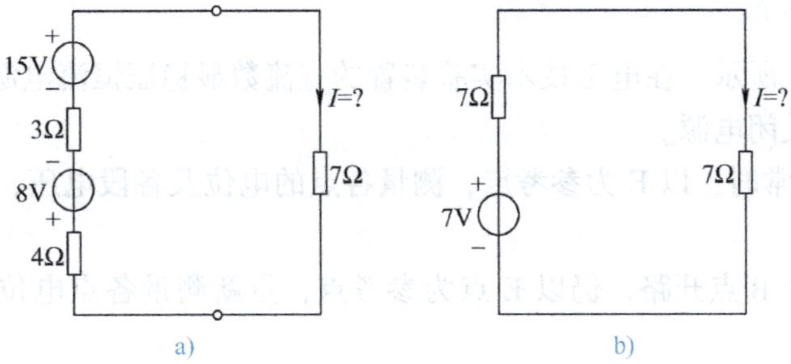

图2-30　例2-10解题图

知识拓展

电压源的并联等效

电压源的并联分为直流电压源的并联等效和交流电压源的并联等效两种。

直流电压源的并联等效必须满足电压大小、方向相同，电源内阻也相同时，才能并联。交流电压源的并联等效必须满足电压大小、相位相同，电源频率相同，电源内阻也相同时，才能并联。

否则，不管是直流电压源并联还是交流电压源并联时，电路中将形成很大的环流，烧毁电源。但由于等效后的电压不变，所以一般不会把电压源进行并联。

电流源的串联等效

若多个电流源需要串联，要求较高。跟电压源并联类似，分为直流电流源串联与交流电流源串联两种情况。

直流电流源串联的条件是电流值大小相等、方向相同；交流电流源串联的条件是电流值大小相等、相位相同、频率相等。

由于电流源的串联等效条件比较严格，且等效后的电流不变，所以电流源一般不允许串联，也不会把电流源进行串联。

任务实施与评价

一、任务描述

学会简单直流电阻电路的故障检测方法。

二、任务要求

1）掌握开路（断路）和短路时的电路特征。

2）学会用测量电压和电位的方法检查电路故障。

3）学会用测量电阻的方法检查电路故障。

三、任务实施

1. 简单串联电路的正常连接与故障检测

1）根据图2-31所示，在电工技术实验装置的直流数显稳压恒流电源中调节好实训所需的电压，调节好后关闭电源。

2）电路连接正常时，以E为参考点，测量各点的电位及各段电压，并在任务实施报告中记录测量结果。

3）将图2-31中B点开路，仍以E点为参考点，重新测量各点电位及各段电压，并记录测量结果。

4）将图2-31中A、F点短路，仍以E点为参考点，重新测各点电位及各段电压，并记录测量结果。

2. 简单混联电路正常连接与故障检测

1）根据图2-32所示，在电工技术实验装置的直流数显稳压恒流电源中调节好实训所需的电压，调节好后关闭电源。

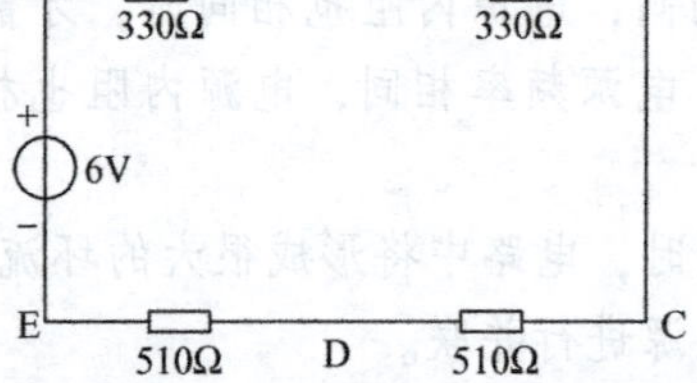

图2-31　简单串联电路正常连接与故障检测电路图

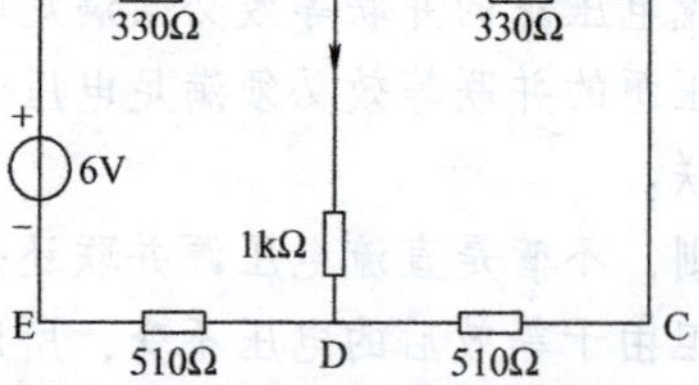

图2-32　简单混联电路正常连接与故障检测电路图

2）电路正常连接时，以E为参考点，测量各点的电位及各段电压，测量结果记入任务实施报告中。

3）将图 2-32 中 B 点开路，仍以 E 点为参考点，重新测量各点电位及各段电压，并计量测量结果。

4）将图 2-32 中 C、D 点短路，仍以 E 点为参考点，重新测各点电位及各段电压，并如实记录测量数据于任务实施报告中。

3. 用数字万用表的电阻档测量正常与故障电路中的电阻值

1）根据图 2-32 所示，搭建好实训所需的电路图，并关闭 6V 直流电源。

2）用数字万用表的电阻档分别测量电路正常情况下，B 点开路时和 C、D 点短路时，E、F 两点间的电阻值，记录数据于任务实施报告中。

四、注意事项

1）在进行带电操作时，应养成良好的操作习惯：先调节好任务所需电源，再关闭电源。根据原理图搭建电路，检查正确无误后，合上电源，开始相关任务的实施。任务完成后，先关闭电源，再拆除电路，恢复操作现场。严禁带电改动电路。

2）测量电压和电位时，应注意万用表红、黑表笔的不同插接方式。

3）在用数字万用表的电阻档测量电路的状态时，应关闭电路中的电源，确保测量电阻阻值时不带电操作。

4）禁止用电流表测量电压值。

五、任务实施报告

填写任务实施报告，见表 2-3。

表 2-3　任务实施报告

<table>
<tr><td>任务名称</td><td>简单直流电阻电路故障检测</td><td>学时</td><td>2 学时</td><td>日期</td><td></td></tr>
<tr><td>组员</td><td colspan="5"></td></tr>
<tr><td rowspan="2">成绩评定</td><td colspan="3">实操测评（90%）</td><td colspan="2">线上测评（10%）</td></tr>
<tr><td colspan="3">自评：　　互评：　　教师评定：</td><td colspan="2"></td></tr>
<tr><td>任务要求</td><td colspan="5">1）掌握开路（断路）和短路时的电路特征
2）学会用测量电压和电位的方法检查电路故障
3）学会用测量电阻的方法检查电路故障</td></tr>
<tr><td>工具、仪表与器材</td><td colspan="5">1）电工技术实验装置
2）数字万用表 1 块
3）510Ω 电阻 2 个、330Ω 电阻 2 个，1kΩ 电阻 1 个
4）导线若干</td></tr>
</table>

（续）

技术文档

1）绘制简单串联电路正常连接与故障检测电路图，参见图 2-31

2）绘制简单混联电路正常连接与故障检测电路图，参见图 2-32

技术文档

简单串联电路正常连接与故障检测记录表

名称		V_A/V	V_B/V	V_D/V	V_F/V	U_{AF}/V	U_{AB}/V	U_{CD}/V	U_{DE}/V
E点为参考点	正常				—				
	B点断开								
	A、F点短路								

简单混联电路正常连接与故障检测记录表

名称		V_A/V	V_B/V	V_D/V	V_F/V	U_{AF}/V	U_{AB}/V	U_{CD}/V	U_{DE}/V
E点为参考点	正常				—				
	B点断开								
	C、D点短路								

根据图 2-32 所示，断开电源，用数字万用表测量电路中的电阻值，填入下表

名称	正常	B点断开	C、D点短路
R_{EF}/Ω			

任务总结

1）根据任务实施数据，简述发生断路和短路时的电路特征

2）任务实施过程中有何困难？如何解决的？

六、评价标准

评价标准见表2-4。

表2-4 评价标准

评价项目		配分	考核内容及评分标准	评分
职业素养（20分）	6S基本要求	10	1. 着装不整齐、不规范，不穿戴相关防护用品等，每项扣2分 2. 工具、仪表、材料、作品摆放不整齐，每项扣2分 3. 操作完成后未清理、清扫施工现场，扣5分	
	安全操作	10	浪费耗材，不爱惜工具，扣3分；损坏工具、仪表扣本大项的20分；发生严重违规操作，取消操作成绩	
实操结果及质量（50分）	质量	30	1. 正确进行电路的连接，每错一处扣3分 2. 电路连接好后，根据任务要求正确测量串联电路与并联电路中的参数，每错一处扣3分	
	工艺	10	正确放置和使用工具和仪器仪表，每错一处扣3分	
	技术文件	10	按要求填写相关技术文件。填写内容错误，每项扣2分	
操作过程与检测结果（30分）	操作过程及规范	15	正确使用数字万用表，并能正确进行万用表的养护。根据行业相关标准及规范操作。操作工序、操作规范等每错一处扣3分	
	操作结果检测	15	正确进行操作结果的检测。结果检测方法不当、检测结果错误，每项扣3分	

项目小结

主要知识点梳理

1. 电阻的串联等效

1）等效电阻等于各电阻之和：

$$R = R_1 + R_2 + \cdots + R_n$$

2）各电阻中流过的电流相等。

3）串联电阻上电压的分配与电阻成正比：

$$U_n = \frac{R_n}{R_1 + R_2 + \cdots + R_n} U$$

4）串联电阻的作用：降压、限流、调节电压等。

2. 电阻的并联等效

1）并联等效电阻的倒数等于各电阻倒数之和：

$$\frac{1}{R}=\frac{1}{R_1}+\frac{1}{R_2}+\cdots+\frac{1}{R_n}$$

2）各电阻两端的电压相等。

3）并联电阻上电流的分配与电阻成反比：

$$I_1=\frac{R_2}{R_1+R_2}I、I_2=\frac{R_1}{R_1+R_2}I（两电阻并联的分流公式）$$

4）并联电阻的作用：分流、调节电流等。

3. 电阻混联的化简方法

1）正确判断电阻的连接关系：串联电阻流过同一电流，并联电阻承受同一电压。

2）将所有无阻导线连接点看作同一节点。

3）采用逐步化简的方法，按照顺序简化电路，最后计算出等效电阻。

4）对复杂电路，在不改变电路连接关系的前提下，可根据需要改画电路，以便更清楚地表示出各电阻的串、并联关系。

5）对于等电位点之间的电阻支路，必然没有电流通过，所以既可将它看作开路，也可看作短路。

4. 电源的等效变换

1）等效是对外部电路等效，对内部电路是不等效的。

2）理想电压源与理想电流源不能相互转换。

3）多个理想电压源的串联等效于一个电压源，等效电压源端电压等于多个串联电压源端电压的代数和。

4）多个理想电流源的并联等效于一个电流源，等效电流源电流等于多个并联电流源电流的代数和。

5）单一电压源与任意元件并联时，等效为电压源。

6）单一电流源与电阻、电压源串联时，都等效为电流源。

7）电压源模型与电流源模型等效变换时，数值关系为

$$i_s=\frac{u_s}{R_i}，R_i'=R_i$$

方向：电流源电流流出方向与电压源正极方向相一致。

通关测试

一、填空题

1. 电源可分为________和________。

2. 实际电压源的电路模型由________与________两者________联而成，我们把内阻 $R_0=0$ 的电压源叫作________。

3. 实际电流源的电路模型由________与________两者________联而成，我们把内阻 $R_0=\infty$ 的电流源叫作________。

4. 理想电压源与理想电流源________等效变换。只有________电压源与________电流源之间才能等效变换，等效的条件是________________。可见所谓的“等效变换”，是针对外电路而言的。

5. 恒压源是输出________不随负载改变；恒流源的输出________不随负载改变。

6. 一般情况下，理想电压源不允许________，理想电流源不允许________，否则可能引发事故。

二、选择题

1. 若一个电压源的 $U_s=5V$，$R_s=1\Omega$，则电流 I_s 为（　　）。

A. 5A　　B. 0.2A　　C. 1Ω　　D. 5V

2. 电压源模型和电流源模型等效变换时，应保证（　　）。

A. 电压源的正极端与电流源的电流流出端一致

B. 电压源的正极端与电流源的电流流入端一致

C. 电压源与电流源等效变换时不用考虑极性

3. 多个电压源的串联可以简化为（　　）。

A. 一个电压源　　B. 一个电流源　　C. 任何电源即可

4. 两个阻值相同的电阻 R 并联后的总电阻为 3Ω，如果把这两个电阻串联起来，总电阻为（　　）。

A. 3Ω　　B. 6Ω　　C. 9Ω　　D. 12Ω

5. 有两个电阻按照一定的方式连入电路中，电源电压为 6V，如果测得总电流为 0.5A，则这两个电阻的阻值及连接方式为（　　）。

A. $R_1=8\Omega$，$R_2=4\Omega$，并联

B. $R_1=10\Omega$，$R_2=2\Omega$，并联

C. $R_1=20\Omega$，$R_2=30\Omega$，串联

D. $R_1=20\Omega$，$R_2=30\Omega$，并联

6. 二氧化锡传感器用于汽车尾气中一氧化碳浓度的检测，它的原理是其中的电阻随一氧化碳浓度的增大而减小。将该传感器接入如图 2-33 所示的电路中，则当传感器所处空间中的一氧化碳浓度增大时，电压表示数 U 与电流表示数 I 发生变化，其正确的是（　　）。

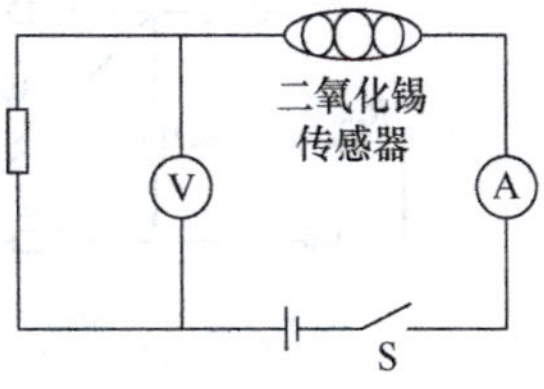

图 2-33　选择题 6 图

A. U 变大，I 变大

B. U 变小，I 变小

C. U 变小，I 变大

D. U 变大，I 变小

7. 理想电压源的内阻为（　　）。

A. 零　　B. 无穷大　　C. 任意值

8. 实际电流源是恒流源与内阻（　　）的方式。

A. 串联　　B. 并联　　C. 混联

三、判断题

1. 电压源是恒压源与内阻串联的电路。　　（　　）

2. 恒流源是没内阻的理想电路模型。（ ）
3. 电压源模型与电流源模型等效变换时不需要重要条件。（ ）
4. 理想电压源与理想电流源可以直接等效变换。（ ）
5. 电压源模型与电流源模型等效变换是对外电路等效。（ ）

四、计算题

1. 某课外活动小组需要对两个定值电阻 R_1 和 R_2 和一个滑动变阻器 R_3 的电阻进行测量，将这些元件连成如图 2-34 所示的电路。闭合 S_1，断开 S_2，将滑动变阻器的阻值调到最大值时，电流表的读数为 0.2A，电压表的示数为 2V；若将 S_1 和 S_2 都闭合，将滑动变阻器的阻值调到 0 时，电压的示数为 6V，电流表的示数为 0.9A。求：（1）R_1、R_2 的阻值是多少？（2）滑动变阻器的最大阻值 R_3 是多少？

2. 在图 2-35 所示电路中，$R_1=10\Omega$，$R_2=20\Omega$，闭合开关后，电流表的示数为 0.3A，求：（1）电阻 R_1 两端的电压是多少？（2）通过 R_2 的电流是多少？（3）干路中的总电流是多少？

3. 试求图 2-36 所示电路 ab 端的等效电阻 R_{ab}。

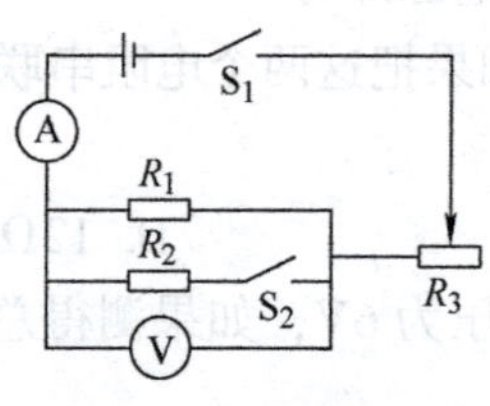

图 2-34 计算题 1 图

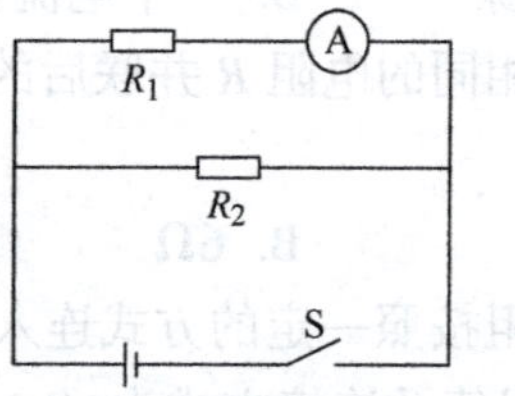

图 2-35 计算题 2 图

4. 如图 2-37 所示电路，试计算在开关 S 打开和闭合两种状态时的等效电阻 R_{ab}。

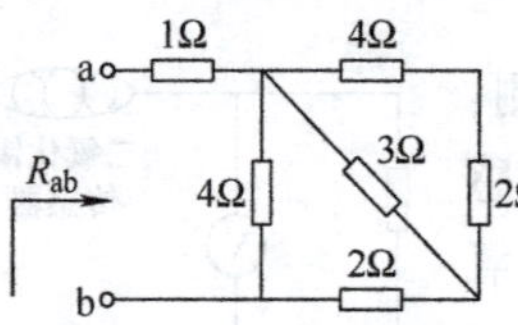

图 2-36 计算题 3 图

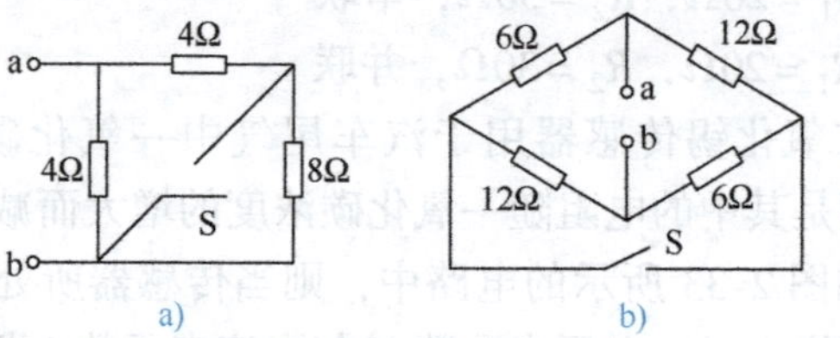

图 2-37 计算题 4 图

5. 用Y－△等效变换求解图 2-38 电路中的 a、b 两点间的等效电阻。

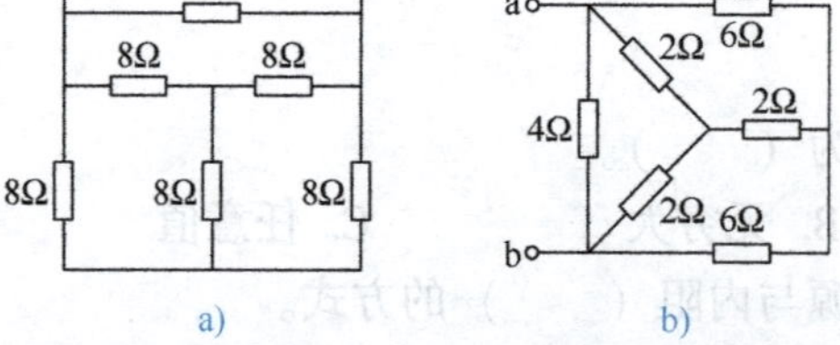

图 2-38 计算题 5 图

6. 用等效变换的方法把图 2-39 化简为一个电阻与电压源串联的模型。

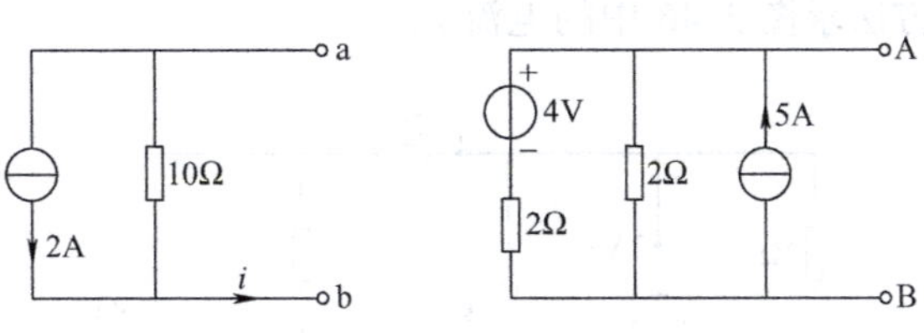

图 2-39　计算题 6 图

7. 如图 2-40 所示，电源 $E_1=17V$，$R_1=3\Omega$，$E_2=34V$，$R_2=3\Omega$，$R_3=5\Omega$，使用电源等效变换的方法求流过电阻 R_3 的电流。

8. 如图 2-41 所示，用电源等效变换方法，求图中的电压 U。

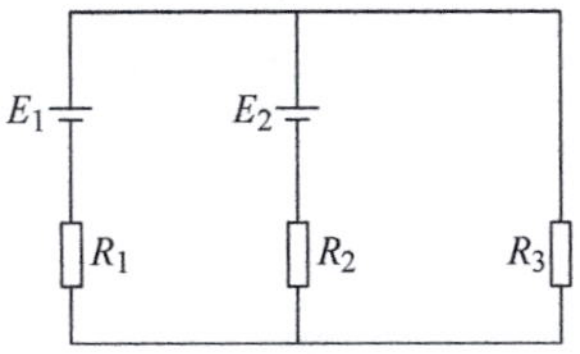

图 2-40　计算题 7 图

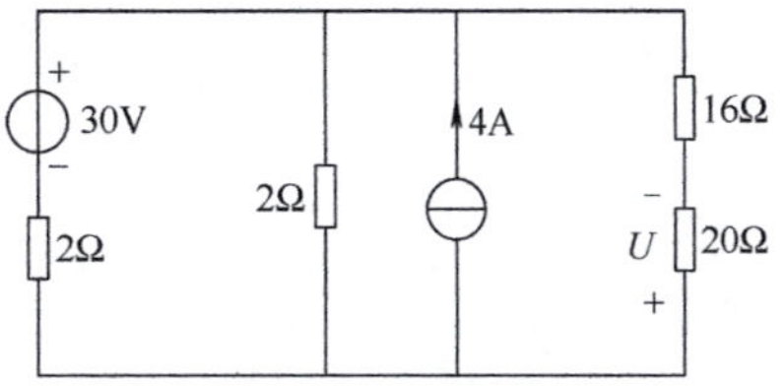

图 2-41　计算题 8 图

9. 用等效变换的方法求图 2-42 中的电流 I。

10. 求图 2-43 中元件 N 的吸收功率和电流源的释放功率。

11. 求图 2-44 中两个独立电源各自的发出功率及电阻 R 的值。

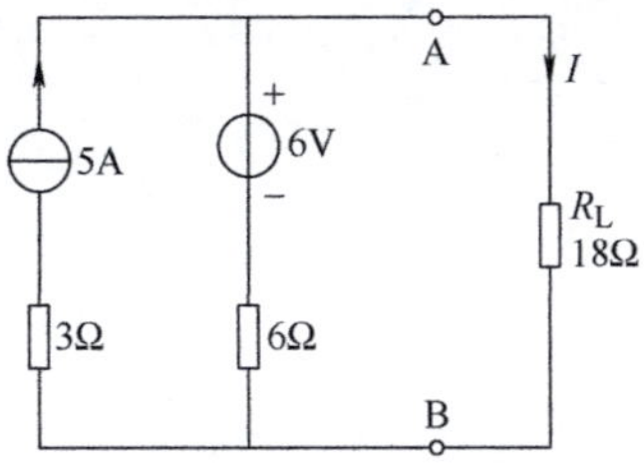

图 2-42　计算题 9 图

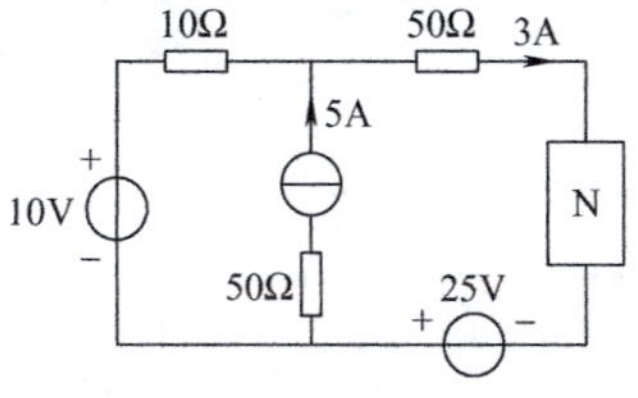

图 2-43　计算题 10 图

12. 将图 2-45 所示电路等效为电压源模型。

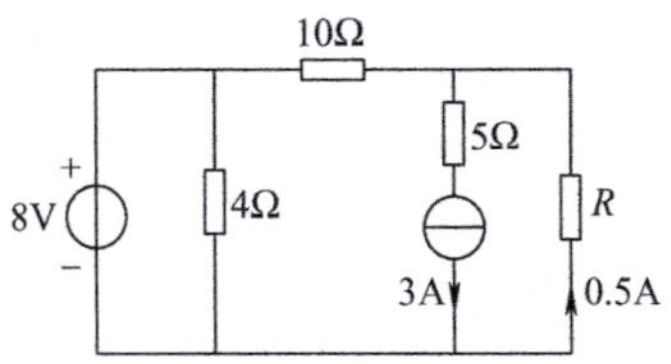

图 2-44　计算题 11 图

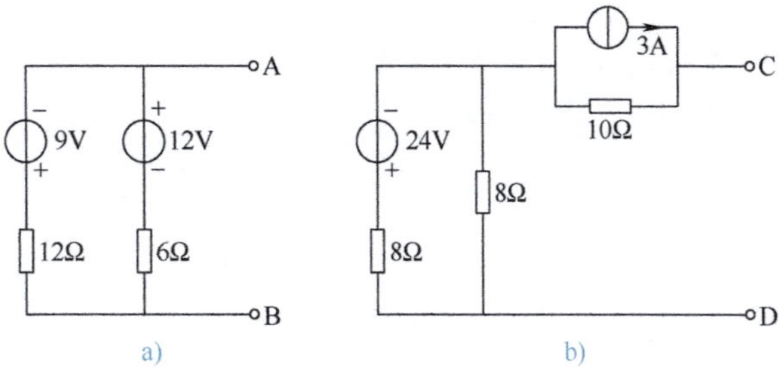

图 2-45　计算题 12 图

13. 用等效变换的方法求图 2-46 中的电流 I。

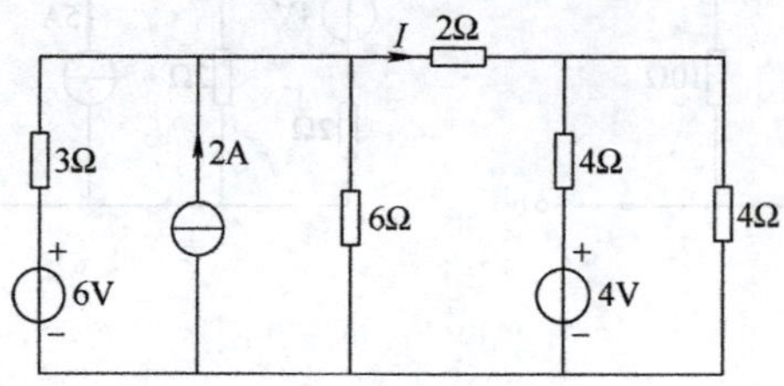

图 2-46 计算题 13 图

项目三

3 普通电路分析方法与基本定理

任务一　普通电路的基本分析方法

知识目标

1）掌握支路电流法和节点电压法。

2）了解网孔电流法。

能力目标

能对普通电路选择合适的解题方法进行电路分析，具备一定的解方程组能力，正确求解电路中的未知量。

守道德，护初心

电工职业道德十二条之九、十

电工职业道德九：工作认真，不断寻求高效益。①上班提前到达工作岗位，清洁工作环境，做好进入工作状态的准备，上班时间不看与工作无关的书刊；②推迟下班，清理收拾好文件、办公用品和工作环境，保持良好状态；③按期完成工作任务及领导交办的临时性事务，并不断总结提高；④对本职工作尽职尽责，对其他部门的工作多提建设性建议，但不可指手画脚、越俎代庖。

电工职业道德十：勤俭节约。①节约从自己开始，并随时提醒身边的同事；②节约无形成本，反对资源浪费。

任务导入

对于简单电路，可通过电阻串、并联等效或电源等效变换的方法求解电路。但对于如图 3-1 所示复杂电路，电路结构比较复杂，支路较多，未知量较多，要求计算电阻 R_3 上的电流 I_3 和 R_3 两端的电压，如何求解呢？

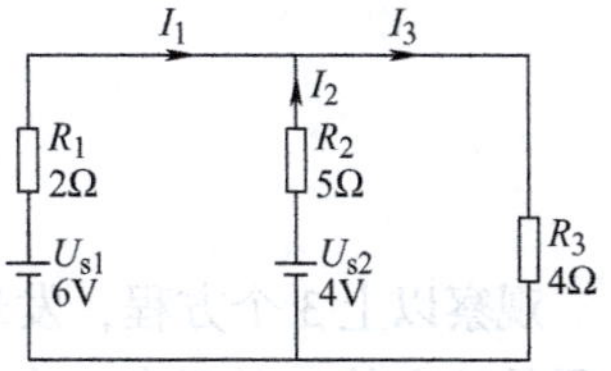

图 3-1　多支路电路

知识链接

支路电流法

一、支路电流法

支路电流法是计算复杂电路的一种基本方法。

支路电流法是以支路电流为未知量，利用 KVL 和 KCL 列出独立的支路电流方程和独立的回路电压方程，联立方程求出各支路电流，然后根据电路的基本关系求出其他未知量的方法。

支路电流法的解题步骤如下：

1）对每一支路假定其电流，并标注其参考方向，有 b 条支路，即有 b 个未知量，需列 b 个方程进行求解。

2）确定节点数 n，应用 KCL 对节点列出（$n-1$）个独立的节点电流方程。

3）应用 KVL 对回路列出 $b-(n-1)$ 个独立的回路电压方程（通常取网孔列独立回路方程）。

4）联立求解 b 个方程，求出各支路电流。

【例 3-1】 如图 3-2 所示电路，利用支路电流法求出电路中电流 I_1、I_2、I_3 的值。

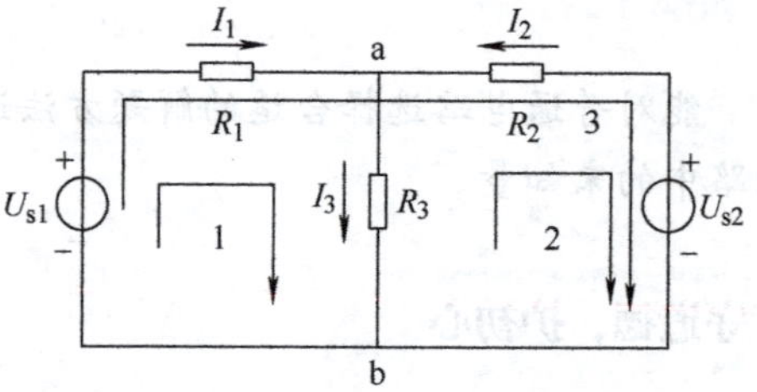

图 3-2 支路电流法电路图

解：如图 3-2 所示，该电路共有 3 条支路，有 3 个未知量，需要 3 个方程进行联立求解。已知电路共有两个节点，设各支路电流参考方向如图所示，在各节点处运用 KCL 可列两个节点的电流方程：

节点 a：$I_1+I_2-I_3=0$

节点 b：$-I_1-I_2+I_3=0$

观察以上两个方程，可以看出任何一个方程都可以由另一个方程得出，也就是说，这两个方程只有一个方程是独立方程。一般来说，n 个节点的电路，只能列出（$n-1$）个独立 KCL 方程。因此对于图 3-2 来说，可以任选节点 a 或节点 b 列 KCL 独立方程，这里选节点 a 列独立方程：

$$I_1+I_2-I_3=0$$

图 3-2 共有 3 个回路，设各回路的绕行方向为顺时针方向，应用 KVL，列各回路电压方程为

回路 1：$I_1R_1+I_3R_3-U_{s1}=0$

回路 2：$-I_2R_2+U_{s2}-I_3R_3=0$

回路 3：$I_1R_1-I_2R_2+U_{s2}-U_{s1}=0$

观察以上 3 个方程，发现任一个方程都可以由其余两个方程联合得到，因此，只有两个方程是独立的，对于有 n 个节点、b 条支路的电路，其独立 KVL 方程数为 $b-(n-1)$，一般选取电路中的网孔来列独立方程，即选取回路 1 和回路 2 列独立方程。

联立方程组，即节点 a 处的电流方程，回路 1 和回路 2 的电压方程，3 个未知量 3 个方

程即可求得电路支路电流 I_1、I_2 和 I_3。

【例 3-2】 电路如图 3-3 所示，应用支路电流法求解各支路电流，并求出 20Ω 电阻的电压 U。

解：假设各支路电流的参考方向及回路环绕方向如图 3-4 所示，对节点 A 和回路 1、回路 2 列 KCL 方程和 KVL 方程有

$$I_1 - I_2 - I_3 = 0$$
$$30 + 20I_3 + 10I_1 - 20 = 0$$
$$10I_2 + 10 + 50I_2 - 20I_3 - 30 = 0$$

解方程组，得

$$I_1 = -0.2\text{A}$$
$$I_2 = 0.2\text{A}$$
$$I_3 = -0.4\text{A}$$

根据欧姆定律，求得 20Ω 电阻的电压为

$$U = 20\Omega \times (-0.4\text{A}) = -8\text{V}$$

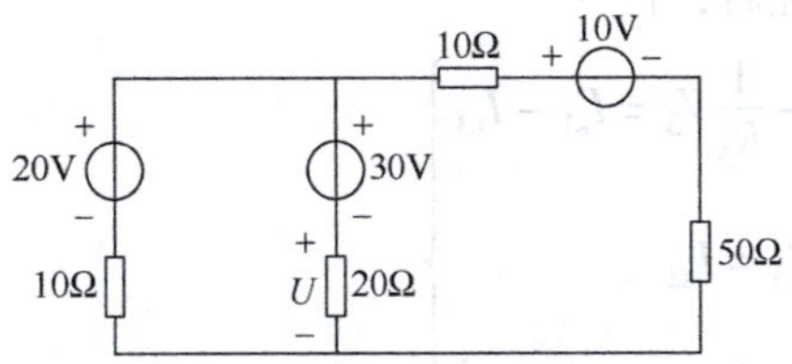

图 3-3 例 3-2 题图

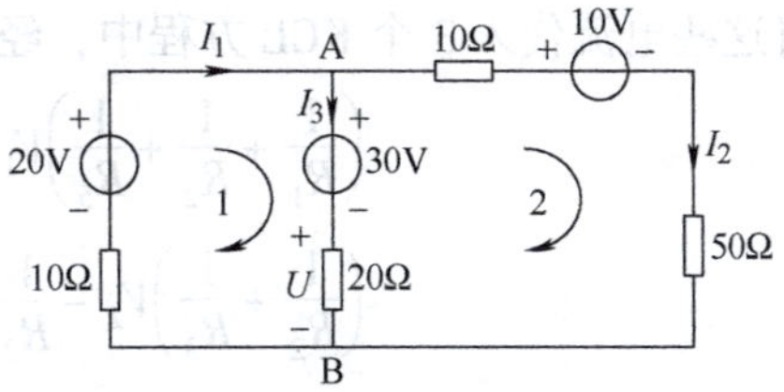

图 3-4 例 3-2 解题图

二、节点电压法

当电路中支路数较多时，联立方程的个数就较多，这样使计算变得复杂。为了减少未知量的个数，使方程组的求解简单，因此可用节点电压分析法。

在电路中任选一个节点作为参考节点，认为该参考节点的电位为零，用符号“⊥”或“0”标记，其余节点到该参考节点之间的电压称为节点电压，节点电压的参考方向总是假设为由该节点指向参考节点。以节点电压为未知量列写方程分析电路的方法称为节点电压法。

现以例 3-3 详细介绍节点电压法的分析过程。

【例 3-3】 电路如图 3-5 所示，列节点电压方程。

解：图 3-5 中共有 4 个节点，设节点 0 为参考点，则节点 1、节点 2 和节点 3 的节点电压分别为 V_1、V_2 和 V_3，图中各支路电流的参考方向用箭头标注。

由图 3-5 可见，当采用节点电压为未知量后，回路中的电压自动满足 KVL，所以用节点电压法列

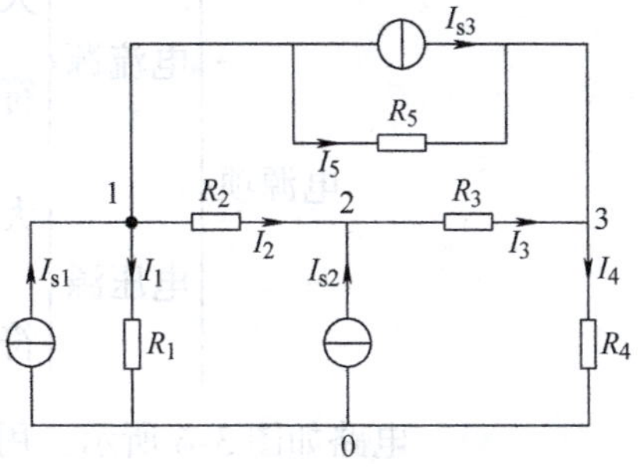

图 3-5 节点电压法电路

方程只需要列各节点处 KCL 方程，故本例中的 KCL 方程数为 3 个：

$$I_1+I_2+I_5-I_{s1}+I_{s3}=0$$

$$I_2-I_3+I_{s2}=0$$

$$I_3-I_4+I_5+I_{s3}=0$$

将支路电流用节点电压表示为

$$I_1=\frac{V_1}{R_1}$$

$$I_2=\frac{V_1-V_2}{R_2}$$

$$I_3=\frac{V_2-V_3}{R_3}$$

$$I_4=\frac{V_3}{R_4}$$

$$I_5=\frac{V_1-V_3}{R_5}$$

将这些电流代入 3 个 KCL 方程中，经移项整理后，得

$$\left.\begin{aligned}\left(\frac{1}{R_1}+\frac{1}{R_2}+\frac{1}{R_5}\right)V_1-\frac{1}{R_2}V_2-\frac{1}{R_5}V_3=I_{s1}-I_{s3}\\ \left(\frac{1}{R_2}+\frac{1}{R_3}\right)V_2-\frac{1}{R_2}V_1-\frac{1}{R_3}V_3=I_{s2}\\ \left(\frac{1}{R_3}+\frac{1}{R_4}+\frac{1}{R_5}\right)V_3-\frac{1}{R_5}V_1-\frac{1}{R_3}V_2=I_{s3}\end{aligned}\right\}$$

式中，$\left(\frac{1}{R_1}+\frac{1}{R_2}+\frac{1}{R_5}\right)$、$\left(\frac{1}{R_2}+\frac{1}{R_3}\right)$、$\left(\frac{1}{R_3}+\frac{1}{R_4}+\frac{1}{R_5}\right)$分别为节点 1、节点 2 和节点 3 的自电导，简称为自导；$\frac{1}{R_2}$为节点 1 和节点 2 的互电导，$\frac{1}{R_3}$为节点 2 和节点 3 的互电导，$\frac{1}{R_5}$为节点 1 和节点 3 的互电导，互电导简称互导；$I_{s1}-I_{s3}$、I_{s2}、I_{s3} 分别为流入节点 1、节点 2 和节点 3 的电源电流的代数和。

本例中的电源项只有电流源，节点电压法同样适用于含有电压源的复杂电路，用文字表示为：

节点自导 × 节点电压 − 互导 × 相邻节点电压 = 电源项的代数和

$$\text{电源项}\begin{cases}\text{电流源}\begin{cases}\text{大小}=\text{电流源的大小}\\ \text{符号}\begin{cases}\text{流入节点：取“+”}\\ \text{流出节点：取“−”}\end{cases}\end{cases}\\ \text{电压源}\begin{cases}\text{大小}=\dfrac{\text{电压源}}{\text{该支路的电阻值}}\\ \text{符号}\begin{cases}\text{电压“+”极靠近节点：取“+”}\\ \text{电压“−”极靠近节点：取“−”}\end{cases}\end{cases}\end{cases}$$

【例 3-4】 电路如图 3-6 所示，用节点电压法求各电流值。

解： 设参考节点和节点 1 和节点 2 的电压为 V_1、V_2，如图所示，列节点电压方程有

$$\left(1+\frac{1}{20}+\frac{1}{10}\right)V_1-\left(1+\frac{1}{20}\right)V_2=\frac{9}{1}+\frac{50}{20}+2$$

$$\left(1+\frac{1}{20}+\frac{1}{2}\right)V_2-\left(1+\frac{1}{20}\right)V_1=5-\frac{9}{1}-\frac{50}{20}$$

联立解方程组，可求得

$$V_1=20.74\text{V},\ V_2=9.85\text{V}$$

故

$$I_1=V_1/10=2.074\text{A}$$

$$I_2=\frac{V_1-9-V_2}{1}=1.89\text{A}$$

$$I_3=\frac{V_1-50-V_2}{20}=-1.9555\text{A}$$

$$I_4=V_2/2=4.925\text{A}$$

三、网孔电流法

图 3-7 中有 3 条支路、2 个网孔。设想每个网孔里都有一假想的电流（网孔电流）沿着网孔的边沿流动，则每条支路电流都可以用网孔电流表示，这样只要求出各网孔的电流，就可以确定所有支路电流。与支路电流法相比，未知量个数减少，方程复杂度降低。

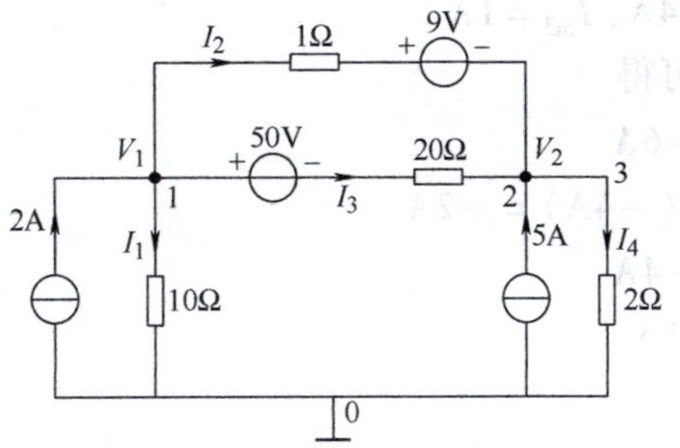

图 3-6　例 3-4 题图

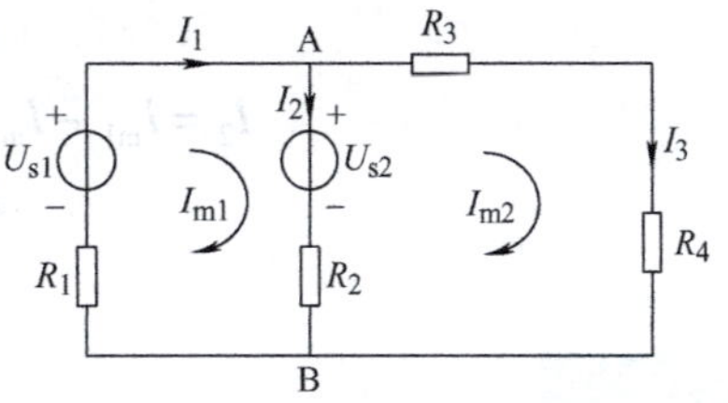

图 3-7　网孔电流法电路图

以网孔电流为电路未知量分析电路的方法称为网孔电流法。网孔电流法仅限于平面电路。

网孔电流法的解题步骤如下：

1）设定各网孔电流为未知量，并规定参考方向，该方向也为列方程时的绕行方向。

2）以网孔电流列写各网孔 KVL 方程。

3）求解方程得到网孔电流。

4）指定支路电流的参考方向，支路电流为有关网孔电流的代数和。

由于网孔电流是沿着闭合回路流动，当它经过某一节点时，从该节点流入，同时又从该节点流出，因此 KCL 不适合网孔电流，只需列出网孔的 KVL 方程即可求解出未知量。

以图 3-7 为例，说明网孔电流的求解过程：设定网孔电流为未知量，并规定参考方向如图所示，各支路电流参考方向如图所示。选取网孔的绕行方向与网孔电流的参考方向一致，列网孔的 KVL 方程有

$$网孔1: R_1I_{m1}-U_{s1}+U_{s2}+R_2(I_{m1}-I_{m2})=0$$
$$网孔2: R_3I_{m2}+R_4I_{m2}+R_2(I_{m2}-I_{m1})-U_{s2}=0$$

求解方程组可得各网孔电流。

根据各支路电流参考方向求各支路电流有

$$I_1=I_{m1}$$
$$I_2=I_{m1}-I_{m2}$$
$$I_3=I_{m2}$$

【例 3-5】 应用网孔电流法求解图 3-8 各支路电流。

解：选取网孔电流及参考方向如图 3-8 所示，以该方向为回路绕行方向。从图中可以看出，5A 电流源的电压可由 2Ω 电阻电压与 2V 电压源电压表示。网孔电流 I_{m2} 和 I_{m3} 均流过 5A 电流源，因此以网孔电流为未知量列取的方程为

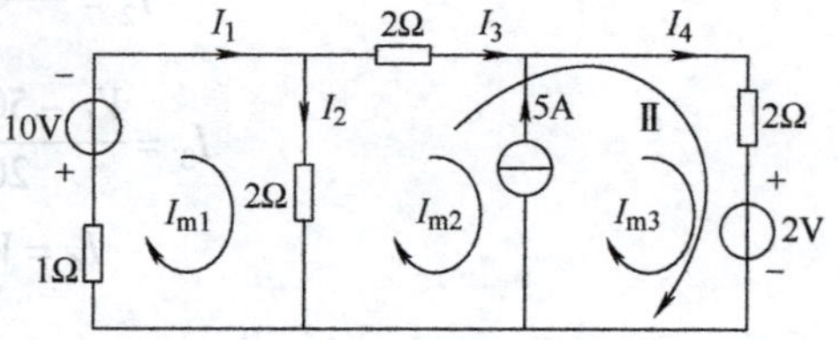

图 3-8 例 3-5 题图

$$2(I_{m1}-I_{m2})+I_{m1}+10=0$$
$$2(I_{m2}-I_{m1})+2I_{m2}+(2I_{m3}+2)=0$$

网孔电流 I_{m2} 和 I_{m3} 均流过 5A 电流源，其关系为

$$I_{m3}-I_{m2}=5A$$

联立上述 3 个方程，解得

$$I_{m1}=-6A、I_{m2}=-4A、I_{m3}=1A$$

标出各支路电流的参考方向，根据电流关系可得

$$I_1=I_{m1}=-6A$$
$$I_2=I_{m1}-I_{m2}=-6A-(-4A)=-2A$$
$$I_3=I_{m2}=-4A$$
$$I_4=I_{m3}=1A$$

任务解决

对于支路较多的复杂电路，可以选择支路电流法、节点电压法或是网孔电流法进行未知量的求解。具体使用哪种方法，视电路具体情况而定。

任务二 电路的基本定理及其验证

知识目标

1）掌握叠加定理及其适用范围。
2）掌握戴维南定理及其适用范围。
3）掌握最大功率传输定理。

能力目标

会灵活应用所学等效变换方法、电路基本定律和定理求解电路未知量。

守道德，护初心

电工职业道德十二条之十一、十二

电工职业道德十一：爱护环境。①垃圾要自觉丢入垃圾桶，保持办公、生产、生活及公共环境卫生；②不随地乱扔脏物；③遵守社会公德。

电工职业道德十二：不断学习，积极进取。①以主人翁姿态，保持高度的热情投入到每一项工作之中；②不但要适应现阶段的发展，更要清醒认识未来的需要；③艰苦奋斗、勤奋好学，自强不息；④勇于培养和推荐比自己强的人。

任务导入

支路电流法、节点电压法、网孔电流法均是以解方程的思想求解电路问题，变量数较多，方程求解过程较复杂。是否有更好的方法来分析电路？本任务将介绍在电路分析中常用的几个电路定理，并通过验证实验加深对定理的理解。

知识链接

一、叠加定理

若电路中所有元件均是线性元件，这样的电路称为线性电路。

叠加定理的内容是：在线性电路中，多个独立电源共同作用时，在任意支路中产生的电压或电流等于各独立电源单独作用时在该支路中所产生的电压或电流的代数和。

如果把独立电源（包括电压源和电流源）称为激励，由它引起的支路电压、电流称为响应，则叠加定理可简述为：在任意线性网络中多个激励同时作用时，总的响应等于各个激励单独作用时引起的响应之和。

下面通过例子说明用叠加定理分析线性电路的方法、步骤与注意事项。

【例 3-6】　电路如图 3-9 所示，试用叠加定理求解电流 I。

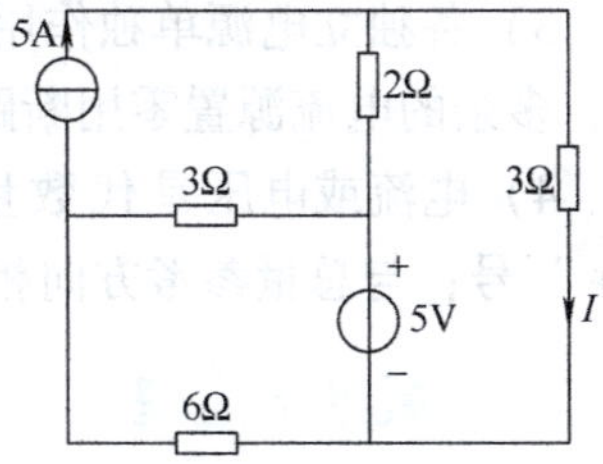

图 3-9　例 3-6 图

解：1）按叠加定理，画出电压源和电流源单独作用时的电路如图 3-10 所示。5A 电流源单独作用时，电压源不作用，把电压源短路处理；5V 电压源单独作用时，电流源不作用，把电流源开路处理。

2）求出各独立电源单独作用时在电路中产生的电流。

电流源单独作用时，求出电流源在电路中产生的电流 I'。图 3-12a 中 3Ω 和 6Ω 电阻为并联关系，则

$$3\Omega /\!/ 6\Omega = \frac{3\times 6}{3+6}\Omega = 2\Omega$$

将其合并后，等效电路如图 3-11 所示。

图 3-11 中，2Ω 和 3Ω 电阻为并联关系，根据并联分流公式有

$$I' = \frac{2}{2+3}\times 5\text{A} = 2\text{A}$$

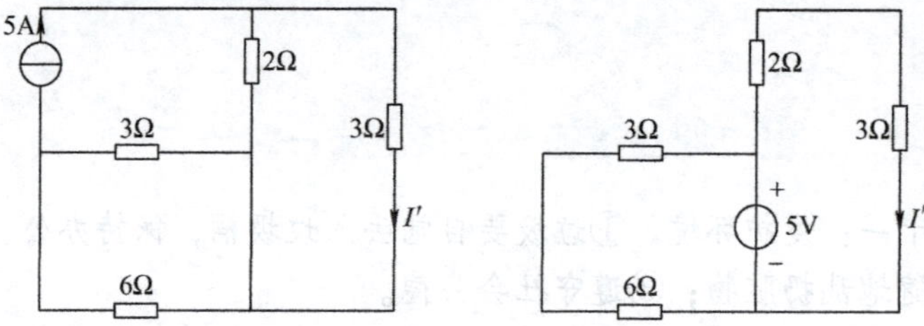

a) 电流源单独作用　　b) 电压源单独作用

图 3-10　例 3-6 解题图

电压源单独作用时，求出电压源在电路中产生的电流 I''。图 3-10b 中，3Ω 和 6Ω 电阻为串联关系，2Ω 和 3Ω 电阻也为串联关系，其等效电路如图 3-12 所示。

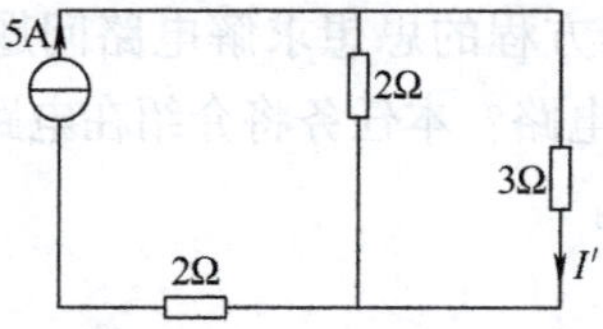

图 3-11　I'求解等效电路

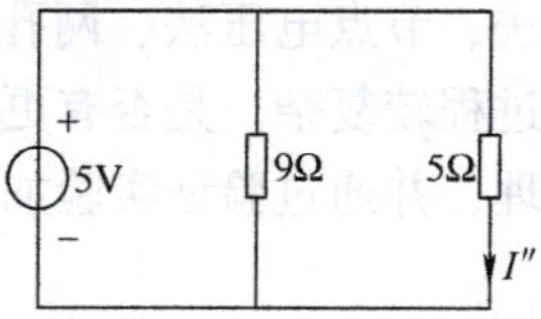

图 3-12　I''求解等效电路

根据欧姆定律有

$$I''=\frac{5}{5}\text{A}=1\text{A}$$

3）根据叠加定理对电源单独作用求出的电流进行代数量的叠加。因此有

$$I=I'+I''=1\text{A}+2\text{A}=3\text{A}$$

使用叠加定理分析电路时，应注意以下几点：

1）叠加原理只适用于计算线性电路的电流与电压，对非线性电路不适用。

2）叠加定理仅适用于计算电流或电压，而不能用于计算功率。由于功率不是电流或电压的一次函数，所以不能用叠加定理进行计算。

3）各独立电源单独作用时，其余独立源要进行置零处理。多余的电压源置零用短路代替，多余的电流源置零用断路代替。

4）电流或电压是代数量叠加，即当分量的参考方向与总量的参考方向一致时，取“+”号；与总量参考方向相反时，取“−”号。

二、戴维南定理

工程实际中，常常碰到只需研究某一支路的电压、电流或功率的问题。对所研究的支路来说，电路的其余部分就成为一个有源二端网络，可等效变换为较简单的含源支路使分析和计算简化。

一个线性有源二端网络，对外电路来说，总可以用一个电压源和电阻串联的模型来代替。该电压源的电压等于有源二端网络的开路电压 U_{oc}，电阻等于该网络中所有电压源短路、电流源开路时的等效电阻 R_{eq}，如图 3-13 所示，这就叫戴维南定理。

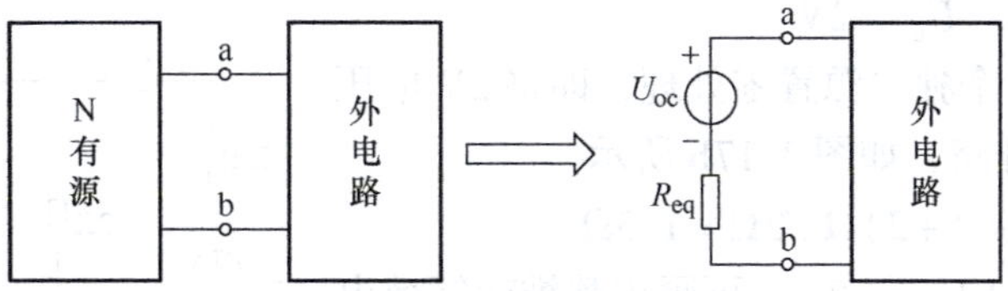

图 3-13　戴维南等效电路

戴维南定理的解题步骤如下：

1）将未知量所在支路与电路的其他部分断开，形成一个二端网络。

2）求二端网络的开路电压 U_{oc}。

3）将二端网络中的所有电压源用短路代替、电流源用开路代替，得到无源二端网络，求该二端网络的等效电阻 R_{eq}。

4）画出戴维南等效电路，并与待求支路相连，得到一个无分支闭合电路；再求未知电压或电流。注意：画戴维南等效电路时，电压源的极性必须与开路电压的极性保持一致。

【例 3-7】　求图 3-14 所示电路的戴维南等效电路。

解：1）求开路电压 U_{oc}。由于端子 a、b 处的电流为零，开路电压 U_{oc}为 12V 电源电压与 12kΩ 电阻电压的代数和。选电流参考方向如图 3-15a 所示，根据基尔霍夫定律有

$$I=\frac{8-12}{12+8}\times10^{-3}\text{A}=-0.2\text{mA}$$

$$U_{oc}=U_{ab}=12\text{V}+(-0.2\times10^{-3})\times12\times10^{3}\text{V}=9.6\text{V}$$

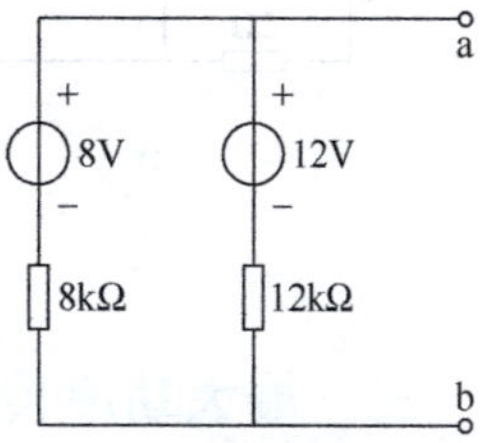

图 3-14　例 3-7 题图

2）求戴维南等效电阻 R_{eq}。将电路中的电源作用为零，即电压源短路，如图 3-15b 所示。

$$R_{eq}=8\text{k}\Omega//12\text{k}\Omega=\frac{8\times12}{8+12}\text{k}\Omega=4.8\text{k}\Omega$$

3）画戴维南等效电路，如图 3-15c 所示。

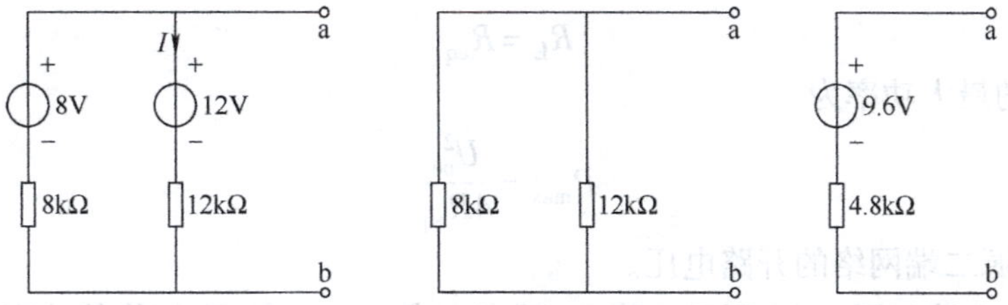

图 3-15　例 3-7 解题图

【例 3-8】　用戴维南定理求图 3-16 所示电路中的 I、U。

解：根据戴维南定理，将 R 支路以外的其余部分所构成的二端网络用一个电压源 U_{oc}和电阻 R_{eq}串联的模型进行等效代替。

1）求 U_{oc}。将 R 支路断开，如图 3-17a 所示。根据 KCL 有

$$\frac{U_{oc}}{2}+\frac{U_{oc}-2}{6}=1$$

$U_{oc}=2V$

2）求 R_{eq}。将两个独立源置零处理，即将 2V 电压源短路，1A 电流源开路，如图 3-17b 所示。

$$R_{eq}=(2+2+2)\Omega//2\Omega=1.5\Omega$$

3）根据所求得的 U_{oc} 和 R_{eq}，可画出戴维南等效电路，接上 R 支路如图 3-17c 所示，即可求得

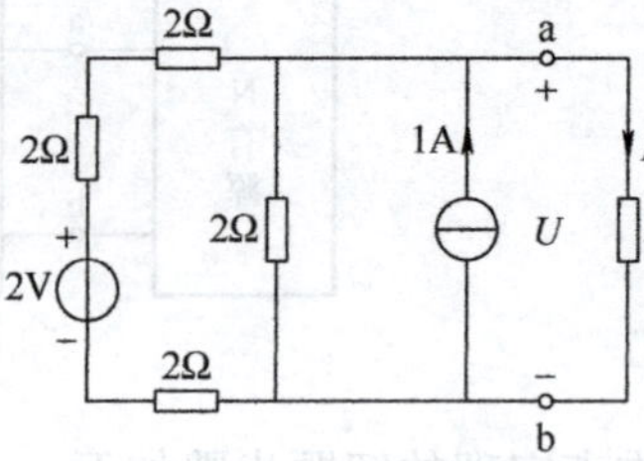

图 3-16　例 3-8 题图

$$I=\frac{U_{oc}}{R_{eq}+R}=\frac{2}{1.5+1.5}A=\frac{2}{3}A$$

$$U=IR=1.5\times\frac{2}{3}V=1V$$

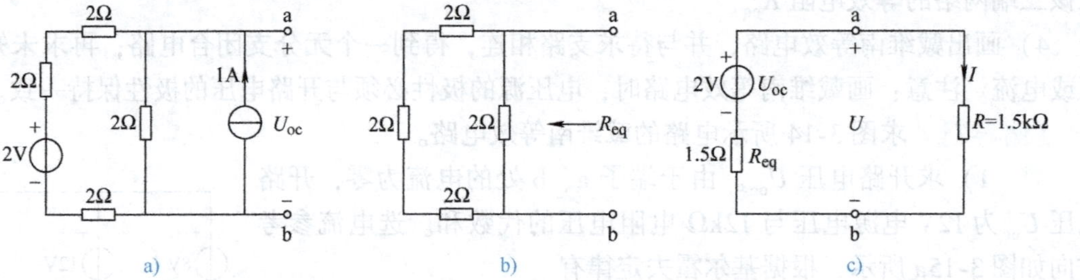

图 3-17　例 3-8 解题图

三、最大功率传输定理

在通信和电子工程中，总希望负载得到的功率越大越好。那么究竟怎样才能使负载得到的功率为最大，这个最大功率又是多少，这就是最大功率传输定理所要回答的问题。

最大功率传输定理是戴维南定理的具体应用，设一负载 R_L 接于一个线性有源二端网络上，若想负载获得最大功率，其条件是负载电阻应与线性有源二端网络内部独立源置零后的等效电阻 R_{eq} 相等，此时为最大功率匹配状态，即

$$R_L=R_{eq} \tag{3-1}$$

负载吸收的最大功率为

$$P_{max}=\frac{U_{oc}^2}{4R_{eq}} \tag{3-2}$$

式中，U_{oc} 为有源二端网络的开路电压。

【例 3-9】　电路如图 3-18 所示，若 R_L 可变，求：(1) R_L 取何值其功率最大？(2) R_L 可获得的最大功率 P_{max}。

解：先求解端子 a、b 间的戴维南等效电路如图 3-19 所示。

$$U_{oc}=\frac{150}{150+30}\times30V=25V$$

$$R_{eq}=30\Omega//150\Omega=\frac{30\times150}{30+150}\Omega=25\Omega$$

再根据最大功率传输定理，当 $R_L=R_{eq}=25\Omega$ 时，R_L 可获得最大功率。

$$P_{\max}=\frac{U_{\text{oc}}^2}{4R_{\text{eq}}}=\frac{25^2}{4\times25}\text{W}=\frac{25}{4}\text{W}=6.25\text{W}$$

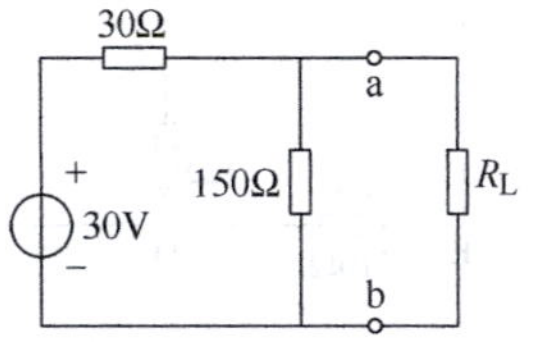

图 3-18　例 3-9 题图

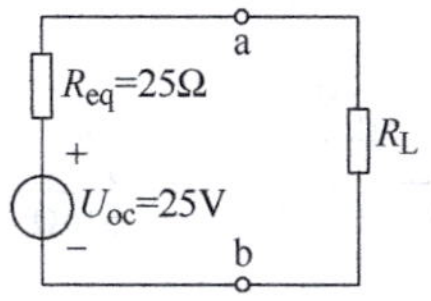

图 3-19　例 3-9 解题图

任务实施与评价一

一、任务描述

通过电路参数的测量，验证叠加定理，加深对定理的理解。

二、任务要求

1）测量电路参数，验证线性电路的电流叠加特性。

2）测量电路参数，验证线性电路的电压叠加特性。

三、实施步骤

1）叠加定理验证电路原理图如图 3-20 所示。

2）将电工技术实验装置中的直流稳压电源和直流数显稳压恒流电源的电压调至所需的直流电压 5V 和 12V，调节好后关闭电源。实训中采用的直流电源模块如图 3-21 所示。

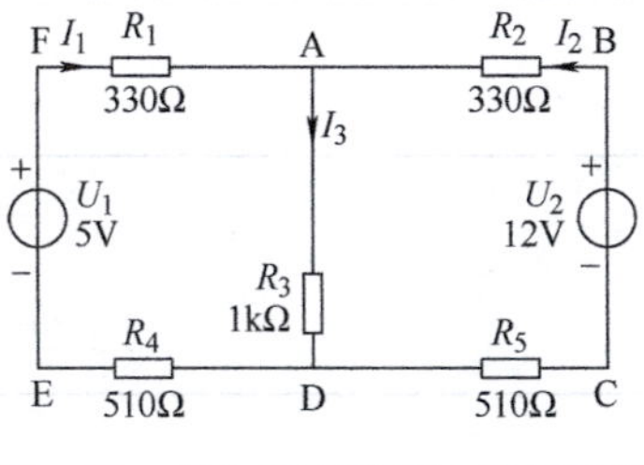

图 3-20　叠加定理验证电路原理图

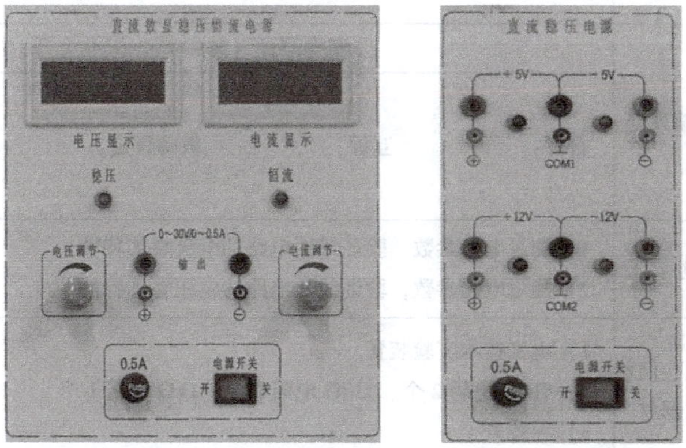

a) 直流数显稳压恒流电源　　b) 直流稳压电源

图 3-21　直流电源模块

3）令 12V 电源 U_2 短路；打开 5V 电源 U_1 单独作用，电路如图 3-22 所示。测量电路中电流与电压参数，数据记录于任务实施报告中。

4）令 5V 电源 U_1 短路，打开 12V 电源 U_2 单独作用，电路如图 3-23 所示。测量电路中各电流与电压参数，数据记录于任务实施报告中。

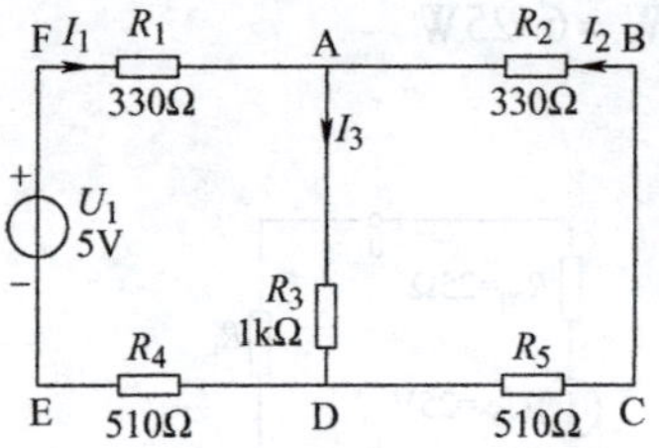

图 3-22　5V 电源单独作用时的电路图

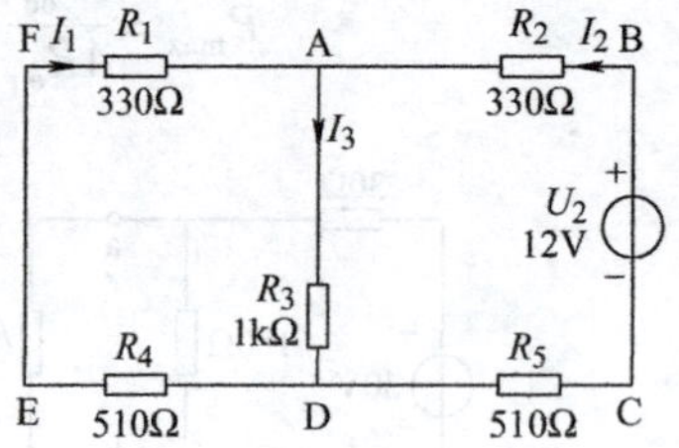

图 3-23　12V 电源单独作用时的电路图

5）令电源 5V 和 12V 共同作用，电路如图 3-20 所示。测量电路中各电流与电压参数，数据记录于任务实施报告中。

四、注意事项

1）在进行带电电路的操作时，应养成良好的操作习惯：先调试好任务所需电源，再关闭电源；根据原理图搭建电路，检查正确无误后，合上电源，开始相关任务的实施。任务完成后，先关闭电源，再拆除电路，恢复操作现场。严禁带电改动电路。

2）注意直流毫安表和直流电压表的正确使用，避免测量错误或引入误差。

五、任务实施报告

填写任务实施报告，见表 3-1。

表 3-1　任务实施报告

任务名称	叠加定理的验证	学时	2 学时	日期	
组员					
成绩评定	实操测评（90%）			线上测评（10%）	
	自评：　　互评：　　教师评定：				
任务要求	1）测量电路参数，验证线性电路的电流叠加特性 2）测量电路参数，验证线性电路的电压叠加特性				
工具、仪表与器材	1）电工技术实验装置 2）510Ω 电阻 2 个、330Ω 电阻 2 个，1kΩ 电阻 1 个 3）导线若干				
技术文档	绘制叠加定理验证的电路原理图，参见图 3-22				

（续）

技术文档	

叠加定理验证中电流参数记录表

测量参数	I_1/mA	I_2/mA	I_3/mA
U_1、U_2 共同作用			
U_1 单独作用			
U_2 单独作用			

叠加定理验证中电压参数记录表

测量参数	U_{FA}/V	U_{AB}/V	U_{BC}/V	U_{CD}/V	U_{DE}/V	U_{EF}/V
U_1、U_2 共同作用						
U_1 单独作用						
U_2 单独作用						

任务总结	根据数据现象，简述叠加定理的电路特征，并说出叠加定理的适用范围

六、评价标准

评价标准见表3-2。

表3-2　评价标准

评价项目		配分	考核内容及评分标准	评分
职业素养（20分）	6S基本要求	10	1. 着装不整齐、不规范，不穿戴相关防护用品等，每项扣2分 2. 工具、仪表、材料、作品摆放不整齐，每项扣2分 3. 操作完成后未清理、清扫施工现场，扣5分	
	安全操作	10	浪费耗材，不爱惜工具，扣3分；损坏工具、仪表扣本大项的20分；发生严重违规操作，取消操作成绩	
实操结果及质量（50分）	质量	30	1. 正确进行电路的连接，每错一处扣3分 2. 导路连接好后，根据任务要求正确测量电路中的参数，每错一处扣3分	
	工艺	10	正确放置和使用工具和仪器仪表，每错一处扣3分	
	技术文件	10	按要求填写相关技术文件。填写内容错误，每项扣2分	
操作过程与检测结果（30分）	操作过程及规范	15	根据行业相关标准及规范操作。操作工序、操作规范等每错一处扣3分	
	操作结果检测	15	正确进行操作结果的检测。结果检测方法不当、检测结果错误，每项扣3分	

任务实施与评价二

一、任务描述

通过电路参数的测量，验证戴维南定理，加深对定理的理解。

二、任务要求

1）学会测量开路电压、短路电流以及等效电阻值。
2）通过带负载实验，验证戴维南定理。

三、实施步骤

戴维南定理验证实验电路如图 3-24 所示。

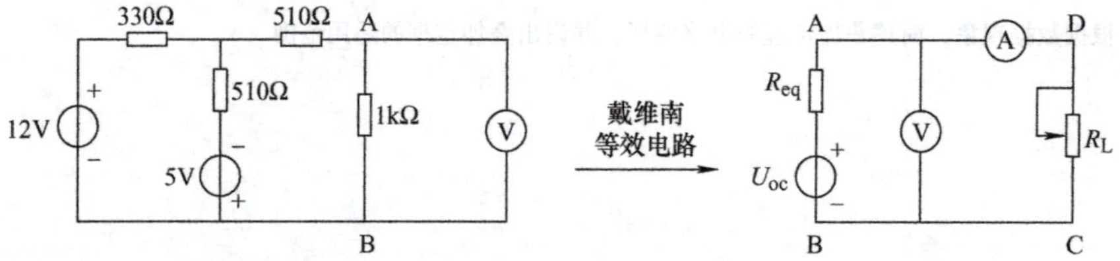

a) 含源二端网络电路　　b) 等效电路

图 3-24　戴维南定理验证实验电路

1. 测量含源二端网络电路中的开路电压 U_{oc}、短路电流 I_{sc} 和等效电阻 R_{eq} 的值

1）测量含源二端网络电路的开路电压 U_{oc}、如图 3-25 所示，搭建含源一端口网络电路，在电路 A、B 两端并联电压表，测得电路 A、B 两端的电压即为开路电压 U_{oc}，测量结果填入任务实施报告中。

2）测量短路电流 I_{sc}，如图 3-26 所示，关闭电路中的 12V 和 5V 直流电压源，去除电路 A、B 两端的直流电压表，接入直流毫安表。选择合适的电流表量程，打开电路中的 12V 和 5V 电源，测得电路 A、B 两端的电流即为短路电流 I_{sc}，测量结果填入任务实施报告中。

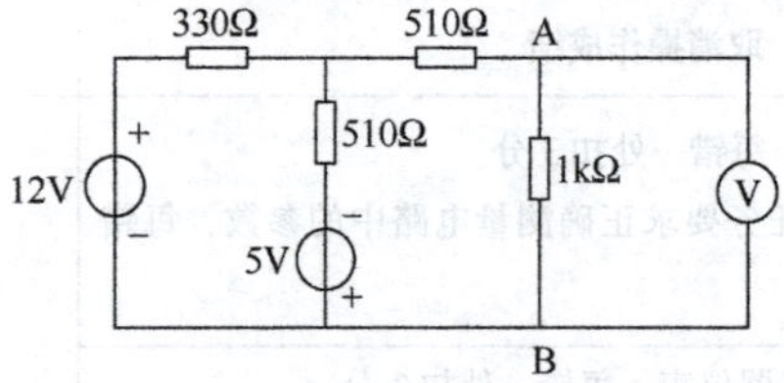

图 3-25　开路电压 U_{oc} 测量电路

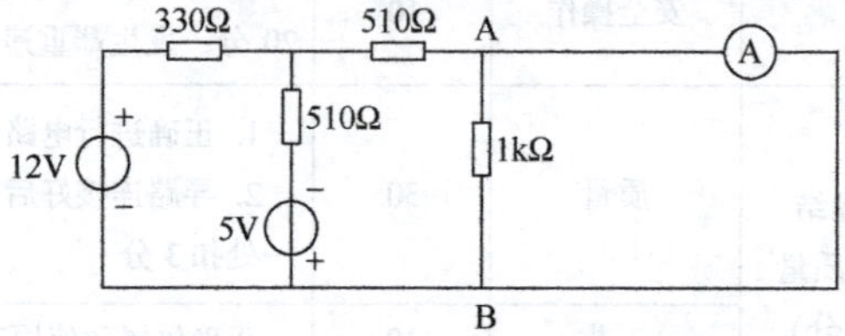

图 3-26　短路电流 I_{sc} 测量电路

3）测量等效电阻 R_{eq}。等效电阻 R_{eq} 的测量电路如图 3-27 所示，用数字万用表测量电路 A、B 两端的等效电阻，将实测值 R_{eq} 结果填入任务实施报告中。

4）计算等效电阻 R_{eq}，等效电阻（计算值）= 开路电压 U_{oc}（测量值）/短路电流 I_{sc}（测量值），将计算值填入任务实施报告中。

2. 含源二端网络电路带负载的参数测量

1）按图 3-28 所示连接电路。

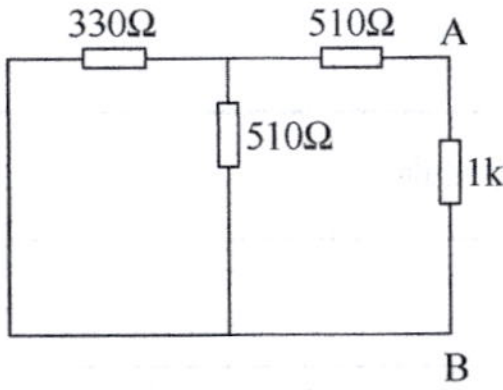

图 3-27　等效电阻 R_{eq} 测量电路

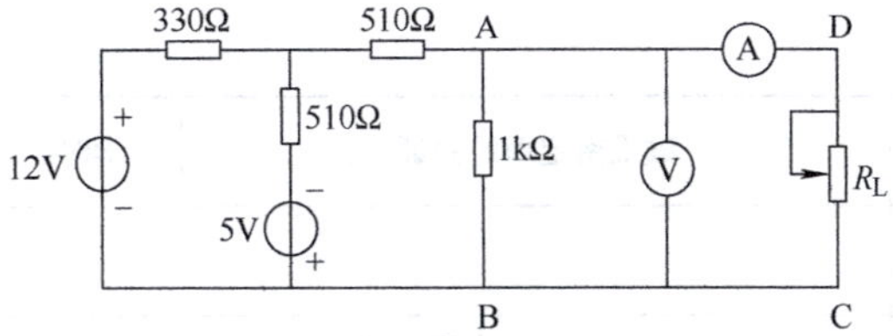

图 3-28　带负载实验电路图

2）改变电路 R_L 的电阻值，用直流电压表测量电路 A、B 端的电压，用直流毫安表测量 R_L 支路的电流，将测量值填入任务实施报告中。

3. 戴维南等效电路参数的测量

1）按图 3-29 所示，搭建等效电路。图中电阻 R_{eq} 的阻值用可调电阻模块（见图 3-30）进行调节，使 $R_p = R_{eq}$。

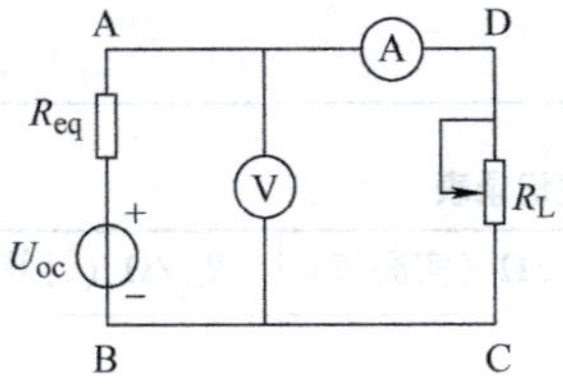

图 3-29　等效电路

图 3-30　可调电阻模块

图中，开路电压 U_{oc} 的值已在实施步骤 1 中测得，用直流数显稳压恒流电源将电压值调节好即可。等效电路所用直流电源如图 3-31 所示。

2）等效电路参数的测量，图 3-29 中电阻 R_L 用 1kΩ 可调电阻代替，改变 R_L 的阻值，测量等效电路中的电路参数，将测量数据填入任务实施报告中。

四、注意事项

1）在进行带电电路的操作时，应养成良好的操作习惯：先调试好实训所需电源，再关闭电源；再根据原理图搭建电路，检查正确无误后，合上电源，开始相关任务的实施。任务完成后，先关闭电源，再拆除电路，恢复操作现场。严禁带电改动电路。

2）注意直流毫安表和直流电压表的正确使用，避免测量错误或引入误差。

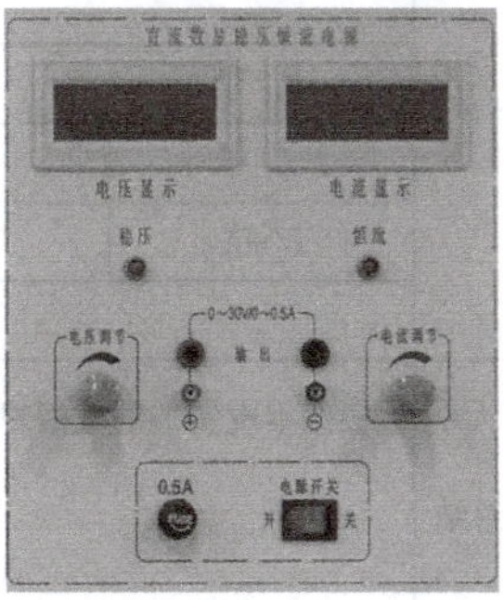

图 3-31　等效电路所用直流电源

五、任务实施报告

填写任务实施报告，见表 3-3。

表 3-3　任务实施报告

任务名称	戴维南定理的验证	学时	2 学时	日期	
组员					
成绩评定	实操测评（90%）			线上测评（10%）	
	自评：　　互评：　　教师评定：				
任务要求	1）学会测量开路电压、短路电流以及等效电阻值 2）通过带负载实验，验证戴维南定理				
工具、仪表与器材	1）电工技术实验装置 2）510Ω 电阻 2 个、330Ω 电阻 1 个、1kΩ 电阻 1 个、1kΩ 电位器 1 个 3）导线若干 4）数字万用表 1 块				
技术文档	绘制戴维南定理验证的电路原理图，参见图 3-24				

技术文档

含源二端网络电路参数记录表

测量名称	U_{oc}/V	I_{sc}/mA	R_{eu}/Ω（实测值）	R_{eq}/Ω（计算值）= U_{oc}/I_{sc}
测量值				

含源二端网络电路带负载实训参数记录表

R_L/Ω	100	200	300	510	1000
U_{AB}/V					
I_{AD}/mA					

等效电路参数记录表

R_L/Ω	100	200	300	510	1000
U/V					
I/mA					

任务总结	根据本次实训的数据现象，简述戴维南定理的电路特征，以及戴维南定理的适用范围

六、评价标准

评价标准见表3-4。

表3-4 评价标准

评价项目		配分	考核内容及评分标准	评分
职业素养（20分）	6S基本要求	10	1. 着装不整齐、不规范，不穿戴相关防护用品等，每项扣2分 2. 工具、仪表、材料、作品摆放不整齐，每项扣2分 3. 操作完成后未清理、清扫施工现场，扣5分	
	安全操作	10	浪费耗材，不爱惜工具，扣3分；损坏工具、仪表扣本大项的20分；发生严重违规操作，取消操作成绩	
实操结果及质量（50分）	质量	30	1. 正确进行电路的连接，每错一处扣3分 2. 电路连接好后，根据任务要求正确测量电路中的参数，每错一处扣3分	
	工艺	10	正确放置和使用工具和仪器仪表，每错一处扣3分	
	技术文件	10	按要求填写相关技术文件。填写内容错误，每项扣2分	
操作过程与检测结果（30分）	操作过程及规范	15	根据行业相关标准及规范操作。操作工序、操作规范等每错一处扣3分	
	操作结果检测	15	正确进行操作结果的检测。结果检测方法不当、检测结果错误，每项扣3分	

项目小结

主要知识点梳理

1. 支路电流法

支路电流法是计算复杂电路的一种最基本的方法，它是以各支路电流为未知量，根据基尔霍夫定律，在各节点处列KCL方程，各闭合回路下列KVL方程，求解电路参数的分析方法。

2. 节点电压法

节点电压法以节点电压为求解变量分析电路。节点电压法首先要选取零电位参考点，再以其余各节点电压为未知量，列节点电压方程：

节点自导×节点电压－互导×相邻节点电压＝电源项的代数和

3. 叠加定理

1）叠加定理只用于计算电流、电压，功率不能叠加。

2）电压、电流叠加时，是代数量的叠加。当分量与总量的参考方向一致时，取“+”，与总量的参考方向相反时取“-”。

3）各独立电源单独作用时，其余电源置零。其中，电压源置零，是将电压源短路；电流源置零，是将电流源开路。

4. 戴维南定理

任何一个线性含源二端网络，对外电路来说，总可以用一个电压源和电阻的串联组合来等效置换；此电压源的电压等于外电路断开时端口处的开路电压 U_{oc}，而电阻等于一端口的输入电阻或等效电阻 R_{eq}。

5. 最大功率传输定理

最大功率传输定理只适用于线性有源二端网络电路，负载获得最大功率时有

$$R_L = R_{eq}, \ P_{max} = \frac{U_{oc}^2}{4R_{eq}}$$

通关测试

一、判断题

1. 戴维南定理适用于求复杂电路中的某一个节点的电压。 （ ）
2. 戴维南定理适用于所有电路。 （ ）
3. 节点电压法是以支路电流为未知量，根据 KCL 列出节点电压方程，从而求解得支路电流。 （ ）
4. 复杂电路指是的无法用电阻串、并联关系化简的多回路电路。 （ ）
5. 叠加定理可以用于求解功率的叠加。 （ ）
6. 叠加定理中，多余电源的置零处理时，电压源进行短路处理，电流源进行开路处理。 （ ）
7. 戴维南定理适用于求复杂电路中某一条支路的电流。 （ ）
8. 叠加定理表明，一个多电源复杂电路的计算可以考虑各电源的单独作用，然后再叠加起来。 （ ）

二、计算题

1. 试写出图 3-32 所示电路的支路电流方程组。
2. 试写出图 3-33 所示电路的节点电压方程组。

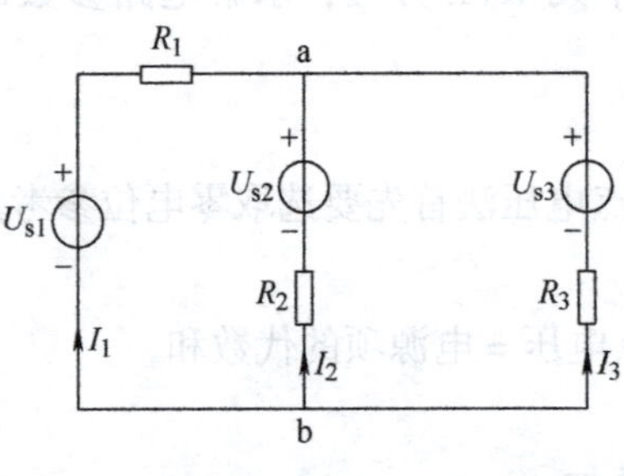

图 3-32 计算题 1 图

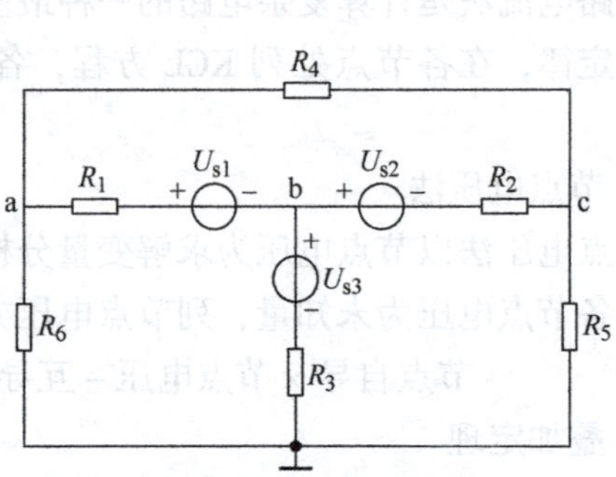

图 3-33 计算题 2 图

3. 试用节点电压法求图 3-34 中各支路电流值。
4. 用支路电流法求图 3-35 所示各支路电流。
5. 电路如图 3-36 所示，已知 $R_1 = 4\Omega$，$R_2 = 2\Omega$，$R_3 = 1\Omega$，$R_4 = 2\Omega$，$U_s = 6V$，$I_s = 3A$，

求各支路电流。

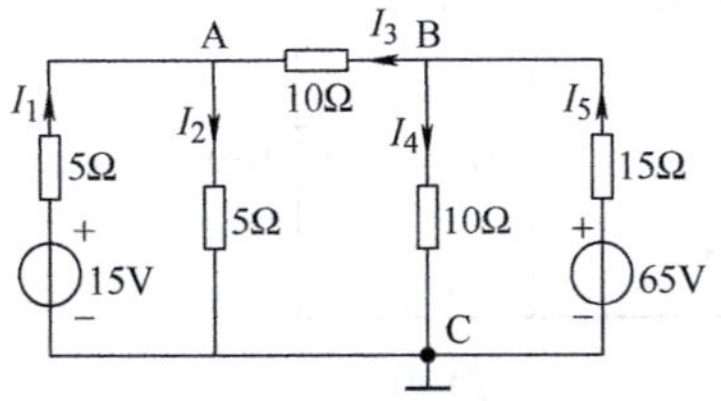

图 3-34　计算题 3 图

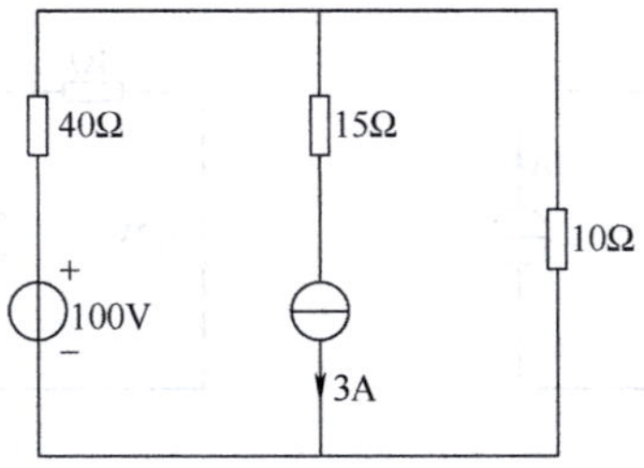

图 3-35　计算题 4 图

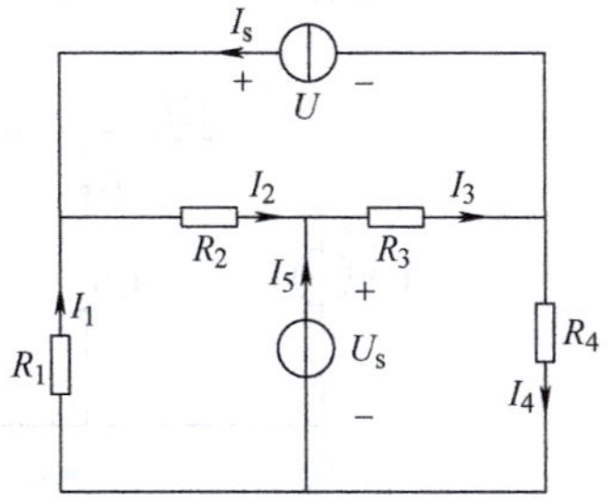

图 3-36　计算题 5 图

6. 用支路电流法求电路图 3-37 中各支路电流 I_1、I_2 和 I_3。

7. 用支路电流法求图 3-38 中各支路电流及各元件功率。

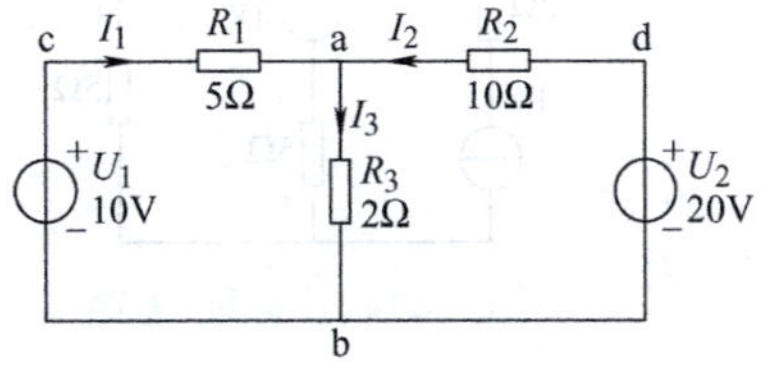

图 3-37　计算题 6 图

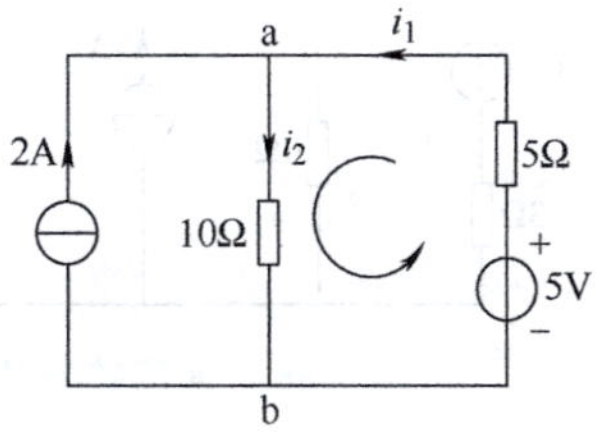

图 3-38　计算题 7 图

8. 用节点电压法求图 3-39 所示电路中节点 a 的电位 V_a。

9. 用节点电压法求图 3-40 所示电路中节点 a 的电位 V_a。

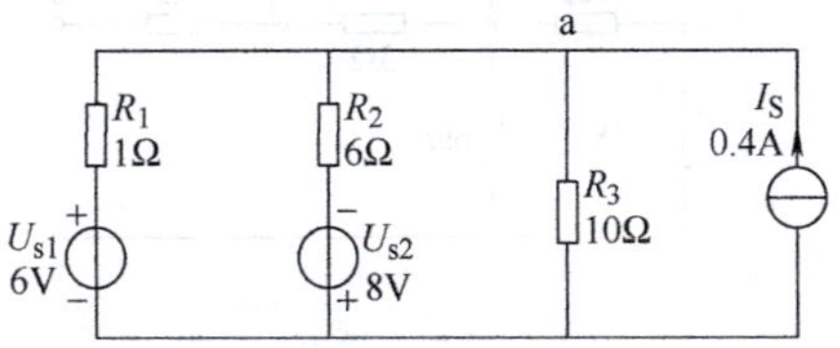

图 3-39　计算题 8 图

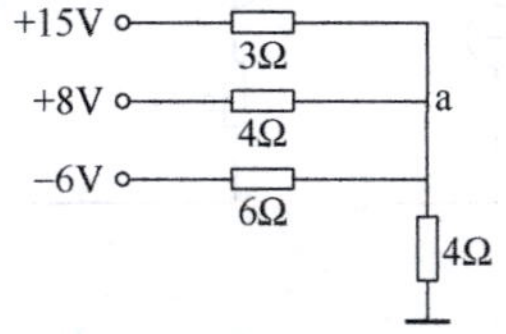

图 3-40　计算题 9 图

10. 列出图 3-41 所示电路中的节点电压方程。

11. 用节点电压法求图 3-42 所示电路中 7A 电流源发出的功率。

12. 电路如图 3-43 所示，用叠加定理求电压 U。

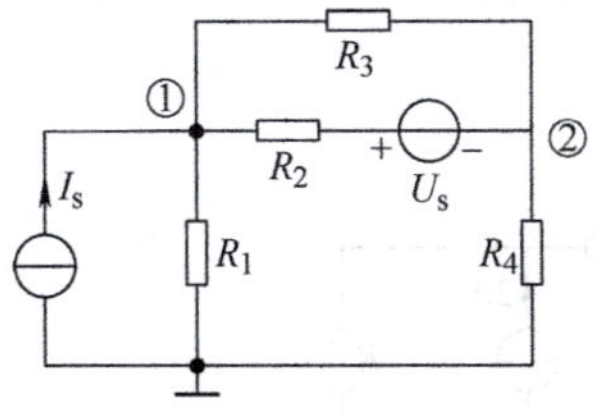

图 3-41　计算题 10 图

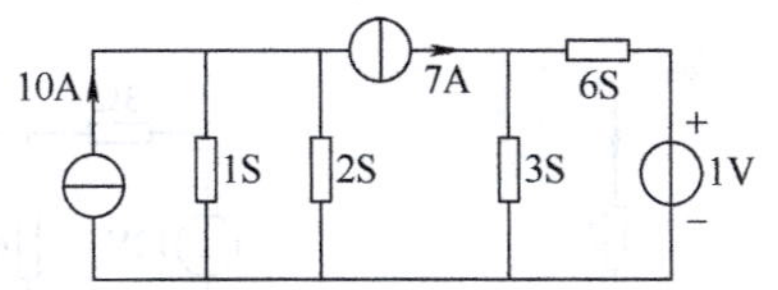

图 3-42　计算题 11 图

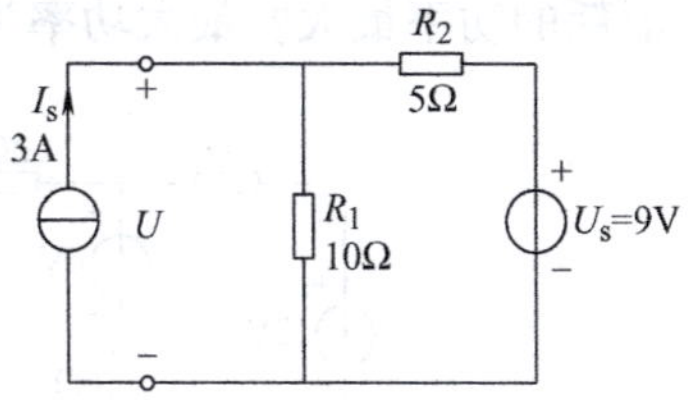

图 3-43　计算题 12 图

13. 电路如图 3-44 所示，用叠加定理求电路中的电流 I_1 和 I_2。

14. 电路如图 3-45 所示，求 24V 电压源单独作用于电路时，产生的电流 I 分量为多少？

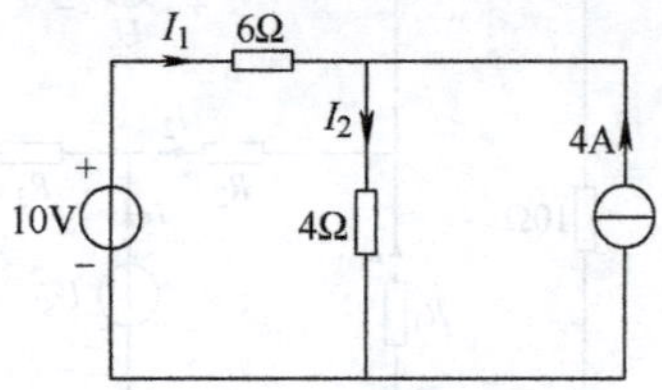

图 3-44　计算题 13 图

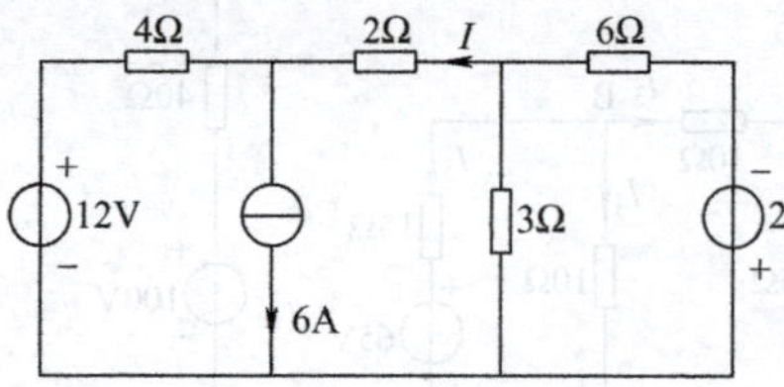

图 3-45　计算题 14 图

15. 用叠加定理求图 3-46 所示电路中 6Ω 电阻电压 U 的值。

16. 用叠加定理求图 3-47 所示电路中电流 I 的值。

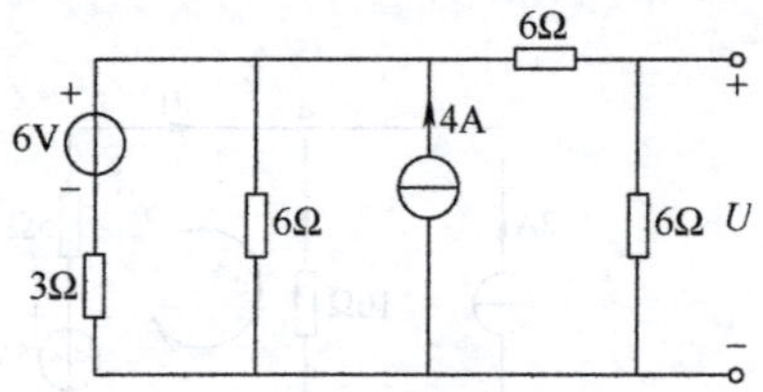

图 3-46　计算题 15 图

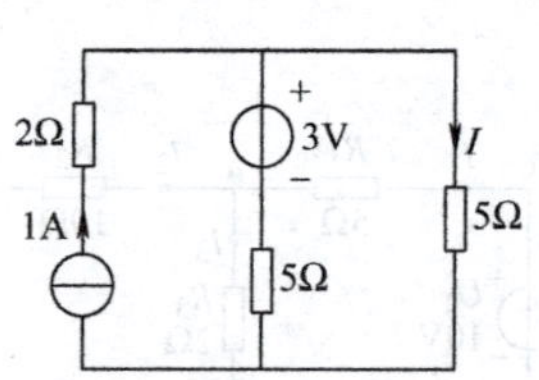

图 3-47　计算题 16 图

17. 求图 3-48 所示电路的戴维南等效电路。

18. 求图 3-49 所示电路的戴维南等效电路图。

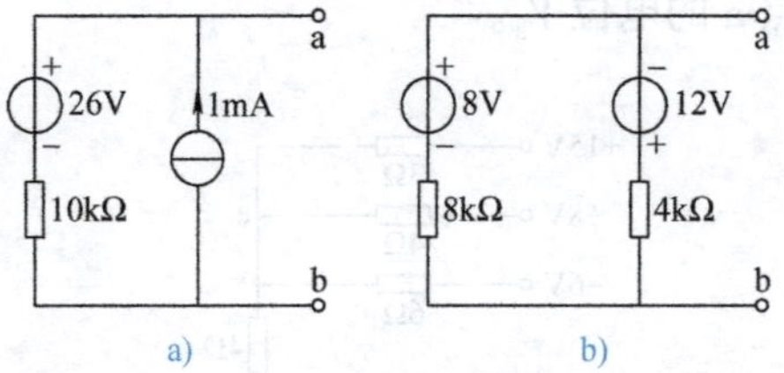

图 3-48　计算题 17 图

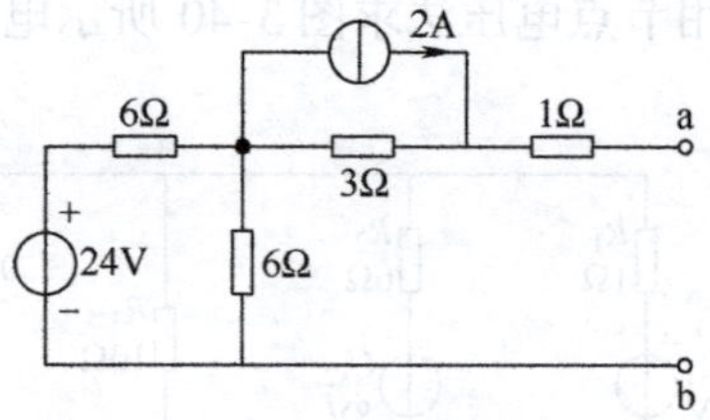

图 3-49　计算题 18 图

19. 在图 3-50 中，用戴维南定理求电阻 $R=6\Omega$ 时的功率。

20. 电路如图 3-51 所示，求负载获得最大功率时的电阻值及最大功率数值。

21. 已知在图 3-52 所示电路中，当 $R=10\Omega$ 时，其消耗的功率为 22.5W；当 $R=20\Omega$ 时，其消耗的功率为 20W。试求：（1）当 $R=30\Omega$ 时，其消耗的功率值。（2）R 为多大时，消耗的功率最大？最大功率为多少？

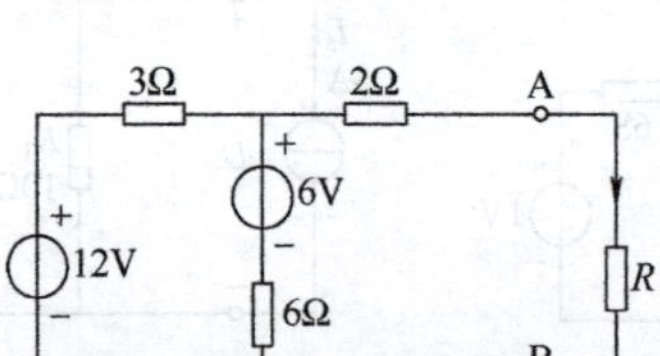

图 3-50　计算题 19 图

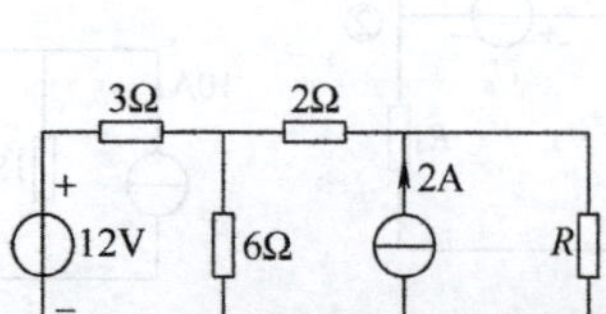

图 3-51　计算题 20 图

22. 在如图3-53所示电路中，（1）求a、b间的电阻 $R=6\Omega$ 时，电流 I 的值。（2）改变a、b间电阻 R 的大小，使电阻可以获得的最大功率，求此时的电阻值和最大功率值。

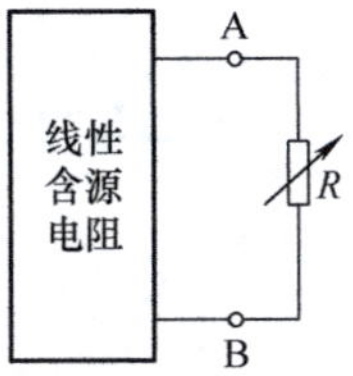

图3-52　计算题21图

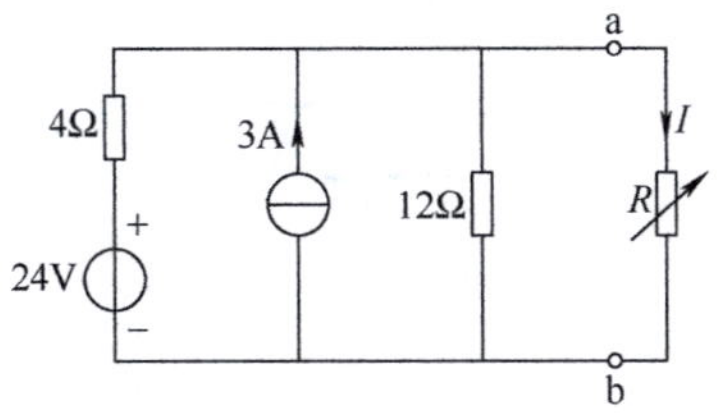

图3-53　计算题22图

项目四

4 正弦交流电与典型电路安装

任务一　简单室内照明电路安装与调试

知识目标

1）掌握正弦交流电的三要素以及各正弦量的物理意义。

2）掌握正弦量的相量表示方法以及相量的计算。

能力目标

1）能正确识读电气原理图。

2）掌握电气元器件的检测方法。

3）掌握简单室内照明电路安装与调试的方法。

遵规程，保安全

电工安全操作规程——上岗前的检查和准备工作

上岗前的检查和准备工作：①上岗前必须按规定穿戴好工作服、工作鞋、工作帽；②在安装或维修电气设备时，要清扫工作场地和工作台面，防止灰尘等杂物落入电气设备内造成故障；③上班前不能饮酒，工作时应集中精力，不能做与本职工作无关的事；④必须检查工具、测量仪表和防护用具是否完好。

任务导入

人们的日常生活、工矿企业、农业生产以及各种社会活动都离不开照明电路。照明电源有什么特点？照明电路由哪些电气元器件组成？电路如何安装？怎样调试既能确保实现功能，又能保证用电安全？下面，我们一起学习简单室内照明电路的相关理论知识，并进行电路的安装与调试。

知识链接

一、室内照明电源

之前我们学习了应急照明电路，在蓄电池供电环境下是直流电作为供电电源。而人们的日常生活和大多数工矿企业的照明电路不再是直流电，而是正弦交流电且是单相的正弦交流电源。

二、正弦交流电的产生

发电机内部由一组绕组匀速切割磁力线产生的电动势呈现出正弦变化规律，这样的电动势即为单相正弦交流电。

大小和方向随时间按正弦规律周期性变化的电压、电流和电动势称为正弦交流电，也称为正弦量。

三、正弦量的瞬时表达式

正弦量用正弦函数的形式进行表示称为正弦量的瞬时值表达式。如正弦交流电压和正弦交流电流的波形如图 4-1 所示，瞬时表达式为

$$\left.\begin{aligned}u &= U_m\sin(\omega t+\varphi_u)\\ i &= I_m\sin(\omega t+\varphi_i)\end{aligned}\right\}\qquad(4\text{-}1)$$

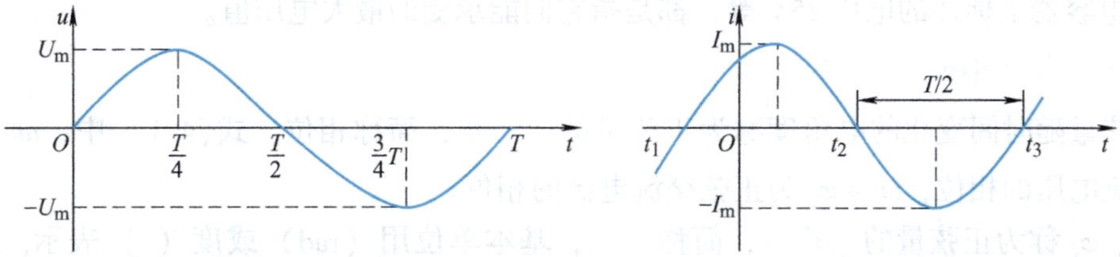

a) 正弦交流电压　　b) 正弦交流电流

图 4-1　正弦交流电的波形

四、正弦量的三要素

式(4-1) 是正弦交流电的瞬时值表达式，其中 U_m、I_m 称为正弦量的最大值或幅值；ω 称为角频率；φ_u 称为电压的初相位，φ_i 称为电流的初相位。

如果已知幅值、角频率和初相位，正弦量就可以唯一确定，因此，我们把正弦量的角频率、幅值和初相位称为正弦量的三要素。

1. 角频率、频率、周期

1）角频率也称圆频率，表示单位时间内正弦量所经历的电角度，反映交流电变化的快慢，用 ω 表示，基本单位为弧度/秒（rad/s）。

反映正弦交流电变化快慢的物理量还有频率 f 和周期 T。

2）频率 f 表示的是正弦交流电每秒钟变化的次数，基本单位为赫兹，简称赫（Hz）。

3）周期 T 为正弦交流电变化一次所需要的时间，基本单位为秒（s）。

由于正弦量的一个周期对应 2π 弧度，所以角频率、频率和周期之间的关系为

$$\omega=\frac{2\pi}{T}=2\pi f,\ f=\frac{1}{T}\qquad(4\text{-}2)$$

我国电力系统的正弦交流电频率为 50Hz，这种频率称为工业频率，简称工频，其周期

为0.02s。此外，频率较高时，其常用单位有千赫(kHz)、兆赫(MHz)和吉赫(GHz)。

2. 幅值、瞬时值、有效值

正弦交流电每一时刻对应的值称为瞬时值。一般用小写字母表示，i表示瞬时电流，u表示瞬时电压。瞬时值的大小和方向随时间不断变化。

正弦量瞬时值的最大值称为幅值，也称为振幅或峰值，用大写字母加下标“m”标注。I_m为电流幅值，U_m为电压幅值。

正弦量的有效值用于反映交流电能量转换的实际效果，是根据其热效应确定的。电流的有效值用I表示，电压的有效值用U表示。

正弦交流电的最大值与有效值之间存在以下关系：

$$I_m = \sqrt{2}I,\ U_m = \sqrt{2}U \tag{4-3}$$

人们通常所说的市电220V是指单相交流电压的有效值，其最大值约为311V。各种电器铭牌上所标识的一般都是有效值。如电视机、荧光灯等电器的额定电压为220V，就是指电器正常工作时的电压有效值为220V。

但要注意，电气设备和元器件的绝缘水平是按最大值考虑的。如绝缘导线上标注的电压550V、电容器上标注的电压25V等，都是指它们能承受的最大电压值。

3. 初相位、相位

正弦量随时间变化的电角度称为正弦量的相位角，简称相位。式(4-1)中，$\omega t+\varphi_u$为正弦交流电压的相位，$\omega t+\varphi_i$为正弦交流电流的相位。

φ_u、φ_i称为正弦量的初相位，简称初相，基本单位用（rad）或度（°）表示。它是正弦量在$t=0$时刻的相位，反映交流电交变的起点。

考虑到正弦函数以2π弧度为周期，故规定初相φ_u、φ_i的取值范围为$-\pi \leqslant \varphi \leqslant \pi$。

【例4-1】 正弦交流电的波形如图4-2所示。
(1) 写出该正弦量的幅值、频率、周期和角频率；
(2) 写出该正弦量的瞬时值表达式。

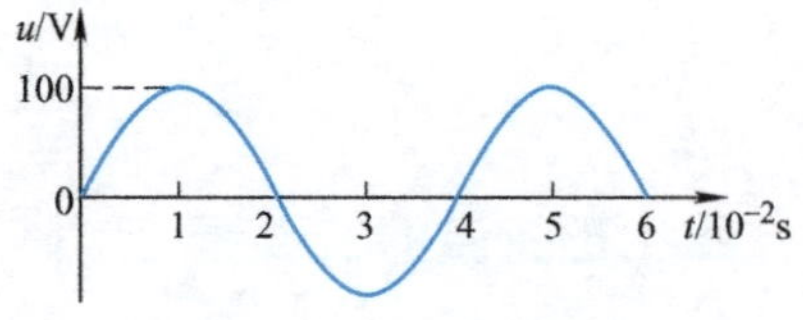

图4-2 例4-1题图

解：(1) 由图4-2可知，正弦电压的幅值$U_m=100V$，周期$T=0.04s$，因此有

$$f=1/T=(1/0.04)\text{Hz}=25\text{Hz}$$

$$\omega=2\pi f=2\times3.14\times25\text{rad/s}=157\text{rad/s}$$

(2) 由图4-2可知，当$t=0$时，$\varphi_u=0$。因此，该正弦交流电压的瞬时值表达式为

$$u=100\sin(\omega t+\varphi_u)\text{V}=100\sin(157t)\text{V}$$

五、正弦量的相位差

任意两个频率相同的交流电相位的差称为相位差或相差，用φ表示。设同频率的两个正弦量为

$$u=U_m\sin(\omega t+\varphi_u)$$

$$i=I_m\text{sim}(\omega t+\varphi_i)$$

两者的相位差为

$$\varphi=(\omega t+\varphi_u)-(\omega t+\varphi_i)=\varphi_u-\varphi_i \tag{4-4}$$

相位差 φ 的取值范围为 $-\pi \leqslant \varphi \leqslant \pi$，单位为弧度（rad）或度（°）。相位差的值反映出两个正弦量在时间上的超前或滞后关系，一般有以下 5 种情况：

1）当 $\varphi>0$，表明电压 u 超前电流 i 一个相位 φ，或者说电流 i 滞后电压 u 一个相位 φ，即 u 先到达最大值，如图 4-3a 所示。

2）当 $\varphi<0$，表明电压 u 滞后电流 i 一个相位 φ，或者说电流 i 超前电压 u 一个相位 φ，即 i 先到达最大值，如图 4-3b 所示。

3）当 $\varphi=0$，称电压 u 与电流 i 同相，即电压 u 与电流 i 同时达到最大值，如图 4-3c 所示。

4）当 $\varphi=\pm\frac{\pi}{2}$，称电压 u 与电流 i 正交，如图 4-3d 所示。

5）当 $\varphi=\pm\pi$，称电压 u 与电流 i 反相，如图 4-3e 所示。

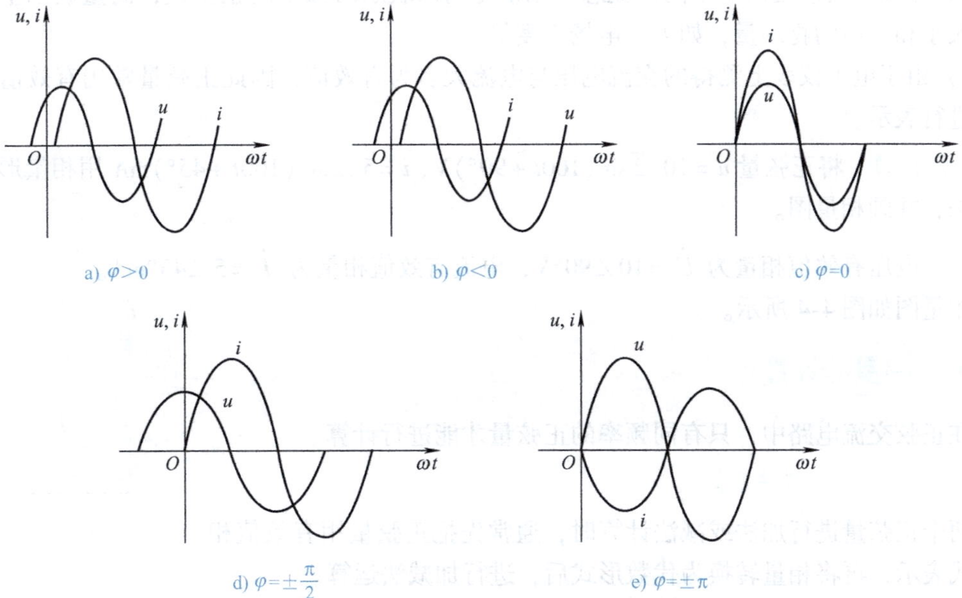

a) $\varphi>0$　b) $\varphi<0$　c) $\varphi=0$　d) $\varphi=\pm\frac{\pi}{2}$　e) $\varphi=\pm\pi$

图 4-3　几种不同相位差的波形

【例 4-2】　设有两个同频率的正弦交流电 $u=220\sqrt{2}\sin(100t+60°)\text{V}$，$i=3\sqrt{2}\sin(100t-30°)\text{A}$，求电压 u 与电流 i 的相位差。

解：根据正弦交流电的瞬时值表达式可知：$\varphi_u=60°$，$\varphi_i=-30°$，则相位差为

$$\varphi_{ui}=60°-(-30°)=90°$$

表明电压 u 和电流 i 为正交关系。

六、正弦量的相量表示法

任何一个正弦量都可以找到一个复数与之对应，这个复数称为正弦量的相量。相量用大写字母上面加黑点表示，用以表明该复数是时间的函数，与一般复数不同。

相量有最大值相量和有效值相量两种表示方法。设正弦交流电流的瞬时值表达式为 $i=I_m\sin(\omega t+\varphi_i)$，可知电流的最大值为 I_m，有效值为 I，电流的辐角为 φ_i，该正弦电流的

最大值相量和有效值相量分别为

$$\dot{I}_m = I_m \angle \varphi_i,\ \dot{I} = I \angle \varphi_i \tag{4-5}$$

设正弦电压的瞬时值表达式为 $u = U_m \sin(\omega t + \varphi_u)$，可知电压的最大值为 U_m，有效值为U，电压的辐角为 φ_u，该正弦电压的最大值相量和有效值相量分别为

$$\dot{U}_m = U_m \angle \varphi_u,\ \dot{U} = U \angle \varphi_u \tag{4-6}$$

需要说明以下几点：

1）相量只是正弦量的复数表示形式，正弦量与相量之间只是对应关系，不是相等关系。

2）只有正弦量才能用相量进行描述，非正弦量不可以用相量进行表示。

3）相量可以用复平面上的有向线段进行表示，这种表示相量的图形称为相量图，只有同频率的正弦量才能画在同一个相量图中。

4）相量与向量是两个不同的概念。相量是用来表示时域中的正弦量，向量表示空间中具有大小和方向的物理量，如力、电场强度等。

5）由于电工仪表上测得的交流电压与电流大多为有效值，因此正弦量常用有效值相量形式进行表示。

【例 4-3】 将正弦量 $u = 10\sqrt{2}\sin(100t + 90°)$ V、$i = 5\sqrt{2}\sin(100t + 45°)$ mA 用相量形式表示出来，并画相量图。

解：电压有效值相量为 $\dot{U} = 10\angle 90°$V，电流有效值相量为 $\dot{I} = 5\angle 45°$mA。

相量图如图 4-4 所示。

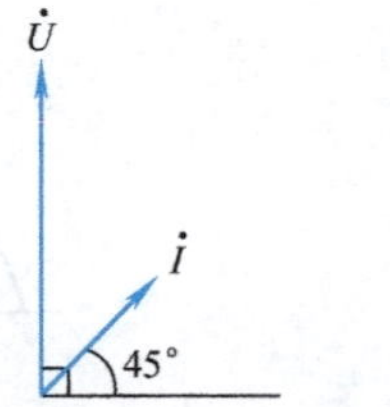

图 4-4 例 4-3 解题图

七、相量的计算

在正弦交流电路中，只有同频率的正弦量才能进行计算。

1. 相量的加、减法运算

两个正弦量进行加法或减法计算时，通常先把正弦量用有效值相量形式表示，再将相量转换为代数形式后，进行加减法运算。

$$\left.\begin{aligned}\dot{U} &= U\angle \varphi_u = U\cos\varphi_u + \mathrm{j}U\sin\varphi_u \\ \dot{I} &= I\angle \varphi_i = I\cos\varphi_i + \mathrm{j}I\sin\varphi_i \\ \dot{A}_1 \pm \dot{A}_2 &= (a_1 + \mathrm{j}b_1) + (a_2 + \mathrm{j}b_2) = (a_1 \pm a_2) + \mathrm{j}(b_1 \pm b_2)\end{aligned}\right\} \tag{4-7}$$

两个正弦量的加法还可以用相量作图法进行求解。两个正弦量相加的运算在复平面上符合平行四边形的求和法则，即两个加数作为平行四边形的两条邻边，平行四边形的对角线即为和，如图 4-5a 所示。

两个正弦量的减法用相量法进行运算时，也满足平行四边形法则，只是被减数作为平行四边形的对角线，减数和差作为平行四边形的两条邻边，如图 4-5b 所示。

2. 相量的乘法运算

两个正弦量相乘时，先将正弦量写成相量形式，再将相量的模相乘，辐角相加。

$$A_1 \cdot A_2 = r_1\angle\theta_1 \cdot r_2\angle\theta_2 = r_1 r_2\angle(\theta_1 + \theta_2) \tag{4-8}$$

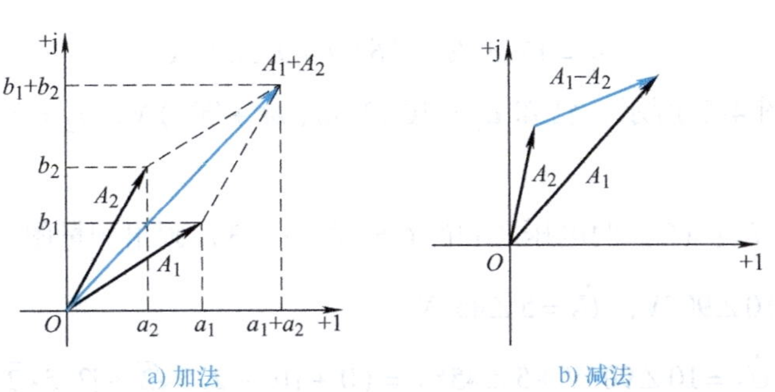

图 4-5　正弦量的相量加减法

3. 相量的除法运算

两个正弦量相除时，先将正弦量写成相量形式，再将模相除，辐角相减。

$$\frac{\dot{A}_1}{\dot{A}_2}=\frac{r_1\angle\theta_1}{r_2\angle\theta_2}=\frac{r_1}{r_2}\angle(\theta_1-\theta_2) \tag{4-9}$$

八、相量形式的基尔霍夫定律

在正弦交流电路的分析计算中，电压和电流均可以用相量的形式进行表示和计算，因此，可以用相量形式的基尔霍夫定律和元件伏安关系来建立正弦交流电路的方程。由于正弦电路中的各支路电流和电压都是同频率正弦量，所以可以用相量的求和运算得到 KCL 和 KVL 的相量形式。

对于任意节点，在任意瞬间 KCL 的表达式为

$$\sum i=0$$

由于所有支路电流都是同频率的，故其相量形式为

$$\sum \dot{I}=0 \tag{4-10}$$

对于电路中的任意一个闭合回路，在任意时刻 KVL 的表达式为

$$\sum u=0$$

由于所有回路电压都是同频率的，故其相量形式为

$$\sum \dot{U}=0 \tag{4-11}$$

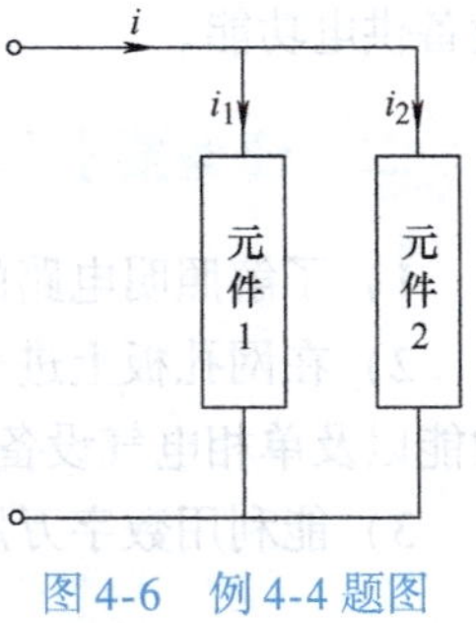

图 4-6　例 4-4 题图

【例 4-4】　如图 4-6 所示电路，已知 $i=5\sqrt{2}\sin(628t+45°)$ A，$i_1=10\sqrt{2}\sin(628t-60°)$ A，试求 I_2 的值。

解：由于正弦稳态电路中，任意节点电流满足 KCL，所以

$$\dot{I}_2=\dot{I}-\dot{I}_1$$

$$\dot{I}=5\angle45°\text{A}=\left(5\times\frac{\sqrt{2}}{2}+\text{j}5\times\frac{\sqrt{2}}{2}\right)\text{A}=(3.5+\text{j}3.5)\text{A}$$

$$\dot{I}_1=10\angle-60°\text{A}=\left(10\times\frac{1}{2}-\text{j}10\times\frac{\sqrt{3}}{2}\right)\text{A}=(5-\text{j}8.7)\text{A}$$

$$\dot{I}_2=\dot{I}-\dot{I}_1=(3.5+\text{j}3.5)\text{A}-(5-\text{j}8.7)\text{A}=(-1.5+\text{j}12.2)\text{A}=12.3\angle97.0°\text{A}$$

$$i_2 = 12.3\sqrt{2}\sin(628t + 97.0°)\ \text{A}$$

【例 4-5】 如图 4-7 所示，已知 $u_1 = 10\sqrt{2}\sin(\omega t + 90°)\ \text{V}$，$u_2 = 5\sqrt{2}\sin(\omega t + 45°)\ \text{V}$。试求：

（1）相量 $\dot{U}_1$，$\dot{U}_2$；（2）两电压之和的瞬时值 u；（3）画出相量图。

解：（1）$\dot{U}_1 = 10\angle 90°\text{V}$，$\dot{U}_2 = 5\angle 45°\text{V}$

（2）$\dot{U} = \dot{U}_1 + \dot{U}_2 = 10\angle 90°\text{V} + 5\angle 45°\text{V} = (0 + \text{j}10 + 2.5\sqrt{2} + \text{j}2.5\sqrt{2})\ \text{V} = (3.5 + \text{j}13.5)\ \text{V} = 13.9\angle 75.5°\text{V}$

$$u = 13.9\sqrt{2}\sin(\omega t + 75.5°)\ \text{V}$$

（3）相量图如图 4-8 所示。

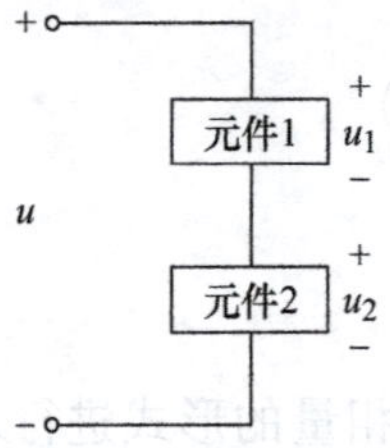

图 4-7 例 4-5 题图

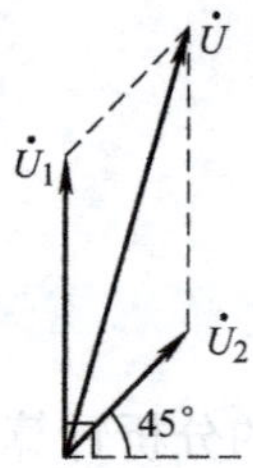

图 4-8 例 4-5 题相量图

任务实施与评价

一、任务描述

按照国家相关标准，在网孔板上进行简单室内照明电路的安装与调试，并实现单相电气设备供电功能。

二、任务要求

1）了解照明电路的基本组成。

2）在网孔板上进行简单室内照明电路的安装与调试，实现照明电路的单控与双控控制功能以及单相电气设备供电功能。

3）能利用数字万用表对照明电路进行检测并排除故障。

三、实施步骤

1. 简单室内照明电路的组成

简单室内照明电路如图 4-9 所示，主要由单相电能表、低压断路器、熔断器、灯具、单相两孔插座、单相三孔插座、开关等器件组成。

（1）单相电能表 电能表又名电度表，是一种用于记录用户消耗电能多少的仪表。用于记录单相电路用电情况的电能表称为单相电能表，常见于家庭照明电路系统中；用于记录三相电路用电情况的电能表称为三相电能表，常用于企业或公共场所等的电路系统中。

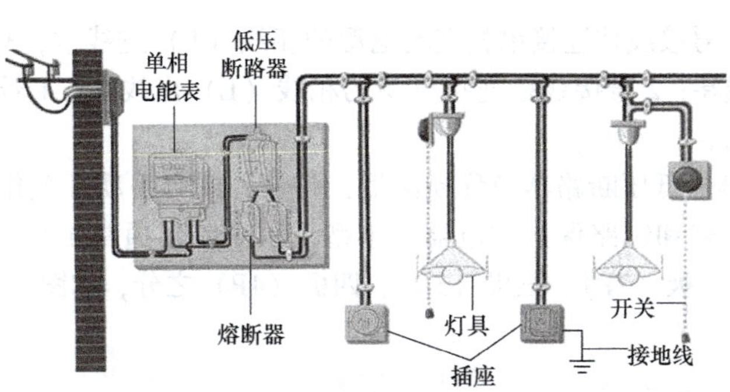

图 4-9　简单室内照明电路

电能表如图 4-10 所示，主要分为感应式、电子式两种，实现电能计量功能。

a) 感应式电能表

b) 电子式电能表

图 4-10　单相电能表的外形结构

下面以图 4-10b 所示 DDS5777 型电子式单相电能表为例，简要介绍电能表相关参数：

1）额定电压为 220V。

2）基本电流（最大额定电流）为 10(40)A。

3）功率为 50Hz，电能表常数为 360r/kW·h（表明每千瓦时铝制圆盘转 360 次）。

（2）单相电能表的接线　不管哪种结构的单相电能表，打开其接线盒后，均能发现从左到右依次有 4 个接线柱，单相电能表与单相交流电源的连接如图 4-11 所示。

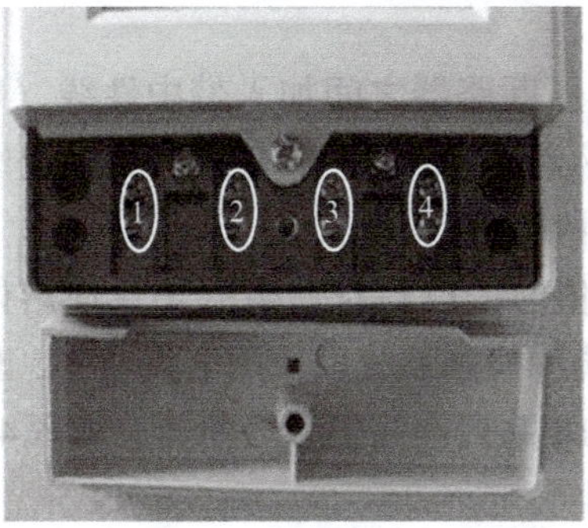

a) 接线盒内部结构

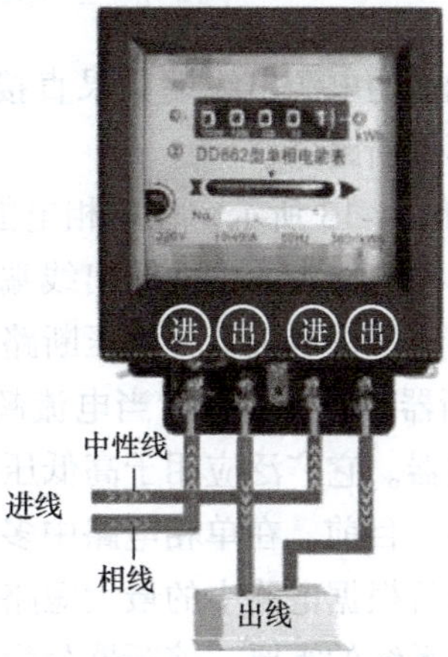

b) 连接方法

图 4-11　单相电能表与单相交流电源的连接

单相电能表的1号接线柱连接单相交流电源的相线（L）进线端，3号接线柱连接电源的中性线（N）进线端；2号接线柱连接电源的相线（L）出线端，4号接线柱连接电源的中性线（N）出线端。

（3）低压断路器　低压断路器简称断路器，是一种既有手动开关作用，又能自动进行失电压、欠电压、过载和短路保护的电器。小型低压断路器通常工作在交流电压400V以下，有一极（1P）、二极（2P）、三极（3P）、四极（4P）之分，如图4-12所示。

a) 1P断路器　b) 2P断路器　c) 3P断路器　d) 4P断路器　e) 文字与图形符号

图4-12　低压断路器

在照明电路中，单相电能表与低压断路器的连接方法如图4-13所示。

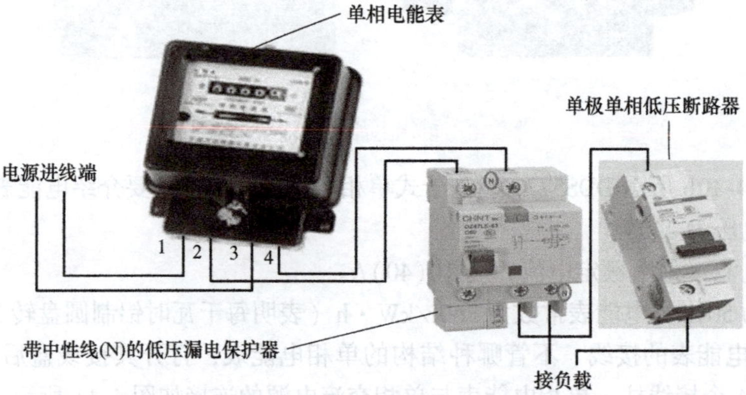

图4-13　单相电能表与低压断路器的连接方法

单相电能表的电源出线端如果直接连接一极低压断路器时，只允许相线进入低压断路器，中性线不进断路器。

否则应如图4-13所示，在单相电能表与低压断路器之间加入带中性线（N）的低压漏电保护器，单相电能表的中性线出线端必须接入漏电保护器N极标识的接线端内；漏电保护器的相线出线端进单极单相低压断路器，中性线直接接负载。

（4）熔断器　熔断器是指当电流超过规定值时，以自身产生的热量使熔体熔断，断开电路的一种电器。它广泛应用于高低压配电系统和控制系统以及用电设备中，作为短路和过电流的保护器。目前，在单相电路中多采用RT18系列圆筒帽形熔断器，如图4-14所示；熔芯型号的选择可根据电路中的最大短路电流大小确定。

根据配电系统的需要，熔断器分为一极、二极、三极和四极。不论是单相电路还是三相电路，熔断器只能安装在断路器之后的相线上，禁止中性线接入熔断器。

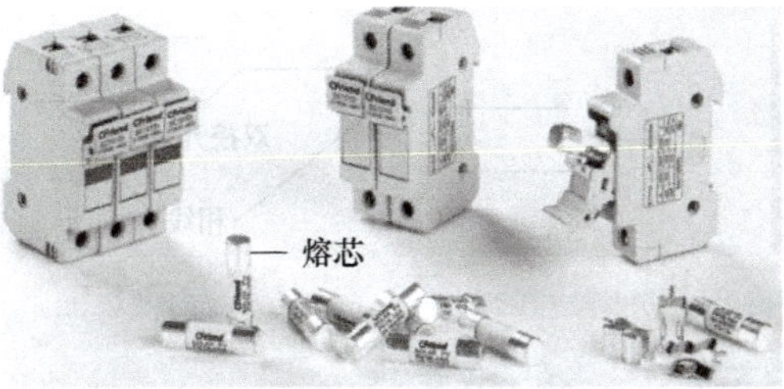

a) 外形结构

b) 文字与图形符号

图 4-14　RT18 系列圆筒帽形熔断器

(5) 开关　照明电路中的开关，根据外形通常可分为单联、双联、集中在一个板面上的多联开关等，如图 4-15 所示。

a) 单联开关

b) 双联开关

c) 三联开关

图 4-15　各种外形的开关

开关根据控制方式的不同，又可分为单控、双控和多控开关。这里重点介绍单控开关和双控开关的结构以及电路连接方法。

1) 单控开关及其连接方法。如图 4-16 所示，单联单控开关面板背面有两个接线端，两接线端一个为相线的进线端，一个为相线的出线端。

如果是双联开关，开关背面接线端的个数为 4 个，该双联开关为双联单控开关。以此类推，如果是三联开关，开关背面接线端的个数为 6 个，则该三联开关为三联单控开关。四联单控开关背面接线端的个数为 8 个。

a) 单联单控开关面板背面

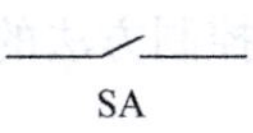

b) 文字与图形符号

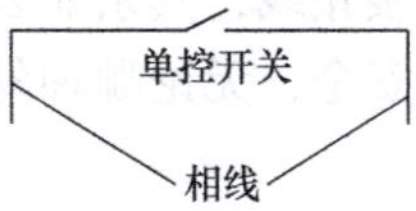

c) 连接方法

图 4-16　单联单控开关

2) 双控开关及其连接方法。如图 4-17 所示，单联双控开关面板背面有 3 个接线端，其中一个接线端为公共端。单联双控开关必须两个组合使用，实现异地控制同一灯具的功能。连接方法为：每个单联双控开关的公共端接相线，其余两接线端与另一个单联双控开关的非公共端相连，如图 4-18 所示。

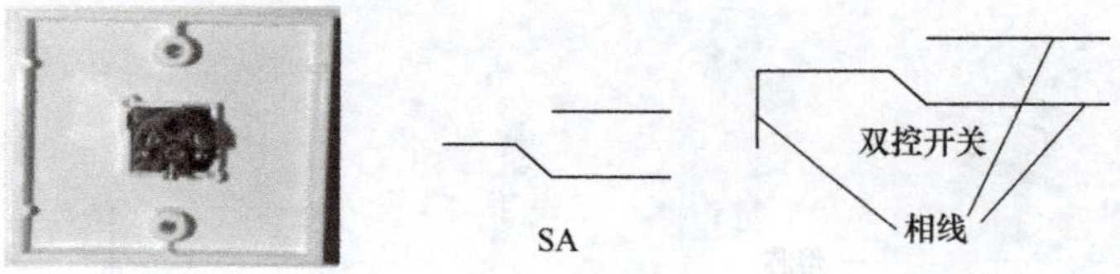

a) 单联双控开关面板背面　　b) 文字与图形符号　　c) 连接方法

图 4-17　单联双控开关

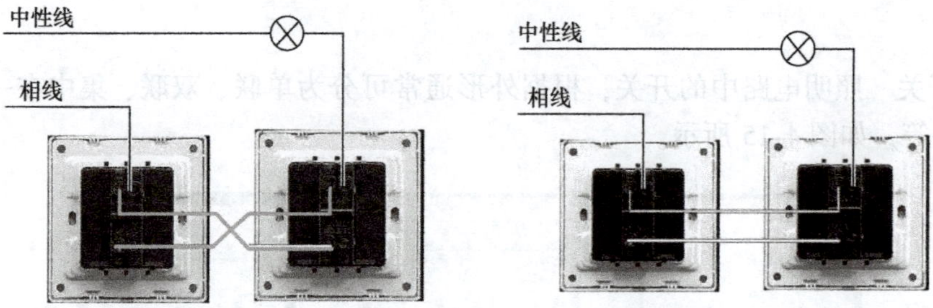

a) 连接方法一　　b) 连接方法二

图 4-18　单联双控开关控制一个灯具的连接方法

如果双联开关面板背面有 6 个接线端，且其中有两个公共接线端，这样的双联开关称为双联双控开关，如图 4-19a 所示。

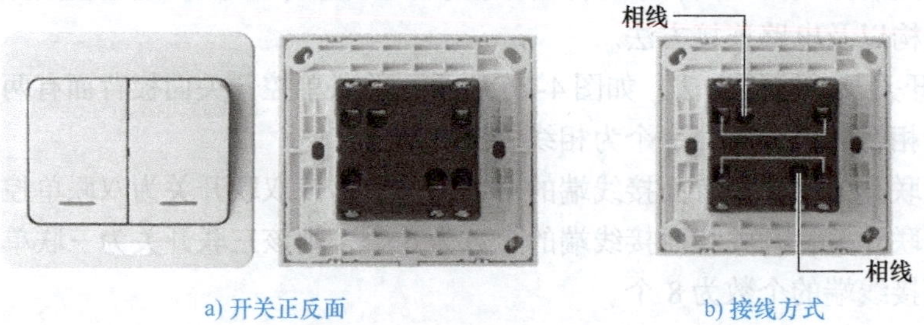

a) 开关正反面　　b) 接线方式

图 4-19　双联双控开关

双联双控开关控制一个灯具的连接方法如图 4-19b 所示，双联双控开关的两组双控开关的公共端分别连接相线，其余非公共端可如图 4-19b 所示进行连接。

为保障用电安全，无论哪种外形与控制方法的开关，都只能接在相线上，禁止将各种开关接在中性线上。

（6）单相插座　常见的单相插座有单相两孔插座和单相三孔插座。

1）单相两孔插座。单相两孔插座的结构、文字与图形符号和连接方法如图 4-20 所示，单相两孔插座的左孔为中性线（N）端，右孔为相线（L）端。

2）单相三孔插座。单相三孔插座的结构与图形符号和连接方法如图 4-21 所示，单相三孔插座的左孔为中性线（N）端，右孔为相线（L）端，上孔为保护接地（PE）端。

2. 简单室内照明电路安装

1）提供的元器件与材料：塑料线槽板若干、单相电能表、断路器、熔断器、单联单控

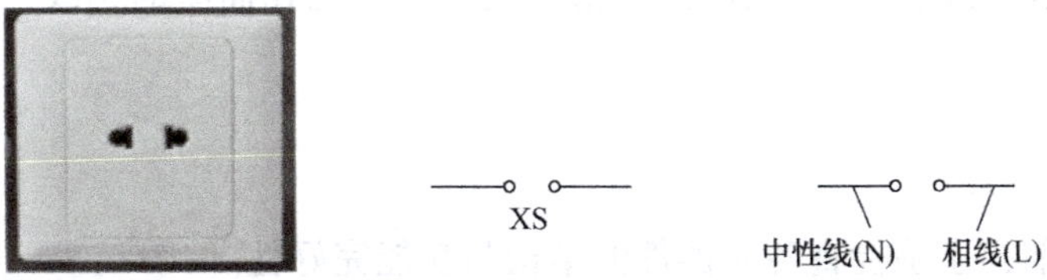

a) 外形结构　　b) 文字与图形符号　　c) 连接方法

图 4-20　单相两孔插座

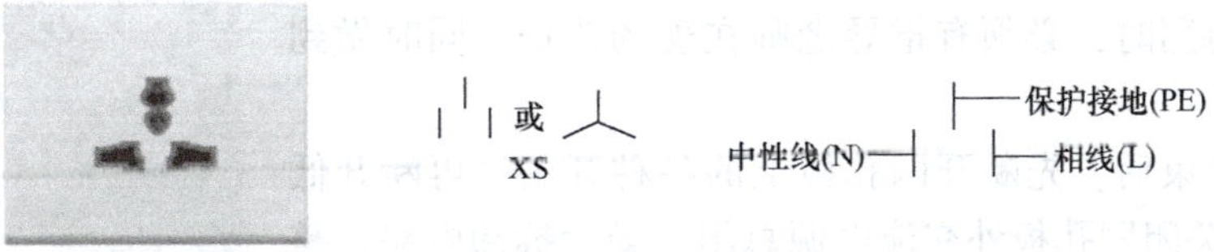

a) 外形结构　　b) 文字与图形符号　　c) 连接方法

图 4-21　单相三孔插座

开关、单联双控开关、单相两孔插座、单相三孔插座、灯座、白炽灯、塑料线卡若干、护套线若干。

2）根据任务要求设计简单室内照明电路安装原理图，参见图 4-22。

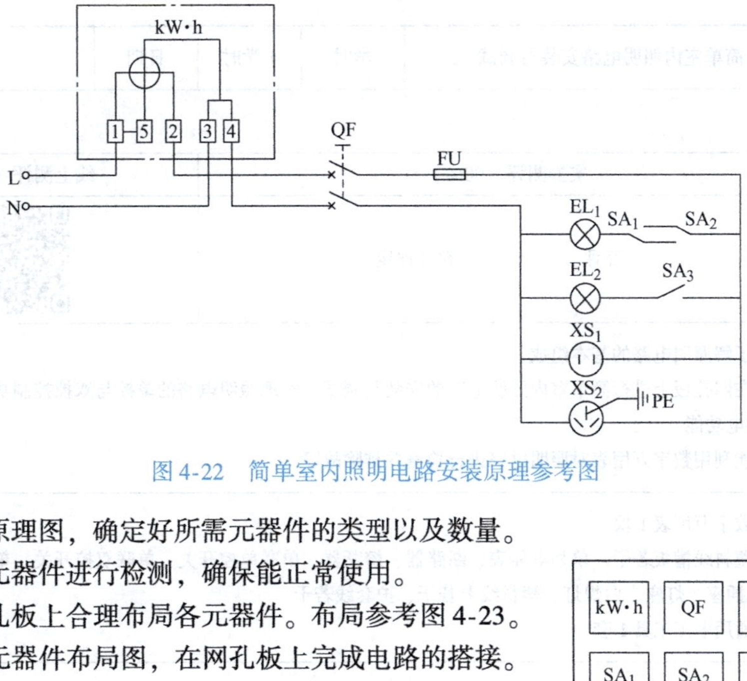

图 4-22　简单室内照明电路安装原理参考图

3）根据原理图，确定好所需元器件的类型以及数量。

4）对各元器件进行检测，确保能正常使用。

5）在网孔板上合理布局各元器件。布局参考图 4-23。

6）根据元器件布局图，在网孔板上完成电路的搭接。

7）在断电情况下，用万用表对照明电路板的搭建进行检测。

8）确保照明电路连接正确无误后，在指导老师现场监护下接通单相交流电源，验证照明电路板安装的功能正确性：单相电能表能正常工作；单控开关能正确控制一盏白炽

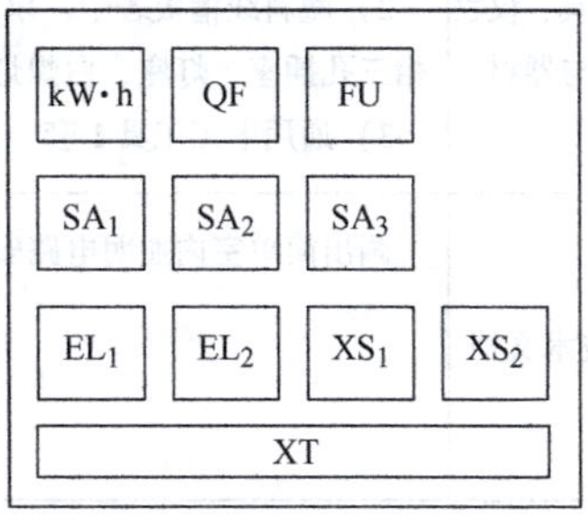

图 4-23　元器件布局参考图

灯；双控开关能正确控制一盏白炽灯；单相两孔插座、三孔插座的相线、中性线连线正确，电压正确等。

四、注意事项

1）搭建电路前，正确检查各元器件的结构与功能完好性。

2）电路搭建完后，在断电情况下用万用表检测电路搭建的正确性。

3）确保电路搭建的工艺性要求。

4）通电检测时，必须有指导老师在现场监护，同时做到安全文明生产。

5）任务结束后，先断开网孔板上的各种开关，再断开低压断路器，再关闭网孔板外交流电源总闸；最后拆卸电路，整理恢复工位。

图 4-24 为学生作品展示。

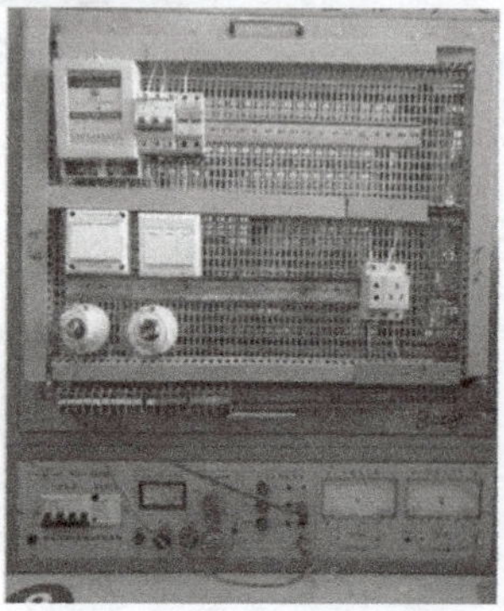

图 4-24 学生作品展示：简单室内照明电路的安装

五、任务实施报告

填写任务实施报告，见表 4-1。

表 4-1 任务实施报告

任务名称	简单室内照明电路安装与调试	学时	4 学时	日期	
组员					
成绩评定	实操测评（90%）			线上测评（10%）	
	自评： 互评： 教师评定：				
任务要求	1）了解照明电路的基本组成 2）在网孔板上进行简单室内照明电路的安装与调试，实现照明电路的单控与双控控制功能以及单相电气设备供电功能 3）能利用数字万用表对照明电路进行检测并排除故障				
工具、仪表与器材	1）数字万用表 1 块 2）塑料线槽板若干、单相电能表、断路器、熔断器、单联单控开关、单联双控开关、单相两孔插座、单相三孔插座、灯座、白炽灯、塑料线卡若干、护套线若干 3）通用电工工具 1 套				
技术文档	画出简单室内照明电路安装原理图				

（续）

任务总结	1）照明电路安装时，断路器为什么不能接在电能表的前方？ 2）照明电路安装时，开关为什么不能接在中性线上？

六、评价标准

评价标准见表4-2。

表4-2　评价标准

评价项目		配分	考核内容及评分标准	评分
职业素养（20分）	6S基本要求	10	1. 着装不整齐、不规范，不穿戴相关防护用品等，每项扣2分 2. 工具、仪表、材料、作品摆放不整齐，每项扣2分 3. 操作完成后未清理、清扫施工现场，扣5分	
	安全操作	10	浪费耗材，不爱惜工具，扣3分；损坏工具、仪表扣本大项的20分；发生严重违规操作，取消操作成绩	
实操结果及质量（50分）	质量	30	1. 单相电能表安装在电路板上，不能倾斜。每错一处扣3分 2. 能正确布线、工艺美观、符合安全要求，元器件、导线排列整齐，不松动，不压线。每错一处扣3分 3. 灯具、开关、插座的安装符合安全用电规范。即相线一定要进开关，中性线不能进熔断器和开关；单相插座接线时，应将相线接在右边插孔的接线柱，中性线接在左边，保护地线接上边插孔。每错一处扣3分 4. 接上所有的用电器，断开所有的开关、接上电源，逐步合上各路开关，各插座和灯具应按要求工作。每错一处扣3分	
	工艺	10	护套线应敷设得横平竖直，不松弛、不扭曲、不可损坏护套层，按工艺要求进行布线。每错一处扣2分	
	技术文件	10	按要求填写相关技术文件。填写内容错误，每项扣2分	
操作过程与检测结果（30分）	操作过程及规范	15	根据行业相关标准及规范操作。操作工序、操作规范等每错一处扣3分	
	操作结果检测	15	正确进行操作结果的检测。结果检测方法不当、检测结果错误，每项扣3分	

任务二　普通荧光灯电路安装与调试

知识目标

1）了解普通荧光灯电路的组成以及工作原理。

2）掌握电阻、电感以及电容元件在交流电路中的特性。

能力目标

1）能正确识读电气原理图。

2）掌握等径导线的T形连接方法与绝缘处理。

3）掌握普通荧光灯电路的安装与调试。

遵规程，保安全

电工安全操作规程——工作中的规则

1）检修电气设备时，应先切断电源，并用验电笔（低压验电器）测试是否带电。在确定不带电后，才能进行检查修理。

2）在断开电源开关检修电气设备时，应在电源开关处挂上“有人工作，严禁合闸!”的标牌。

3）电气设备拆除送修后，对可能来电的线头应用绝缘胶布包好，线头必须有短路接地保护装置。

4）严禁非电气作业人员检修电气设备和电路。

5）严禁在工作场地，特别是易燃、易爆物品的生产场所吸烟及明火作业，防止火灾发生。

6）使用起重设备吊运电动机、变压器时，要仔细检查被吊重物是否牢固，并有专人指挥，不准歪拉斜吊，吊物下或旁边严禁站人。

7）在检修电气设备内部故障时，应选用36V的安全电压灯泡作为照明。

8）电动机通电试验前，应先检查绝缘是否良好，机壳是否接地。

9）拆卸和装配电气设备时，操作要平稳，用力应均匀，不要强拉硬敲，防止损坏电气设备。

10）在烘干电动机和变压器绕组时，不准在烘房或烘箱周围存放易燃易爆物品，不准在烘箱附近用易燃溶剂清洗零件或喷刷油漆。

任务导入

荧光灯是在日常生活和办公场所广泛使用的一种典型单相用电器（见图4-25）。荧光灯电路由哪些器件组成？发光原理如何？各元器件在交流电路中表现出怎样的电路特性？

图4-25　荧光灯应用

知识链接

一、荧光灯电路的组成

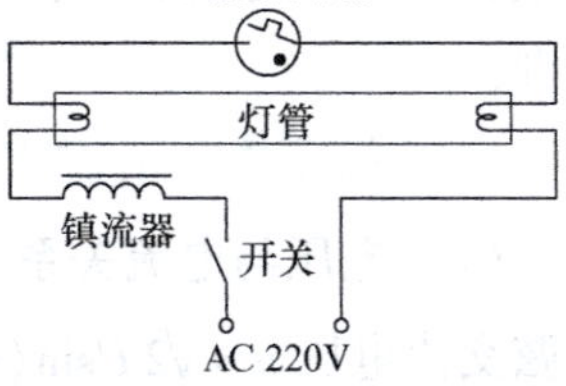

图 4-26　荧光灯电路组成

荧光灯电路组成如图 4-26 所示，主要由荧光灯管、镇流器、辉光启动器三部分以及开关、导线和单相交流电源共同组成。

1. 荧光灯管

荧光灯管由于自身的构造（见图 4-27），点亮时需要 600～800V 高压，点亮后只需要 100V 左右的电压即可。

2. 镇流器

镇流器（见图 4-28）的主体是铁心和线圈，其电感量的大小与线圈的匝数、铁心尺寸均有关。镇流器为荧光灯电路的启动提供瞬时高压，在电路正常工作后起到降压限流的作用。

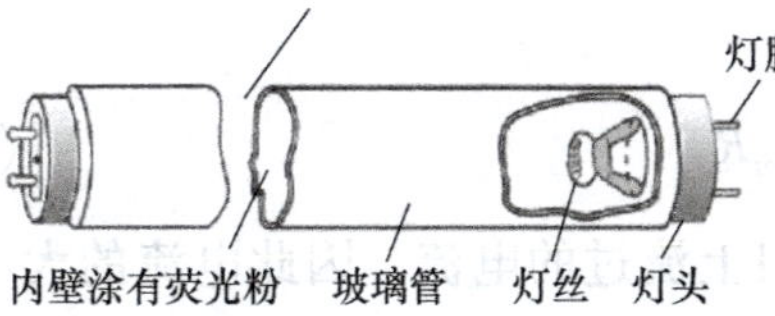

图 4-27　荧光灯管结构

图 4-28　镇流器

3. 辉光启动器

辉光启动器如图 4-29 所示，它是一个小型辉光管，在小玻璃泡内充有氖气。辉光启动器的作用是使电路接通，并能自动断开，相当于一个自动开关。电容的作用是避免辉光启动器两触片断开时产生火花烧坏触片，同时改善电路的功率因数，减弱荧光灯对无线电设备的干扰。

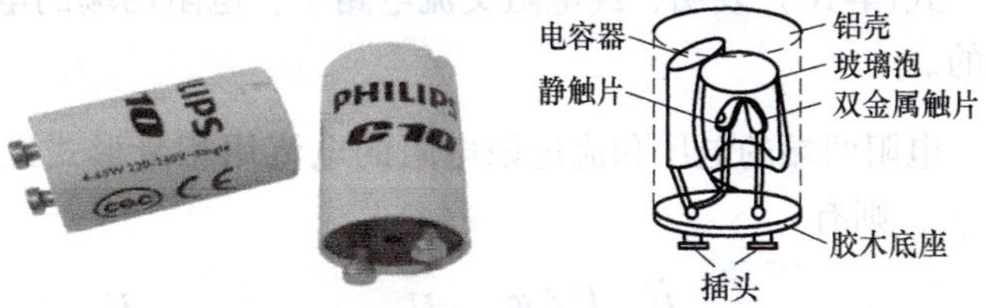

图 4-29　辉光启动器外形与内部结构

二、荧光灯电路工作原理

当开关闭合，电源接通后，灯管尚未放电，电源电压通过灯丝全部加在辉光启动器内两个双金属触片上，使玻璃泡中的氖气产生辉光放电发热，两触片接通，于是电流通过镇流器和灯管两端的灯丝，使灯丝加热并发射电子。此时由于玻璃泡中的氖气被双金属触片短路停止辉光放电，双金属触片也因温度降低而分开，在此瞬间，镇流器产生相当高的自感电动势，它和电源电压串联后加在灯管两端引起弧光放电，使荧光灯点亮。

三、单一参数正弦交流电

对普通荧光灯电路的分析与计算具有单相交流电路分析和计算的普遍意义。下面重点分析电阻（荧光灯管）、电感（镇流器）和电容（辉光启动器部件）在正弦交流电路中的特性。

1. 电阻元件的正弦交流电路

（1）电压与电流关系　如图4-30所示，在线性电阻 R 两端加正弦交流电压 $u=\sqrt{2}U\sin(\omega t+\varphi_u)$，电阻中有正弦交流电流 i 流过。根据欧姆定律知，电阻中流过的电流为

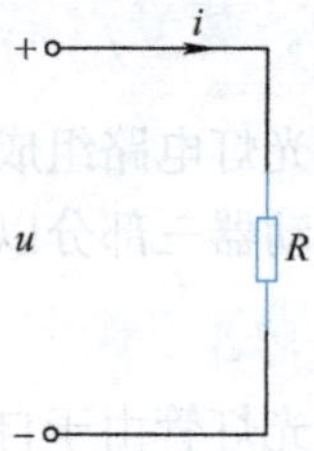

图4-30　电阻元件的正弦交流电路

$$i=\frac{u}{R}=\frac{\sqrt{2}U\sin(\omega t+\varphi_u)}{R}=\sqrt{2}\frac{U}{R}\sin(\omega t+\varphi_u) \quad (4\text{-}12)$$

设电阻 R 上的电流 i 的瞬时值表达式为

$$i=\sqrt{2}I\sin(\omega t+\varphi_i) \quad (4\text{-}13)$$

对比式(4-12)和式(4-13)，可以得到电压和电流有效值之间的关系为

$$I=\frac{U}{R}\text{或 }U=IR \quad (4\text{-}14)$$

由于正弦交流电路中电压、电流的最大值与有效值之间有 $\sqrt{2}$ 倍的关系，所以，电压最大值和电流最大值之间的关系为

$$I_{\mathrm{m}}=\frac{U_{\mathrm{m}}}{R}\text{或 }U_{\mathrm{m}}=I_{\mathrm{m}}R \quad (4\text{-}15)$$

式(4-12)和式(4-13)描述的电流 i 是同一电阻上流过的电流，因此电流的大小、频率、初相位都是相同的，所以有电压的初相位和电流的初相位之间的关系为

$$\varphi_u=\varphi_i,\ \varphi_u-\varphi_i=0 \quad (4\text{-}16)$$

式(4-16)表明，纯电阻交流电路中，电阻两端的电压与流过电阻的电流在相位上是一致的。

电阻两端的电压和流过该电阻的电流用相量形式进行描述，可写成 $\dot{U}=U\angle\varphi_u$，$\dot{I}=I\angle\varphi_i$，则有

$$\frac{\dot{U}}{\dot{I}}=\frac{U\angle\varphi_u}{I\angle\varphi_i}=\frac{U}{I}\angle(\varphi_u-\varphi_i)=\frac{U}{I}=R,\ \dot{U}=\dot{I}R,\ \dot{I}=\frac{\dot{U}}{R} \quad (4\text{-}17)$$

电阻元件上电压与电流的相量图如图4-31所示。

（2）功率及能量转换　电阻元件上的瞬时功率用小写字母 p 表示。任一瞬时，电阻元件上的瞬时功率总等于电压瞬时值与电流瞬时值的乘积，即

$$\begin{aligned}p&=ui=\sqrt{2}U\sin(\omega t+\varphi_u)\times\sqrt{2}I\sin(\omega t+\varphi_i)\\&=2UI\frac{1-\cos2(\omega t+\varphi_u)}{2}=UI[1-\cos2(\omega t+\varphi_u)]\end{aligned} \quad (4\text{-}18)$$

由式(4-18)可知，瞬时功率在变化过程中始终大于或等于零，即 $p\geqslant0$，说明电阻元件总是在吸收功率，它将电能转换为热能散发出来，是一个耗能元件。

电阻元件的电压、电流波形与功率波形如图4-32所示。

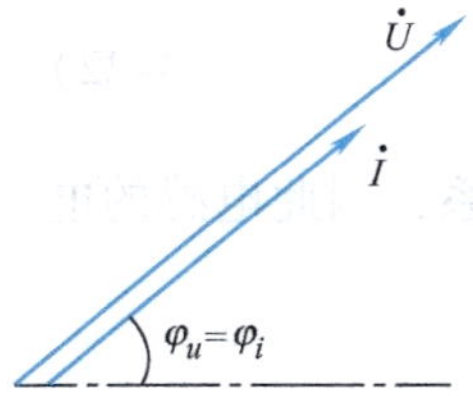

图 4-31　电阻元件电压与电流相量图

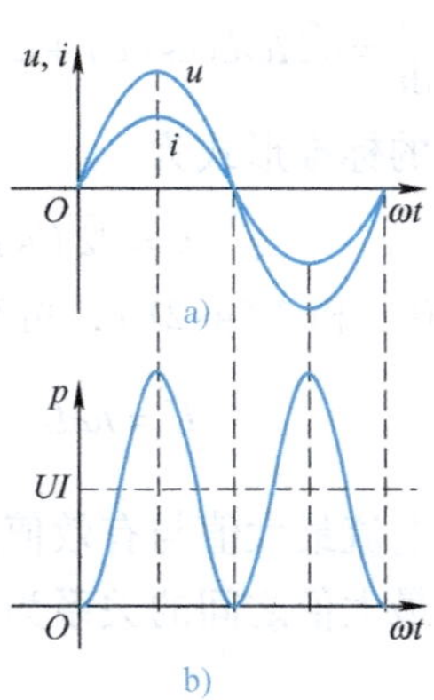

图 4-32　电阻元件的电压、电流波形与功率波形

瞬时功率时刻在变化，不便计算，通常都是计算一个周期内消耗功率的平均值，即平均功率，又称为有功功率，用大写字母 P 来表示。电阻元件上平均功率为

$$P=UI=I^2R=\frac{U^2}{R} \tag{4-19}$$

平均功率的单位为瓦特，简称为瓦（W），工程上的常用单位还有千瓦（kW）。一般用电器上所标的功率，如电灯的功率为25W、电炉的功率为1000W、电阻的功率为1W等，都是指平均功率。

【例 4-6】　一个灯泡的阻值 $R=1\text{k}\Omega$，通过该灯泡的电流 $i=5\sqrt{2}\sin(314t+120°)\text{mA}$，求：（1）灯泡两端的电压有效值 U 和电压的瞬时值表达式 u；（2）画出电压、电流的相量图。

解：设灯泡上电压和电流的参考方向为关联参考方向。

（1）根据电流的瞬时值表达式可知：$I=5\text{mA}$

灯泡两端的电压有效值为 $U=IR=5\text{mA}\times1\text{k}\Omega=5\text{V}$

电压的瞬时值表达式为 $u=5\sqrt{2}\sin(314t+120°)\text{V}$

（2）相量图如图 4-33 所示。

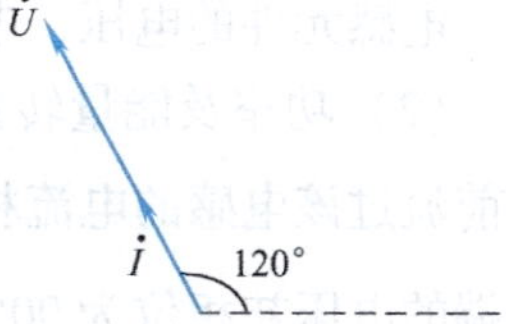

图 4-33　例 4-6 题相量图

【例 4-7】　已知电炉的电阻丝 R 为 1000Ω，通过电炉的电流 $i=1.41\sin(\omega t-30°)\text{A}$，求：（1）电阻丝的电压 U 及 u；（2）电阻丝消耗的功率 P。

解：（1）

$$U=IR=\frac{1.41}{\sqrt{2}}\times1000\text{V}=1000\text{V}$$

$$u=1000\sqrt{2}\sin(\omega t-30°)\text{V}$$

（2）

$$P=UI=1000\times\frac{1.41}{\sqrt{2}}\text{W}=1000\text{W}$$

2. 电感元件的正弦交流电路

（1）电压与电流关系　设电感 L 中通过正弦电流，其参考方向如图 4-34 所示。$i=\sqrt{2}I\sin(\omega t+\varphi_i)$，根据式 $u=L\dfrac{\text{d}i}{\text{d}t}$可得

$$u = L\frac{\mathrm{d}i}{\mathrm{d}t} = \sqrt{2}I\omega L\cos(\omega t + \varphi_i) = \sqrt{2}I\omega L\sin(\omega t + \varphi_i + 90^\circ) \tag{4-20}$$

而正弦电压的标准形式为

$$u = \sqrt{2}U\sin(\omega t + \varphi_u) \tag{4-21}$$

比较式(4-20) 和式(4-21)，可知电压和电流有效值之间的关系式为

$$U = I\omega L \quad 或 \quad I = \frac{U}{\omega L} \tag{4-22}$$

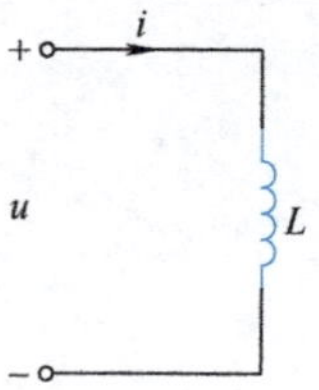

图 4-34 电感交流电路

由于电压、电流最大值与有效值之间都有$\sqrt{2}$倍的关系，因此电感的电压最大值和电流最大值之间的关系为

$$U_m = I_m\omega L \quad 或 \quad I_m = \frac{U_m}{\omega L} \tag{4-23}$$

电感元件的电压和电流的初相位关系为

$$\varphi_u = \varphi_i + 90^\circ \tag{4-24}$$

电感元件的电压和电流的相量关系为

$$\dot{U} = \mathrm{j}\omega L\dot{I} \quad 或 \quad \dot{I} = \frac{\dot{U}}{\mathrm{j}\omega L} = \frac{\dot{U}}{\mathrm{j}X_L} \tag{4-25}$$

式中，X_L 为感抗，反映了电感对电流的阻碍作用，单位为 Ω，有

$$X_L = \omega L = 2\pi fL \tag{4-26}$$

由式(4-25) 可知，当 U 一定时，X_L 越大，I 越小。式(4-26)表明，当$f=0$（即直流电）时，$X_L=0$，电感相当于短路；当 L 一定时，X_L 与 f 成正比，f 越大，X_L 越大，当$f\to\infty$ 时，$X_L\to\infty$，即电感相当于开路。所以，电感具有通直流隔交流的作用。

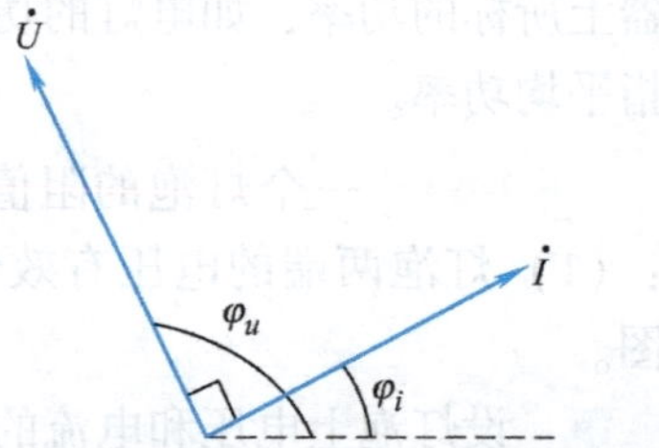

图 4-35 电感元件电压与电流相量图

电感元件的电压、电流相量图如图 4-35 所示。

(2) 功率及能量转换　由于电感两端的电压相位超前流过该电感的电流相位 90°，所以，设电流初相位为零，即设 $i = \sqrt{2}I\sin\omega t$，则电感元件两端的电压初相位为 90°，其表达式为 $u = \sqrt{2}U\sin(\omega t + 90^\circ)$。根据功率的定义可知，电感元件瞬时消耗的功率由电感元件上瞬时电压与瞬时电流相乘所得，即瞬时功率为

$$p_L = ui = \sqrt{2}U\sin(\omega t + 90^\circ) \times \sqrt{2}I\sin\omega t = UI\sin2\omega t$$

电感上的瞬时功率波形如图 4-36b 所示，在第 1 个和第 3 个 1/4 周期内瞬时功率大于零，电感元件从电源吸收电能，在第 2 个和第 4 个 1/4 周期内瞬时功率小于零，电感元件释放电能。在吸收电能的过程中，电感元件把电能转换为磁场能，储存在电感中；在释放电能的过程中，电感元件把储存在电感中的磁场能释放出来重新转换为电能并返回给电源。此后的每个周期都重复上述过程。

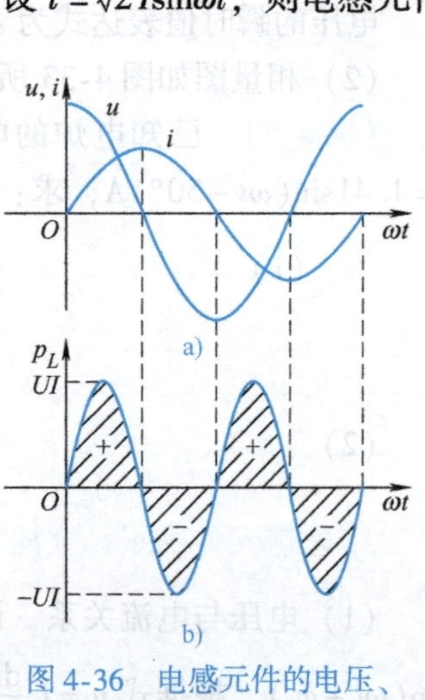

图 4-36 电感元件的电压、电流波形与功率波形

由图 4-36b 可知，电感元件在一个周期内消耗瞬时功率的

平均值为零，即纯电感元件不消耗能量。

电感元件虽然不消耗能量，但它与电源之间的能量交换客观存在。在电工技术中，通常用电感元件与电源交换能量的最大速率来描述，定义为无功功率，由电压和电流有效值的乘积计算得，用 Q_L 表示。无功功率为

$$Q_L = UI = I^2 X_L = \frac{U^2}{X_L} \tag{4-27}$$

无功功率的基本单位为乏尔，简称乏（var），常用单位还有千乏（kvar）。

【例 4-8】　已知通过线圈的电流 $i = 10\sqrt{2}\sin(314t)$ A，线圈的电感 $L = 70$mH（电阻忽略不计）。设电流 i、外加电压 u 为关联参考方向，试计算在 $t = T/6$ 时刻的电流、电压的瞬间数值，并画出相量图。

解：线圈的感抗为 $X_L = \omega L = 314 \times 70 \times 10^{-3}\Omega \approx 22\Omega$

由电流的瞬时表达式可得 $\omega = 314$rad/s，$f = 50$Hz，$T = 0.02$s。

当 $t = T/6$ 时，瞬时电流 $i = 10\sqrt{2}\sin(314t)\text{ A} = 10\sqrt{2}\sin\left(314 \times \frac{0.02}{6}\right)\text{A} \approx 12.30\text{A}$

$$U_m = I_m X_L = 14.14 \times 22\text{V} \approx 311\text{V}$$

瞬时电压 $u = U_m \sin\left(314t + \frac{\pi}{2}\right) = 311\sin\left(314 \times \frac{0.02}{6} + \frac{\pi}{2}\right)\text{V} = 155.5\text{V}$

电感上电压电流的相量图如图 4-37 所示。

图 4-37　例 4-8 相量图

【例 4-9】　利用例 4-8，把 $L = 70$mH（电阻忽略不计）的线圈接在电压为 220V 频率为 50Hz 的交流电路中，求电感的无功功率。

解：由例 4-8 可知，$X_L = 22\Omega$，电源电压 $U = 220$V，线圈的无功功率为 $Q_L = U^2/X_L = (220 \times 220/22)\text{ var} = 2200\text{var}$

3. 电容元件的正弦交流电路

(1) 电压与电流关系　设电容元件两端所加正弦交流电压 $u = \sqrt{2}U\sin(\omega t + \varphi_u)$，参考方向如图 4-38 所示，根据公式 $i = C\frac{\mathrm{d}u}{\mathrm{d}t}$可得

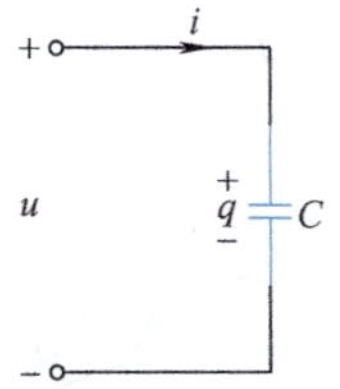

图 4-38　电容交流电路

$$\begin{aligned} i &= C\frac{\mathrm{d}u}{\mathrm{d}t} = \sqrt{2}\omega CU\cos(\omega t + \varphi_u) \\ &= \sqrt{2}\omega CU\sin(\omega t + \varphi_u + 90°) \end{aligned} \tag{4-28}$$

由于电流 i 的标准形式为

$$i = \sqrt{2}I\sin(\omega t + \varphi_i) \tag{4-29}$$

比较式(4-28) 和式(4-29) 可得，电压与电流有效值之间的关系式为

$$I = \omega CU \quad 或 \quad U = \frac{1}{\omega C}I \tag{4-30}$$

由于电压、电流的最大值与有效值之间都是$\sqrt{2}$倍的关系，所以电压最大值和电流最大值之间的关系为

$$I_m = \omega CU_m \quad 或 \quad U_m = \frac{1}{\omega C}I_m \tag{4-31}$$

电容元件的电压和电流的相位关系为

$$\varphi_i = \varphi_u + 90° \tag{4-32}$$

电容元件的电压和电流的相量关系为

$$\dot{I} = \mathrm{j}\omega C\dot{U} \quad 或 \quad \dot{U} = \frac{\dot{I}}{\mathrm{j}\omega C} = -\mathrm{j}X_C\dot{I} \tag{4-33}$$

式中，X_C 为容抗，反映了电容对电流的阻碍作用，单位为 Ω，可计算为

$$X_C = \frac{1}{\omega C} = \frac{1}{2\pi fC} \tag{4-34}$$

由式(4-33) 可知，当 U 一定时，X_C 越大，I 越小。式(4-34) 表明，当 $f=0$（即直流电）时，$X_C \to \infty$，电容相当于开路；当 C 一定时，X_C 与 f 成反比，f 越大，X_C 越小。所以，电容对高频电流的阻碍作用小，对低频电流的阻碍作用大。电容元件具有“通交流隔直流”的作用。

电容元件的电压、电流相量关系如图 4-39 所示。

（2）功率及能量转换　由于电容两端的电流相位超前电压相位 90°，所以，设电压初相位为零，即设 $u=\sqrt{2}U\sin\omega t$，则电容元件两端的电流初相位为 90°，其表达式为 $i=\sqrt{2}I\sin(\omega t + 90°)$，如图 4-40a 所示。根据功率的定义可知，电容元件瞬时消耗的功率由电容元件上瞬时电压与瞬时电流相乘所得，即瞬时功率为

$$p_C = ui = \sqrt{2}U\sin\omega t \times \sqrt{2}I\sin(\omega t + 90°) = UI\sin 2\omega t$$

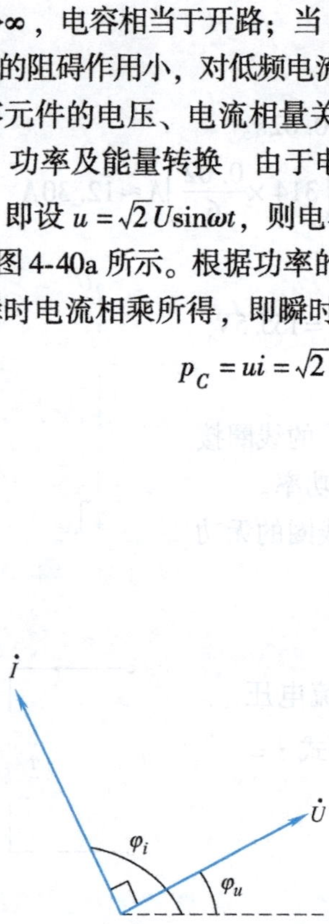

图 4-39　电容元件电压、电流相量关系

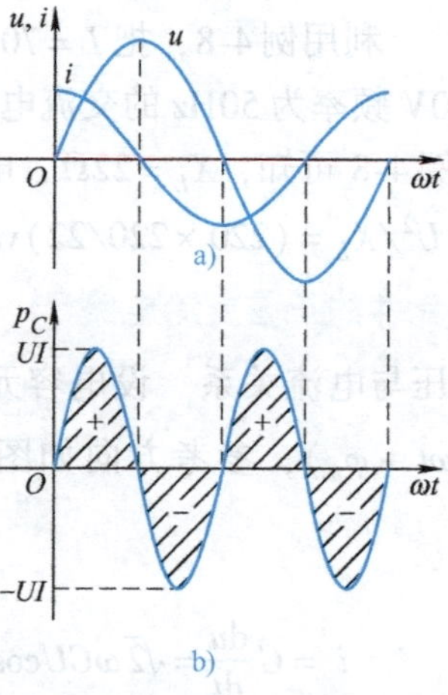

图 4-40　电容元件的电压、电流波形与功率波形

电容上的瞬时功率波形如图 4-40b 所示，在第 1 个和第 3 个 1/4 周期内瞬时功率大于零，电容元件从电源吸收电能，在第 2 个和第 4 个 1/4 周期内瞬时功率小于零，电容元件释放电能。在吸收电能的过程中，电容元件把电能转换为电场能，储存在电容中；在释放电能的过程中，电容元件把储存在电容中的电场能释放出来重新转换为电能并返回给电源。在此后的每个周期中都重复上述过程。

由图 4-40b 可知，电容元件在一个周期内消耗瞬时功率的平均值为零，即纯电容元件不消耗能量。

电容元件虽然不消耗能量，但它与电源之间的能量交换客观存在。在电工技术中，通常用瞬时功率的幅值来衡量电容元件与电源之间能量交换的规模，即用无功功率来衡量。无功

功率用 Q_C 表示。无功功率为

$$Q_C = UI = I^2X_C = \frac{U^2}{X_C} \tag{4-35}$$

无功功率的基本单位为乏尔，简称乏（var），常用单位还有千乏（kvar）。

【例 4-10】 已知 $C=10\mu F$ 的电容，接在 $u=220\sqrt{2}\sin(100t+30°)V$ 的电压上，电压与电流的参考方向相同，求流过电容的电流 i 和 X_C，并画出相量图。

解：将电压用相量形式表示为

$$\dot{U}=220\angle 30°V$$

则可求得

$$X_C=\frac{1}{\omega C}=\frac{1}{100\times 10\times 10^{-6}}\Omega=10^3\Omega$$

$$\dot{I}=\frac{\dot{U}_C}{-jX_C}=\frac{220\angle 30°}{10^3\angle -90°}A=0.22\angle 120°A$$

$$i=0.22\sqrt{2}\sin(100t+120°)A$$

相量图如图 4-41 所示。

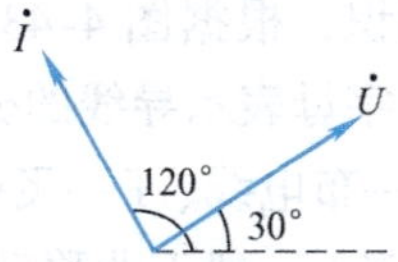

图 4-41　例 4-10 题相量图

【例 4-11】 求例 4-10 中电容的无功功率。

解：由例 4-10 题意可知，电压 $U=220V$。

由电容的电流 i 可知，电流有效值 $I=0.22A$。

电容的无功功率为 $Q_C=UI=220\times 0.22var=48.4var$

另一种解题方法：$Q_C=\frac{U^2}{X_C}=\frac{220^2}{10^3}var=48.4var$

任务实施与评价一

一、任务描述

按照维修电工岗位标准的要求，完成单股等径导线（$2.5mm^2$）的 T 形连接和多股等径导线（$4mm^2$）的 T 形连接。

二、任务要求

1）学会正确使用电工通用工具。

2）掌握单股等径导线（$2.5mm^2$）与多股等径导线（$4.0mm^2$）的 T 形连接。

3）掌握导线恢复绝缘的处理方法。

三、实施步骤

1. 导线的认识

导线根据绝缘处理的不同，可以分为裸线、电磁线、绝缘电线电缆和通信导线等，如图 4-42所示。

2. 导线的命名

a) 裸线

b) 电磁线

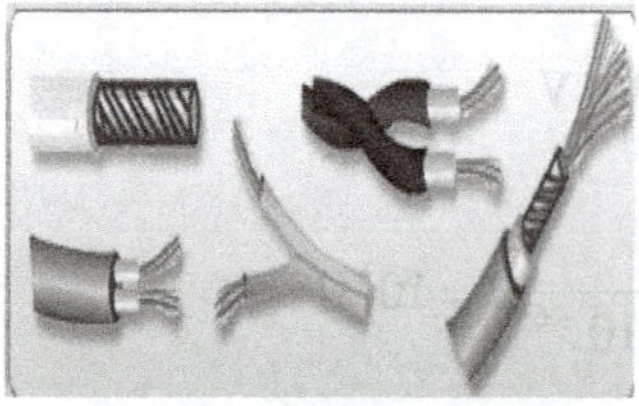

c) 绝缘电线电缆

d) 通信导线

图 4-42　导线的认识

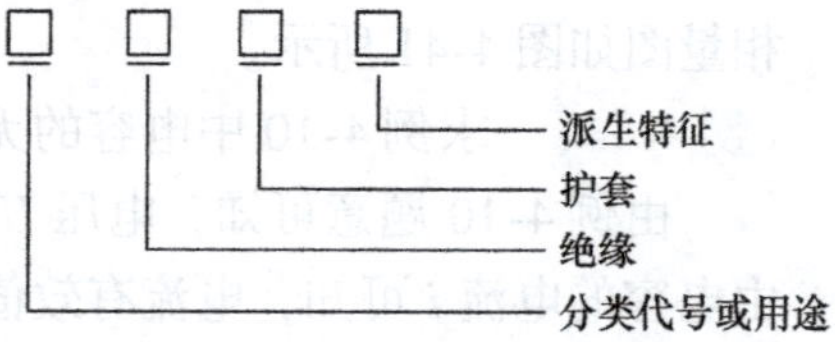

图 4-43　导线的命名

通常，在导线外包装或导线的绝缘层可见一串文字标识，根据图 4-43 所示的导线命名说明可知：第一个字母表示导线的分类代号或用途（A—安装线缆、B—布电线、F—飞机用低压线、R—日用电器用软线、Y——般工业移动电器用线、T—天线）；第二个字母表示导线的绝缘材料（V—聚氯乙烯、F—氟塑料、Y—聚乙烯、X—橡胶、ST—天然丝、B—聚丙烯、SE—双丝包）；第三个字母表示带护套线的导线护套层的材料（V—聚氯乙烯、H—橡套、B—编织套、L—蜡克、N—尼龙套、SK—尼龙丝）；第四个字母表示导线的派生特性（P—屏蔽、R—软、S—双绞、B—平行、D—带形、T—特种）。

本任务使用的单股 2.5mm^2 导线，在其绝缘层处可见 BV2.5 标识，可知此导线为布电线，绝缘层材料为聚氯乙烯，导线截面积为 2.5mm^2。多股 4.0mm^2 导线，在导线的绝缘层处可见 BVR4.0 标识，可知此导线为布电线，绝缘层材料为聚氯乙烯，多股软导线，总截面积为 4.0mm^2。

3. 单股等径导线的 T 形连接

1）截面积在 4.0mm^2 及以下的塑料硬导线一般用钢丝钳或剥线钳进行绝缘层的剖削。第一步，用左手捏住导线，按连接所需长度在需剖削线头处，用钢丝钳刀口轻轻切破绝缘层，但不可切伤线芯。第二步，用左手拉紧导线，右手握住钳头部用力向外勒去绝缘层。操作中注意，在勒去绝缘层时，不可在钢丝钳刀口处加剪切力，否则会切伤线芯，如图 4-44 所示。

2）剥削导线绝缘层的长度为：剥离的干线线芯为 35～40mm，支线线芯为 150mm，不得伤及线芯。

3）用 0#砂纸清洁导线表面氧化层。

4）将支路芯线的线头与干线芯线十字相交，如图 4-45a 所示。在支路芯线根部留出 5mm，然后顺时针方向缠绕 6～8 圈，如图 4-45b 所示。

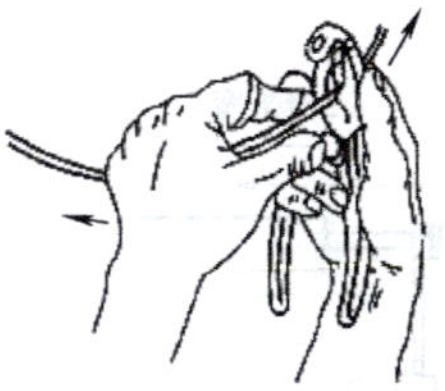

图 4-44　用钢丝钳进行绝缘层的剖削

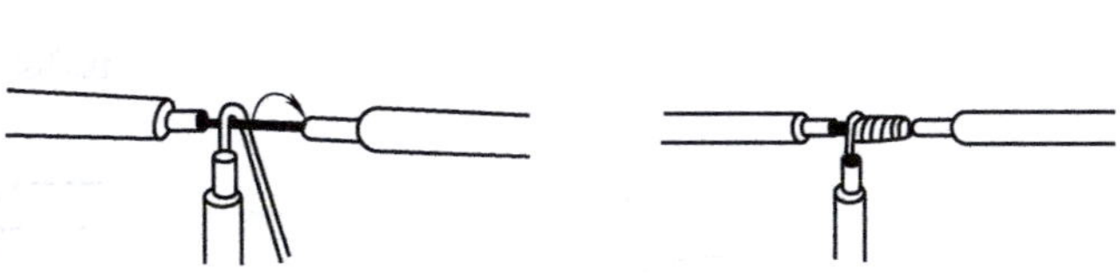

a)　　b)

图 4-45　单股等径导线的 T 形连接

5）用钢丝钳切去余下的芯线，并钳平芯线末端。

4. 多股等径导线的 T 形连接

1）塑料软导线绝缘层的剖削除用剥线钳外，仍可用钢丝钳直接剖削截面积为 4.0mm^2 及以下的导线，方法与用钢丝钳剖削塑料硬线绝缘层相同。

2）用 0#砂纸清洁导线表面氧化层。

3）以 7 股铜芯线为例。将分支芯线散开并拉直，再把紧靠绝缘层 1/8 线段的芯线绞紧，把剩余 7/8 的芯线分成两组，一组 4 根，另一组 3 根，排齐。用螺钉旋具把干线的芯线撬开分为两组，再把支线中 4 根芯线的一组插入干线芯线中间，把 3 根芯线的一组放在干线芯线的前面，如图 4-46a 所示。

4）把 3 根线芯的一组在干线右边按顺时针方向紧紧缠绕 3～4 圈，并钳平线端；把 4 根芯线的一组在干线的左边按逆时针方向缠绕 4～5 圈，如图 4-46b 所示。

5）用钢丝钳切去余下的芯线，并钳平芯线末端，如图 4-46c 所示。

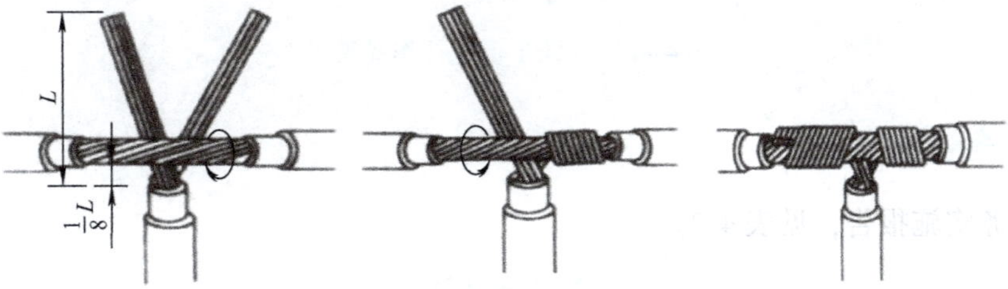

a)　　b)　　c)

图 4-46　多股等径导线的 T 形连接

5. 导线的绝缘处理

导线进行绝缘处理时，应让绝缘胶带与导线成 55°左右的倾斜角开始缠绕，每圈压叠带宽的 1/2，如图 4-47a 所示。走一个 T 字形的来回，使得每根导线上都包缠两层绝缘胶带，每根导线都应包缠到完好绝缘层两倍胶带宽度处，如图 4-47b 所示。

四、注意事项

1）选用合适的剥线工具：线径在 4.0mm^2 及以下的塑料导线一般用钢丝钳或剥线钳进行绝缘层的剖削，禁止使用美工刀进行导线绝缘层的剥削。

2）剥削导线绝缘层后的裸露部分，一定要用砂纸做好去氧化层的处理。

3）支、干导线接触紧密、稳定性要好，接触电阻小。

4）接头的绝缘强度与导线的绝缘强度应尽量保持一致。

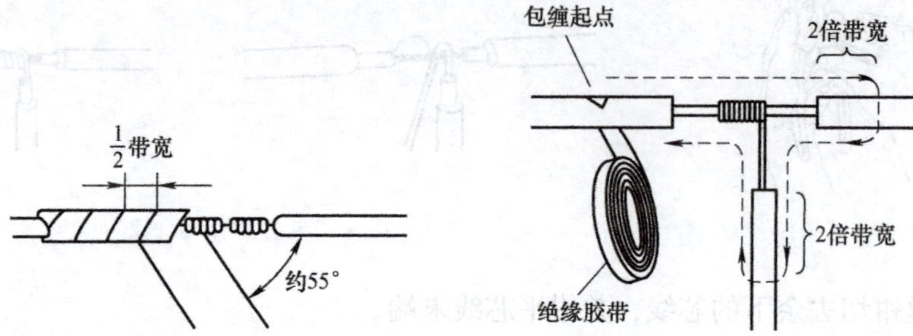

a) 绝缘胶带的缠绕方式　　b) T形连接时，绝缘胶带T形缠绕路径

图 4-47　导线的绝缘处理

图 4-48 所示为导线 T 形连接的学生作品展示。

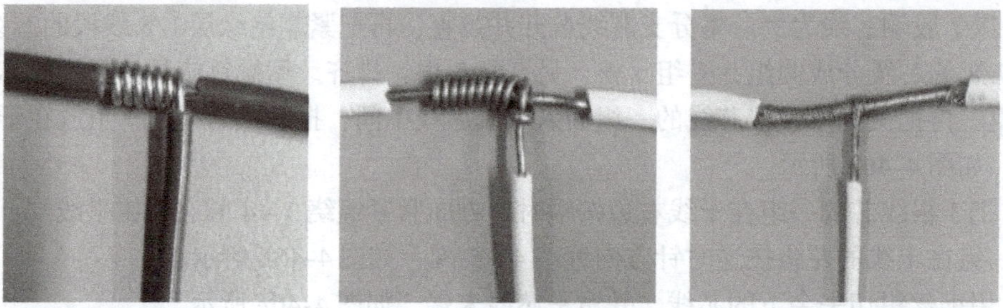

a) 单股等径导线不打结连接　　b) 单股等径导线打结连接　　c) 多股等径导线连接

图 4-48　导线 T 形连接作品展示

五、任务实施报告

填写任务实施报告，见表 4-3。

表 4-3　任务实施报告

任务名称	等径导线的 T 形连接	学时	4 学时	日期	
组员					
成绩评定	实操测评（90%）			线上测评（10%）	
	自评：　　互评：　　教师评定：				
任务要求	1）学会正确使用电工通用工具 2）掌握单股等径导线（$2.5mm^2$）与多股等径导线（$4.0mm^2$）的 T 形连接 3）掌握导线恢复绝缘的处理方法				
工具、仪表与器材	1）单股等径导线（$2.5mm^2$）若干、多股等径导线（$4.0mm^2$）若干、砂纸、绝缘胶带 2）通用电工工具 1 套				

（续）

技术文档	1）简述单股等径导线的T形连接操作步骤 2）简述多股等径导线的T形连接操作步骤
任务总结	简述导线的T形连接方法可以用在哪些地方？

六、评价标准

评价标准见表4-4。

表4-4　评价标准

评价项目		配分	考核内容及评分标准	评分
职业素养（20分）	6S基本要求	10	1. 着装不整齐、不规范，不穿戴相关防护用品等，每项扣2分 2. 工具、仪表、材料、作品摆放不整齐，每项扣2分 3. 操作完成后未清理、清扫施工现场，扣5分	
	安全操作	10	浪费耗材，不爱惜工具，扣3分；损坏工具、仪表扣本大项的20分；发生严重违规操作，取消操作成绩	

（续）

评价项目		配分	考核内容及评分标准	评分
操作过程与规范（40分）	电工工具和仪表的选用	6	正确选用电工工具和仪表。工具和仪表选择不当，使用方法不正确、使用过程造成损伤，每项扣3分	
	导线剥削	6	剥削导线的绝缘层。损伤导线线芯、伤及人身，每项扣3分	
	导线连接	18	按照导线连接的标准程序进行连接。连接工序、连接位置、缠绕方法不当，每项扣3分	
	绝缘处理	10	导线连接完成后，对连接处进行绝缘包扎。绝缘胶带缠绕位置或圈数不当，每项扣3分	
实作结果及质量（40分）	质量	15	导线连接的质量达标。导线缠绕位置不准确、导线缠绕圈数不当、绝缘胶带缠绕压接不准确，每项扣5分	
	工艺	15	导线连接的工艺符合要求。导线剥削不整齐、有毛刺、导线缠绕不规则、绝缘胶带缠绕不整齐等，每项扣3分	
	技术文档	10	按要求填写相关技术文件。少写一个技术文件扣5分，填写内容错误每项扣2分	

任务实施与评价二

一、任务描述

按照维修电工岗位标准的要求，完成普通荧光灯电路的安装与调试。

二、任务要求

1）掌握荧光灯电路的组成、工作原理及接线。

2）提高学生对交流电路中的相量、电流、电压、功率等知识的理解及综合运用能力。

三、实施步骤

1. 准备工作

工具准备：数字万用表、测电笔、剥线钳、导线、绝缘胶带、荧光灯管、辉光启动器、镇流器、开关、通用电工工具等。

2. 元器件检查

根据荧光灯电路组成（见图4-26）清点好各元器件，并根据测量开关、镇流器、灯管的电阻值大小，判断它们的好坏。

3. 荧光灯电路的接线步骤

1）组装灯架：根据荧光灯管的长度，固定灯座，制作出与荧光灯管配套的灯架。

2）连接电路：对照电路图（见图4-26），将镇流器、辉光启动器底座、灯座等用导线进行连接。

装接电路的顺序：从上到下，从左到右，上进下出，左进右出，先串后并。

装接电路的工艺要求：横平竖直，拐弯成直角，少用导线少交叉，多线并拢一起走。

3）通电试用：将辉光启动器旋入底座、荧光灯管装入灯座，按白炽灯的安装方法将开关进行接线。接线完毕，要对照电路图详细检查，用万用表检查电路情况，无误后方可合上开关进行通电操作。

4. 荧光灯常见故障及其排除

（1）灯管完全不发光　遇到这种情况可以按以下步骤检查：先启动室内其他灯具，看电路供电是否正常，电路供电正常→用测电笔检查开关接线柱，看接触是否良好→用双手把灯管两端的灯座按几下或转动灯管，检查灯座与灯管管脚接触是否良好→转动辉光启动器，检查辉光启动器与辉光启动器座的接触性能好不好→辉光启动器脚的表面有没有过厚的氧化层，若有就刮去氧化层→元器件间的接线是否完好→调换辉光启动器或灯管→调换整流器。

（2）灯管两端闪跳，不能正常发光　发生这种现象，有以下几种可能：①整个电路的电压不足，此时可以开亮室内其他灯具，如发现灯光比平时暗，则可确定是电路电压不足，待供电正常后，就会恢复正常；②辉光启动器发生故障，这时可换新的辉光启动器；③天气寒冷，室内温度太低，灯管起跳困难，这时可以用热毛巾在灯管中部来回贴烫（千万不能用湿毛巾接触灯管两端铝壳，以防触电），灯管就能正常发光。

（3）灯管两端明显发红，不多久又自动熄灭，连续数次后完全不发光　发生这种情况，一般有两种可能：一是使用日久的灯管，从两端逐渐发黑，到最后透红，有一个渐变的过程，基本上是灯管老化，灯丝即将烧断的前兆，调换灯管就能排除故障；二是灯管使用一直正常，突然发生上述现象，大都是镇流器发生故障造成的，调换镇流器即可。

四、注意事项

1）搭建电路前，正确检查各元器件的结构与功能完好性。

2）电路搭建完后，在断电情况下，用万用表检测电路搭建的正确性。

3）确保电路搭建的工艺性要求。

4）通电检测时，必须有指导老师在现场监护，同时做到安全文明生产。

5）任务结束后，先断开网孔板上的各种开关，再断开低压断路器，再关闭网孔板外交流电源总闸；最后拆卸电路，整理恢复工位。

五、任务实施报告

填写任务实施报告，见表4-5。

表4-5　任务实施报告

任务名称	普通荧光灯电路安装与调试	学时	4学时	日期	
组员					
成绩评定	实操测评（90%）			线上测评（10%）	
	自评：　　　互评：　　　教师评定：				

（续）

任务要求	1）掌握荧光灯电路的组成、工作原理及接线 2）提高学生对交流电路中的电流、电压、功率等知识的理解及综合运用能力
工具、仪表与器材	1）数字万用表1块 2）测电笔、剥线钳、导线、绝缘胶带、荧光灯管、辉光启动器、镇流器、开关、塑料线卡若干、护套线若干 3）通用电工工具1套
技术文档	画出普通荧光灯电路安装原理图
任务总结	简述荧光灯电路中辉光启动器、镇流器的作用

六、评价标准

评价标准见表4-6。

表4-6　评价标准

评价项目		配分	考核内容及评分标准	评分
职业素养（20分）	6S基本要求	10	1. 着装不整齐、不规范，不穿戴相关防护用品等，每项扣2分 2. 工具、仪表、材料、作品摆放不整齐，每项扣2分 3. 操作完成后未清理、清扫施工现场，扣5分	
	安全操作	10	浪费耗材，不爱惜工具，扣3分；损坏工具、仪表扣本大项的20分；发生严重违规操作，取消操作成绩	
实操结果及质量（50分）	质量	30	1. 能正确布线、工艺美观、符合安全要求，元器件、导线排列整齐，不松动，不压线。每错一处扣3分 2. 灯具、开关、辉光启动器、镇流器的安装符合安全用电规范。即相线一定要进开关，中性线不能进熔断器和开关，每错一处扣3分。 3. 荧光灯管能正常发光，发光异常时能正确进行故障定位与排除。每错一处扣3分	
	工艺	10	护套线应敷设得横平竖直，不松弛、不扭曲、不可损坏护套层，按工艺要求进行布线。每错一处扣2分	
	技术文件	10	按要求填写相关技术文件。填写内容错误每项扣2分	
操作过程与检测结果（30分）	操作过程及规范	15	根据行业相关标准及规范操作。操作工序、操作规范等每错一处扣3分	
	操作结果检测	15	正确进行操作结果的检测。结果检测方法不当、检测结果错误，每项扣3分	

任务三　*RLC* 正弦稳态电路分析

知识目标

1）掌握 *RLC* 串联电路的特性与计算方法。

2）掌握串联谐振及其应用。

3）了解阻抗的串联计算。

4）了解 *RLC* 并联电路的特性及其计算。

能力目标

1）掌握 *RLC* 串联电路的设计。

2）掌握 *RLC* 正弦稳态电路参数及测量。

遵规程，保安全

电工安全操作规程——下班前的收尾工作

下班前的收尾工作：①下班前清理好现场，擦净仪器和工具上的油污和灰尘，并放到规定位置或归还工具室；②下班前要断开电源总开关，防止电气设备起火造成事故；③修理后的电器应放在干燥、干净的工作场地，并摆放整齐；④做好检修电气设备后的故障记录，积累修理经验。

任务导入

绝大多数工程应用（如变压器的耐压测试、收音机的调台、电路的去干扰处理等）离不开 *RLC* 正弦稳态交流电路，下面对此类电路进行系统介绍。

知识链接

一、*RLC* 串联交流电路分析

由电阻、电容、电感串联构成的正弦交流电路称为 *RLC* 串联交流电路。

1. *RLC* 串联电路

RLC 串联交流电路如图 4-49a 所示，电压、电流设为关联参考方向，根据基尔霍夫电压定律，可得到回路中的电压瞬时值关系为

$$u = u_R + u_L + u_C$$

相量关系为

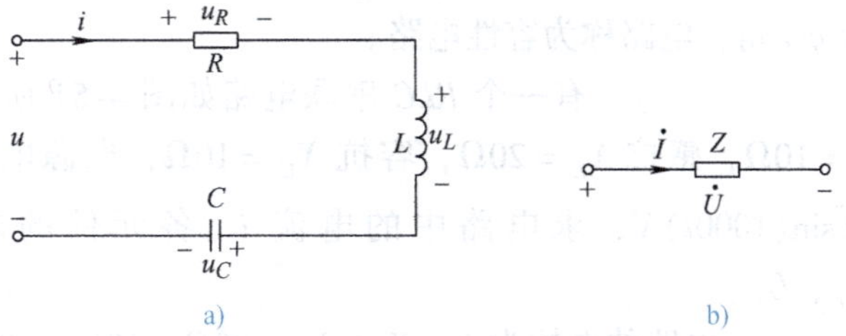

图 4-49　*RLC* 串联交流电路

$$\dot{U}=\dot{U}_R+\dot{U}_L+\dot{U}_C$$

由电阻、电容、电感元件的电压、电流相量关系可得

$$\begin{aligned}\dot{U}&=\dot{I}R+\mathrm{j}X_L\dot{I}-\mathrm{j}X_C\dot{I}\\&=\dot{I}[R+\mathrm{j}(X_L-X_C)]\\&=\dot{I}(R+\mathrm{j}X)\\&=\dot{I}Z\end{aligned} \tag{4-36}$$

即

$$\dot{U}=\dot{I}Z \quad 或 \quad \dot{I}=\frac{\dot{U}}{Z} \tag{4-37}$$

式(4-36) 为 *RLC* 串联交流电路的相量形式伏安关系，其中：

$$X=X_L-X_C \tag{4-38}$$

式(4-38) 中，X 为 *RLC* 串联电路的电抗，其值是感抗与容抗的差值，数值可正可负。

$$Z=R+\mathrm{j}X=|Z|\angle\varphi_Z \tag{4-39}$$

式(4-39) 中，Z 为 *RLC* 串联电路的复阻抗，简称阻抗。它是一个复数，实部 R 是电路中的电阻值，虚部 X 是电路的电抗，有

$$|Z|=\sqrt{R^2+X^2}=\sqrt{R^2+(X_L-X_C)^2} \tag{4-40}$$

$$\angle\varphi_Z=\arctan\frac{X}{R}=\arctan\frac{X_L-X_C}{R} \tag{4-41}$$

$|Z|$ 为电路复阻抗的大小，称为复阻抗的模；$\angle\varphi_Z$ 为电路复阻抗的阻抗角。在线性电路中，复阻抗 Z 仅取决于电路的参数和电源的频率，与电路中的电压、电流大小无关。交流电路中，复阻抗可用图 4-49b 所示的图形符号表示。复阻抗 Z 与电抗 X 的单位均为 Ω。

式(4-40) 和式(4-41) 的关系可以用阻抗三角形进行描述，如图 4-50 所示。

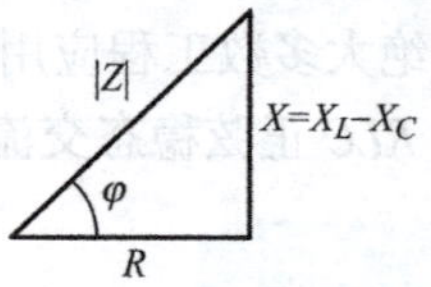

图 4-50　阻抗三角形

根据阻抗角的不同，*RLC* 串联交流电路会出现以下三种情况：

1）$\varphi_Z>0$，即 $X=X_L-X_C>0$ 时，电路中的电压超前电流 φ_Z 角，电路称为感性电路。

2）$\varphi_Z=0$，即 $X=X_L-X_C=0$ 时，电路中的电压与电流相位一致，电路称为阻性电路。

3）$\varphi_Z<0$，即 $X=X_L-X_C<0$ 时，电路中的电压滞后电流 φ_Z 角，电路称为容性电路。

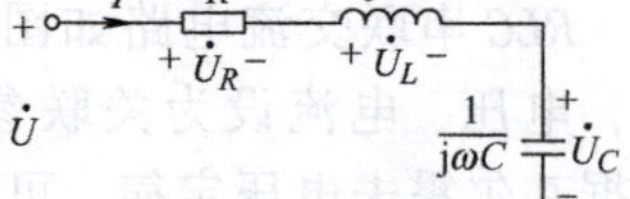

图 4-51　例 4-12 题图

【例 4-12】　有一个 *RLC* 串联电路如图 4-51 所示，电阻 $R=10\Omega$，感抗 $X_L=20\Omega$，容抗 $X_C=10\Omega$，电源电压 $u=50\sqrt{2}\sin(1000t)\,\mathrm{V}$，求电路中的电流 i、各元件的电压 U_R、U_L、U_C。

解： 电路的电抗为 $X=X_L-X_C=20\Omega-10\Omega=10\Omega$

$$Z = R + jX = (10 + j10)\Omega = 10\sqrt{2}\angle 45°\Omega,\ |Z| = 10\sqrt{2}\Omega$$

$$\dot{I} = \frac{\dot{U}}{Z} = \frac{50\angle 0°}{10\sqrt{2}\angle 45°}A = 2.5\sqrt{2}\angle -45°A,\ i = 5\sin(1000t - 45°)A$$

$$U_R = IR = 2.5\sqrt{2} \times 10V = 35.25V$$

$$U_L = IX_L = 2.5\sqrt{2}V \times 20V = 70.5V$$

$$U_C = IX_C = 2.5\sqrt{2} \times 10V = 35.25V$$

2. *RLC* 串联谐振

在 *RLC* 串联电路中，当总电压与总电流同相位时，电路呈阻性的状态称为串联谐振。

（1）串联谐振条件

$$U_L = U_C,\ X_L = X_C,\ \omega L = \frac{1}{\omega C}$$

（2）谐振角频率与频率

$$\omega = \frac{1}{\sqrt{LC}},\ f_0 = \frac{1}{2\pi\sqrt{LC}} \tag{4-42}$$

（3）谐振时的相量图（见图 4-52）

（4）串联谐振电路的特点

1）电路阻抗最小：$Z = R$。

2）电路中电流最大：$I_0 = U/R$。

3）总电压与总电流同相位，电路呈阻性。

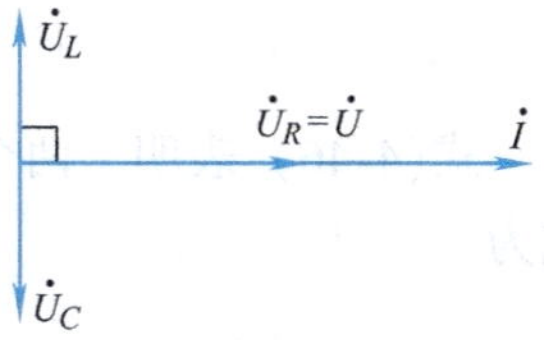

图 4-52　串联谐振相量图

4）电阻两端电压等于总电压，电感与电容两端电压大小相等，相位相反，且为总电压的 Q 倍，即

$$U_L = U_C = I_0X_L = I_0X_C,\ \frac{U}{R}X_L = \frac{X_L}{R}U = \frac{U}{R}X_C = \frac{X_C}{R}U = QU \tag{4-43}$$

式中，Q 称为电路的品质因数，其值为

$$Q = \frac{X_L}{R} = \frac{X_C}{R} = \frac{U_L}{U_R} = \frac{U_C}{U_R} = \frac{U_L}{U} = \frac{U_C}{U} \tag{4-44}$$

【例 4-13】　已知收音机的接收回路为 *RLC* 串联电路（见图 4-53）。其中，$R = 6\Omega$，$L_2 = 300\mu H$。现欲收听中央台第一套节目，试计算可变电容的调节范围。已知中央台第一套节目的发射频率为 525～1605kHz。

解：由 $f_0 = \frac{1}{2\pi\sqrt{L_2C}}$ 得

$$C = \frac{1}{(2\pi f_0)^2L_2}$$

若 $f_{01} = 525$kHz 时电路发生谐振，电容值应为

$$C = \frac{1}{(2 \times 3.14 \times 525 \times 10^3)^2 \times 300 \times 10^{-6}}F \approx 307pF$$

若 $f_{02} = 1605$kHz 时电路发生谐振，电容值应为

$$C = \frac{1}{(2 \times 3.14 \times 1605 \times 10^3)^2 \times 300 \times 10^{-6}}F \approx 32.8pF$$

所以，可变电容的范围为32.8 ~307pF。

3. 阻抗的串联

两个阻抗 Z_1 和 Z_2 串联的电路如图4-54所示，设 $\dot{I}$ 为流过电路的电流相量，由KVL相量形式可得

$$\dot{U}=\dot{U}_1+\dot{U}_2=\dot{I}\,(Z_1+Z_2) \tag{4-45}$$

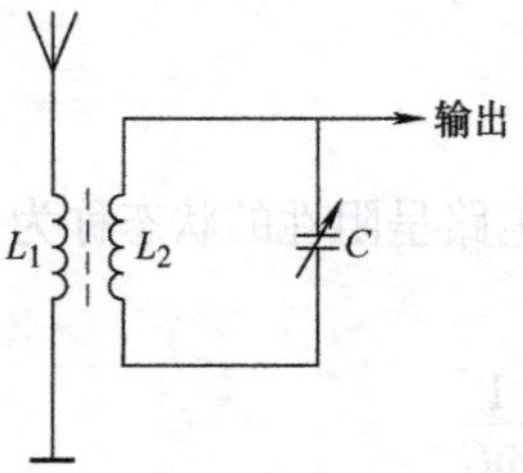

图4-53 收音机的接收电路

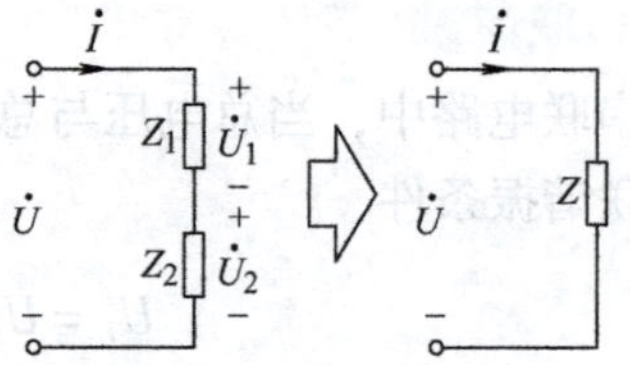

图4-54 阻抗的串联电路

串联电路的等效阻抗为

$$Z=\frac{\dot{U}}{\dot{I}}=Z_1+Z_2 \tag{4-46}$$

式(4-46)表明，两个阻抗串联后的等效阻抗等于各阻抗之和。由此可得阻抗的分压公式为

$$\dot{U}_1=\frac{Z_1}{Z}\dot{U}\,,\ \dot{U}_2=\frac{Z_2}{Z}\dot{U} \tag{4-47}$$

同理，如果有 n 个阻抗串联，其等效阻抗以及各阻抗的分压为

$$Z=\sum_{k=1}^{n}Z_k,\dot{U}_k=\frac{Z_k}{Z}\dot{U}=\frac{Z_k}{\sum\limits_{k=1}^{n}Z_k}\dot{U} \tag{4-48}$$

二、RLC并联交流电路分析

由电阻、电容、电感并联构成的正弦交流电路称为 *RLC* 并联交流电路。

1. RLC并联电路

在 *RLC* 并联交流电路中，电压、电流设为关联参考方向，如图4-55a所示，电路的相量模型如图4-55b所示。

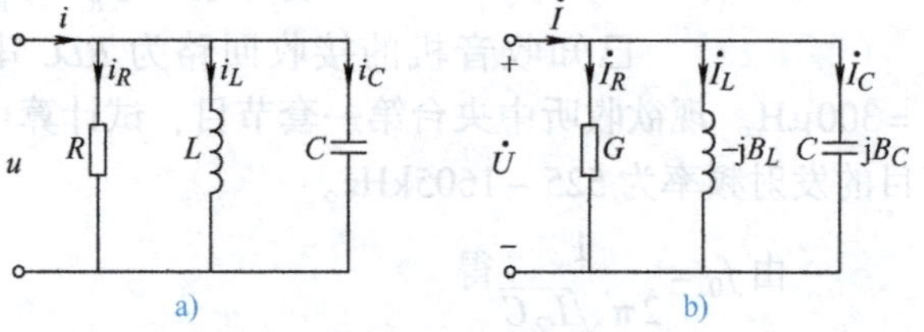

图4-55 *RLC* 并联电路

根据基尔霍夫电流定律可得电路中电流的相量关系为

$$\begin{aligned}\dot{I}&=\dot{I}_R+\dot{I}_L+\dot{I}_C\\&=\dot{U}\left(\frac{1}{Z_R}+\frac{1}{Z_L}+\frac{1}{Z_C}\right)\\&=\dot{U}(Y_R+Y_L+Y_C)\end{aligned} \tag{4-49}$$

式(4-49）中各元件阻抗的倒数称为导纳，用 Y 加下标表示。即电阻的导纳为 $Y_R=\frac{1}{Z_R}=\frac{1}{R}=G$，电感的导纳为 $Y_L=\frac{1}{Z_L}=\frac{1}{j\omega L}=-j\frac{1}{\omega L}=-jB_L$，电容的导纳为 $Y_C=\frac{1}{Z_C}=\frac{1}{-j\frac{1}{\omega C}}=j\omega C=jB_C$。

因此，式(4-49）可改写为

$$\begin{aligned}\dot{I}&=\dot{U}[G+j(B_C-B_L)]=\dot{U}[G+jB]=\dot{U}Y\\ Y&=\frac{\dot{I}}{\dot{U}}=G+jB\end{aligned}\tag{4-50}$$

式(4-50）中，Y 称为 RLC 并联电路的复导纳，反映电路中电流相量与电压相量之比，单位是西门子，简称西（S)。其中，实部 G 称为电导，虚部 B 称为电纳，它们的单位都是西（S)。

复导纳 Y 的模和导纳角 φ_Y 的计算以及与电导 G、电纳 B 有如下关系：

$$\left.\begin{aligned}&Y=|Y|\angle\varphi_Y\\ &|Y|=\frac{I}{U}=\sqrt{G^2+B^2}\\ &\angle\varphi_Y=\arctan\frac{B}{G}\\ &G=|Y|\cos\varphi_Y\\ &B=|Y|\sin\varphi_Y\end{aligned}\right\}\tag{4-51}$$

导纳三角形如图4-56 所示，根据导纳角的不同，RLC 并联交流电路会出现以下三种情况：

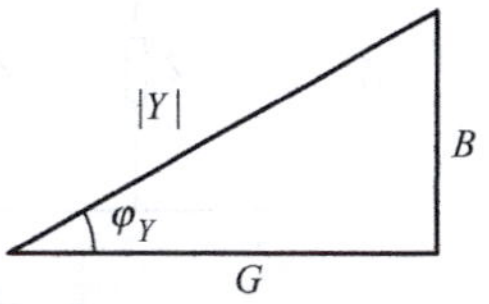

图 4-56　导纳三角形

1）$\varphi_Y>0$，即 $B=B_C-B_L>0$ 时，电路中的电流超前电压 φ_Y 角，电路称为容性电路。

2）$\varphi_Y=0$，即 $B=B_C-B_L=0$ 时，电路中的电压与电流相位一致，电路称为阻性电路。

3）$\varphi_Y<0$，即 $B=B_C-B_L<0$ 时，电路中的电流滞后电压 φ_Y 角，电路称为感性电路。

【例 4-14】 RLC 并联电路（见图4-55）中，已知 $R=5\Omega$，$L=10\text{mH}$，$C=2000\mu\text{F}$。接入电压 $U=120\text{V}$，频率 $f=50\text{Hz}$，试求：(1）总电流 $\dot{I}$；(2）判断电路的性质。

解：(1）设电压的初相位为0°，电路的导纳为 $Y=G+j(B_C-B_L)$，根据题意有

$$G=\frac{1}{R}=\frac{1}{5}\text{S}=0.2\text{S}$$

$$B_C=\omega C=2\pi fC=2\times3.14\times50\times2000\times10^{-6}\text{S}=0.628\text{S}$$

$$B_L=\frac{1}{\omega L}=\frac{1}{2\pi fL}=\frac{1}{2\times3.14\times50\times10\times10^{-3}}\text{S}=0.318\text{S}$$

$$Y=G+j(B_C-B_L)=[0.2+j(0.628-0.318)]\text{S}=(0.2+j0.31)\text{S}=0.37\angle57.2°\text{S}$$

$$\dot{I}=\dot{U}Y=0.37\angle 57.2°\times 120\angle 0°\text{A}=44.4\angle 57.2°\text{A}$$

(2) $B=B_C-B_L=0.31\text{S}>0$，该电路为容性电路。

2. 阻抗的并联

如图 4-57 所示，两个阻抗并联时，总阻抗与总导纳为

$$Z=\frac{Z_1Z_2}{Z_1+Z_2},\ Y=Y_1+Y_2$$

当电路由 n 个阻抗并联组成时，其等效导纳为

$$Y=Y_1+Y_2+\cdots+Y_n \tag{4-52}$$

各阻抗的电流分配与导纳成正比，分流公式的相量形式为

$$\dot{I}_k=\frac{Y_k}{Y}\dot{I}\ ,\ k=1,2,\cdots,n \tag{4-53}$$

式中，$\dot{I}$ 为并联电路的总电流；$\dot{I}_k$ 为第 k 个导纳 Y_k 上的电流。

【例 4-15】 如图 4-58 所示，已知 $\dot{I}_s=50\angle 60°\text{A}$，$R_1=8\Omega$，$R_2=4\Omega$，$X_L=3\Omega$，$X_C=3\Omega$，求 $\dot{I}_2$。

解：并联支路中各阻抗分别为

$$Z_C=-\text{j}X_C=-\text{j}3\Omega$$
$$Z_2=R+\text{j}X_L=(4+\text{j}3)\Omega$$

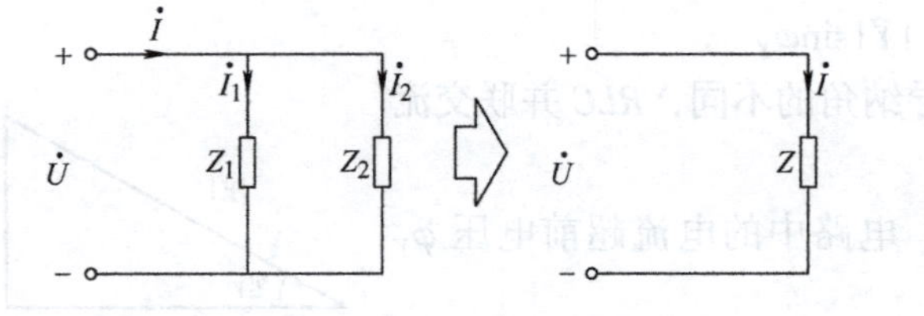

图 4-57 阻抗的并联

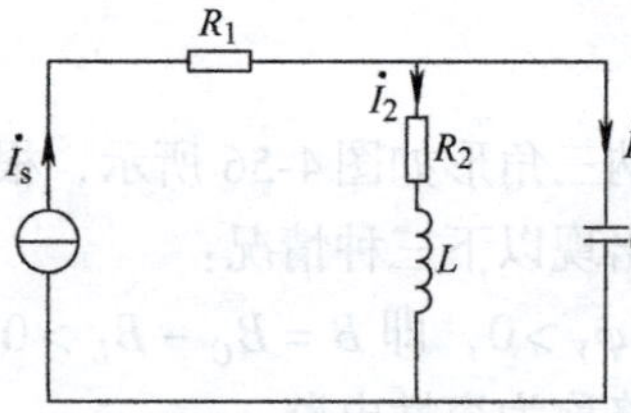

图 4-58 例 4-15 题图

根据分流公式，可得

$$\dot{I}_2=\frac{Y_2}{Y}\dot{I}=\frac{\frac{1}{Z_2}}{\frac{1}{Z_2}+\frac{1}{Z_C}}\dot{I}=\frac{Z_C}{Z_2+Z_C}\dot{I}=\frac{-\text{j}3}{4+\text{j}3-\text{j}3}\times 50\angle 60°\text{A}$$
$$=\frac{3\angle -90°}{4}\times 50\angle 60°\text{A}=37.5\angle -30°\text{A}$$

任务实施与评价

一、任务描述

通过对 RLC 正弦稳态电路参数的测量，正确理解正弦交流电路的基尔霍夫定律以及相量关系。

二、任务要求

1）正确使用数字万用表和正弦电流电压表和电流表。

2）掌握正弦稳态电路参数的测量方法。

3）正确理解正弦交流电路的基尔霍夫定律以及相量关系。

三、实施步骤

1. *RC* 串联电路特性的验证

在交流电路的任意闭合回路中，各元器件电压的相量形式和瞬时值形式满足 KVL，有

$$\dot{U} = \dot{U}_1 + \dot{U}_2 + \cdots + \dot{U}_n,\ u = u_1 + u_2 + \cdots + u_n$$

但是，电压有效值 U 不满足 KVL，即

$$U \neq U_1 + U_2 + \cdots + U_n$$

1）根据交流串联电路原理（见图 4-59），将任务所需的交流电源调至交流电压有效值 50V。

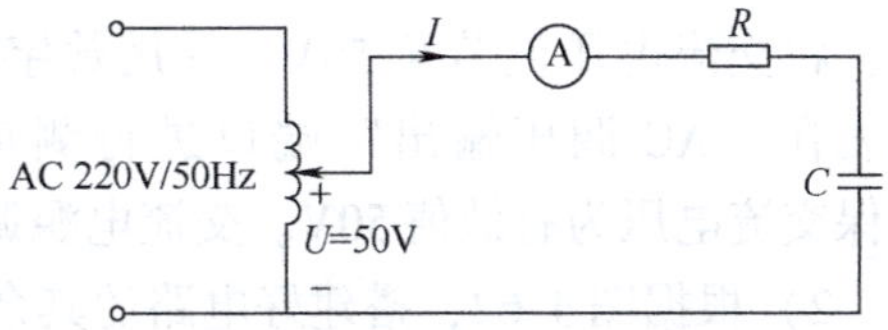

图 4-59　*RC* 交流串联电路

在电工技术实验装置中，将交直流可调电源（见图 4-60）的 AC/DC 指示切换按钮置于“高”位，即“交流（AC）”模式；打开“交流电源”开关，旋转黑色电压调节旋钮将交流电压有效值调节至 50V，并用数字万用表在“AC 调压输出”端口进行测量，确保交流电压为有效值 50V。交流电源调节完毕后，关闭“交流电源”开关。

2）根据图 4-59 搭建好电路的其余部分。

3）电路搭建正确后，测量电阻与电容元件两端电压以及电路中的电流值。测量电流时，将真有效值交流电流表（见图 4-61a）串联于电路中；测量电压时，将真有效值交流电压表（见图 4-61b）并联于被测元器件两端。

图 4-60　交直流可调电源

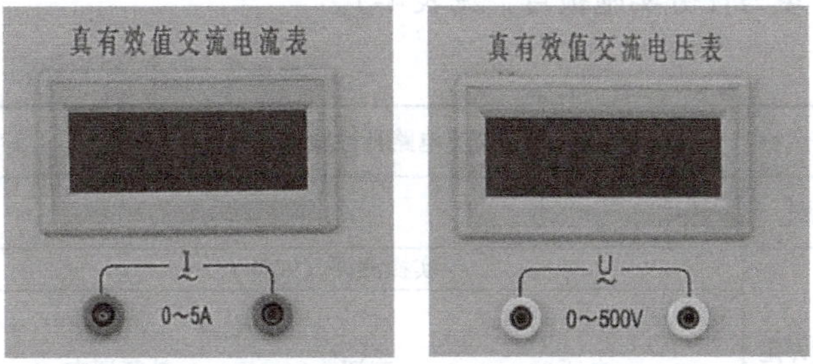

a) 真有效值交流电流表　　b) 真有效值交流电压表

图 4-61　交流电流表与电压表示意图

4）打开交流电源电压 80V，进行参数的测量，如实记录数据于任务实施报告中。

2. *RLC* 并联电路特性的验证

在交流电路中，任意节点处，各支路电流的相量形式与瞬时值形式满足 KCL，有

$$\dot{I} = \dot{I}_1 + \dot{I}_2 + \cdots + \dot{I}_n,\ i = i_1 + i_2 + \cdots + i_n$$

但是，电流的有效值 I 不满足 KCL，即

$$I \neq I_1 + I_2 + \cdots + I_n$$

1）根据如图 4-62 所示的 *RLC* 并联电路原理图，调节所需电源。将任务所需交流电源电压 AC 调节至 50V。在电工技术实验装置中，将 AC/DC 指示切换按钮置于“高”位，即“交流（AC）”模式；打开交流电源开关，旋转黑色电压调节旋钮，将交流电压调节至 50V，并用数字万用表在“AC 调压输出”端口进行测量，确保交流电压为有效值 50V。交流电源调节完毕后，关闭“交流电源开关”。

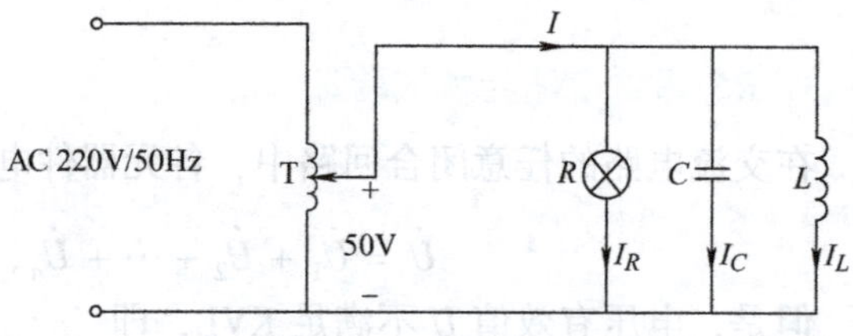

图 4-62　*RLC* 并联电路原理图

2）根据图 4-62，搭建好电路的其余部分。

3）打开交流电源将电压设定为 50V，完成电路相关参数的测量，如实记录于任务实施报告中。

四、注意事项

1）交流电路操作时谨记用电安全，先调节好所需电源值，搭建电路前务必关闭交流电源。待实物电路搭建正确无误后，方可合上电源，开始相关操作。变更参数测量前，也要先关闭交流电源，再改动电路，进行参数测量。所有操作结束后，应先关闭电源，再拆除电路，恢复现场。严禁带电改动电路。

2）交流电源的输出电压值，用数字万用表测量确认后再输入待测电路中，避免发生用电安全事故。

五、任务实施报告

填写任务实施报告，见表 4-7。

表 4-7　任务实施报告

<table>
<tr><td>任务名称</td><td colspan="2">RLC 正弦稳态交流电路特性验证</td><td>学时</td><td>2 学时</td><td>日期</td><td></td></tr>
<tr><td>组员</td><td colspan="6"></td></tr>
<tr><td rowspan="2">成绩评定</td><td colspan="4">实操测评（90%）</td><td colspan="2">线上测评（10%）</td></tr>
<tr><td>自评：</td><td>互评：</td><td colspan="2">教师评定：</td><td colspan="2"></td></tr>
<tr><td>任务要求</td><td colspan="6">1）正确使用数字万用表和正弦电流电压表、电流表
2）掌握正弦稳态电路参数的测量方法
3）正确理解正弦交流电路的基尔霍夫定律以及相量关系</td></tr>
</table>

（续）

<table>
<tr><td>工具、仪表与器材</td><td>1）电工技术实验装置
2）电阻模块（规格：用220V/25W 白炽灯代替）
3）电容模块（规格：交流 4μF/500V）
4）电感模块（规格：用感抗约为1H 的镇流器代替）
5）数字万用表1块</td></tr>
<tr><td>技术文档</td><td>1）绘制 RLC 串联电路原理图，参见图 4-59

2）绘制 RLC 并联电路原理图，参见图 4-62</td></tr>
<tr><td>技术文档</td><td>RC 交流串联电路数据记录表
<table>
<tr><th>U/V</th><th>U_R/V</th><th>U_C/V</th><th>I/mA</th></tr>
<tr><td>50</td><td></td><td></td><td></td></tr>
</table>
RLC 交流并联电路数据记录表
<table>
<tr><th>U/V</th><th>I_R/mA</th><th>I_C/mA</th><th>I_L/mA</th><th>I/mA</th></tr>
<tr><td>50</td><td></td><td></td><td></td><td></td></tr>
</table></td></tr>
<tr><td>任务总结</td><td>1）根据任务数据，简述交流串联电路中各元器件电压间的关系

2）根据任务数据，简述交流并联电路中各支路电流间的关系</td></tr>
</table>

六、评价标准

评价标准见表4-8。

表 4-8 评价标准

评价项目		配分	考核内容及评分标准	评分
职业素养(20分)	6S基本要求	10	1. 着装不整齐、不规范，不穿戴相关防护用品等，每项扣2分 2. 工具、仪表、材料、作品摆放不整齐，每项扣2分 3. 操作完成后未清理、清扫施工现场，扣5分	
	安全操作	10	浪费耗材，不爱惜工具，扣3分；损坏工具、仪表扣本大项的20分；发生严重违规操作，取消操作成绩	
实操结果及质量(50分)	质量	30	1. 正确进行电路的连接，每错一处扣3分 2. 电路连接好后，根据任务要求正确测量电压、电流参数，每错一处扣3分	
	工艺	10	导线连接牢靠，正确使用数字万用表、交流电压表以及交流电流表，每错一处扣3分	
	技术文件	10	按要求填写相关技术文件。填写内容错误，每项扣2分	
操作过程与检测结果(30分)	操作过程及规范	15	能正确进行数字万用表的养护。根据行业相关标准及规范操作。操作工序、操作规范等每错一处扣3分	
	操作结果检测	15	正确进行操作结果的检测。结果检测方法不当、检测结果错误，每项扣3分	

任务四 正弦交流电路的功率计算与功率因数提高

知识目标

1）掌握正弦稳态交流电路瞬时功率、有功功率、无功功率和视在功率的概念与计算方法。

2）掌握功率因数的概念以及计算。

能力目标

能对感性电路进行正确的功率补偿，提高功率因数。

敬劳模，传匠心

湖南工匠董日中：做数控机床“神刀手”

董日中，湖南电气职业技术学院杰出校友，湖南省湘电集团有限公司特电事业部高级技师，全国劳动模范，中华技能大师，享受国务院特殊津贴。

他操纵着复杂的数控机床，凭借手中的“神刀”技艺，为中国的国防事业攻克了一个又一个难关。曾有人来企业以高薪挖他。当时董日中每个月的工资只有一千多元，但是经过深思熟虑之后，董日中选择了坚守在自己的岗位上，默默贡献着自己的力量。他为公司攻克了“三高”车身、超薄套筒、超导电机转子、深槽转子等40多项难题，独创新加工工艺5项，获国家专利1项，获集团公司科技进步二等奖1项。现在的董日中已经成为湘电集团乃至湖南制造业的名片，在特种电气行业，甚至可以说是国宝级的工匠。他的坚守与付出，得到了公司和社会的肯定，更值得我们学习与传承。

任务导入

正弦交流电路的一个重要应用就是进行能量的传输，而能量的传输涉及功率，因此，正弦交流电路功率的分析与计算，以及对电路的优化设计，提高电能利用率具有非常重要的实际意义。

知识链接

由于正弦交流电的电压和电流都是随时间按正弦规律变化，所以正弦交流电中的功率能量关系较直流电更加复杂，功率有瞬时功率、有功功率、无功功率、视在功率等，下面逐一进行介绍。

一、瞬时功率

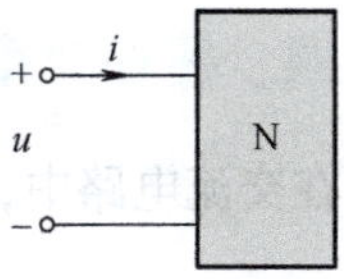

图 4-63　无源二端网络

设无源二端网络的端口正弦电压和电流的关联参考方向如图4-63所示，为了简化计算，电压、电流的瞬时表达式分别为

$$u=\sqrt{2}U\sin(\omega t+\varphi),\ i=\sqrt{2}I\sin\omega t \tag{4-54}$$

式中，φ 为关联参考方向下电压超前电流的相位，即该无源二端网络等效阻抗的阻抗角。

该二端网络的瞬时功率为

$$\begin{aligned}p&=ui=\sqrt{2}U\sin(\omega t+\varphi)\times\sqrt{2}I\sin(\omega t)\\&=2UI\sin(\omega t+\varphi)\sin\omega t\\&=UI[\cos\varphi-\cos(2\omega t+\varphi)]\end{aligned} \tag{4-55}$$

瞬时功率随时间变化的曲线如图4-64所示。

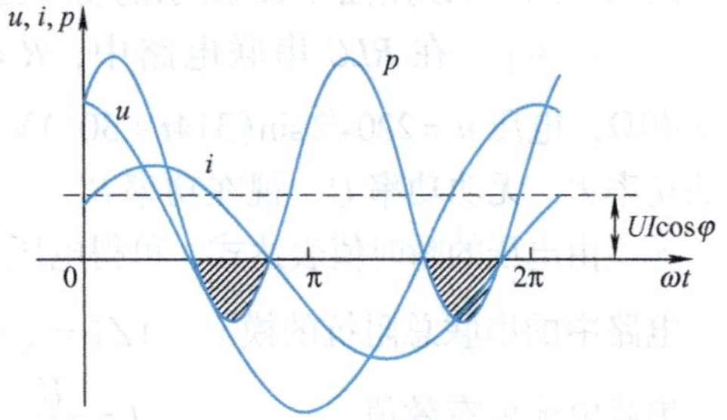

图 4-64　瞬时功率随时间变化曲线

二、有功功率

一个二端网络中通常都有电阻元件，电阻元件总要消耗能量，即从电源处吸收功率，所以，瞬时功率中大于零的部分是由电阻吸收的功率形成的。

电阻元件吸收的功率称为有功功率，也反映了瞬时功率在一个周期内的平均值。因此，

有功功率也称为平均功率，即

$$P = \frac{1}{T}\int_0^T p(t)\,\mathrm{d}t = UI\cos\varphi \tag{4-56}$$

式中，$\cos\varphi$ 为功率因数；φ 为功率因数角，它等于无源二端网络的等效阻抗角。有功功率用 P 表示，基本单位为瓦（W），常用单位还有千瓦（kW）、兆瓦（MW）等。

正弦交流电路中所说的功率均指的是有功功率，有功功率是实际做功的功率，用来表征用电设备的功率大小，如40W 的白炽灯、10kW 的电动机等。

三、无功功率

由于正弦交流电路中有储能元件电感和电容，所以电路与电源之间存在能量的交换。阻抗与外部能量交换的瞬时功率可逆分量的最大值，定义为阻抗消耗的无功功率，用 Q 表示：

$$Q = UI\sin\varphi \tag{4-57}$$

无功功率的基本单位为乏（var），常用单位还有千乏（kvar）。

对于感性电路，$\varphi > 0$，$\sin\varphi > 0$，无功功率 $Q > 0$；对于容性电路，$\varphi < 0$，$\sin\varphi < 0$，无功功率 $Q < 0$。根据无功功率的定义，可逆分量的最大值都是正值，所以这里的正、负号仅表示互相补偿的意思。

在电路中既有电感元件又有电容元件时，无功功率互相补偿，它们在电路内部先相互交换一部分能量，不足的部分再与电源进行交换。

四、视在功率

在交流电路中，电源两端电压和电流有效值的乘积称为视在功率，用 S 表示：

$$S = UI \tag{4-58}$$

视在功率的基本单位为伏安（V·A），常用单位还有千伏安（kV·A）等。视在功率主要用来表征电力设备的容量，即表示电源设备可以发出的最大功率，该功率一部分转化为有功功率，另一部分转化为无功功率，而转化成有功功率的多少与负载的功率因数有关。

有功功率 P、无功功率 Q、视在功率 S 之间的关系如下：

$$\left.\begin{aligned} P &= UI\cos\varphi \\ Q &= UI\sin\varphi \\ S &= UI = \sqrt{P^2 + Q^2} \end{aligned}\right\} \tag{4-59}$$

式(4-59) 可以用图4-65 所示的功率三角形表示。

【例4-16】 在 RLC 串联电路中，$R = 30\Omega$，$X_L = 80\Omega$，$X_C = 40\Omega$，电压 $u = 220\sqrt{2}\sin(314t + 30°)\,\text{V}$，试求电路消耗的有功功率 P、无功功率 Q、视在功率 S。

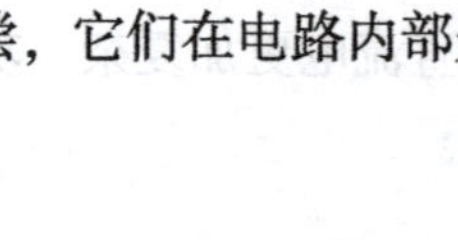

图4-65 功率三角形

解：由电压的瞬时值表达式，可得电压的有效值 $U = 220\text{V}$。

电路中的串联总阻抗的模 $|Z| = \sqrt{R^2 + (X_L - X_C)^2} = \sqrt{30^2 + (80-40)^2}\,\Omega = 50\Omega$

串联电流的有效值 $I = \dfrac{U}{|Z|} = \dfrac{220}{50}\text{A} = 4.4\text{A}$

有功功率 $P = UI\cos\varphi = 220 \times 4.4 \times \cos53.1°\text{W} = 580.8\text{W}$

无功功率 $Q = UI\sin\varphi = 220 \times 4.4 \times \sin53.1°\text{var} = 774.4\text{var}$

视在功率 $S = UI = 220 \times 4.4\text{V} \cdot \text{A} = 968\text{V} \cdot \text{A}$

知识拓展

无功功率的作用

无功功率是用来在电气设备中建立和维持磁场的电功率，由于不对外做功，因此称为“无功”。无功功率绝不是无用功率，它的作用很大。凡是有电磁线圈的电气设备，要建立磁场，就要消耗无功功率。例如，电动机需要建立和维持旋转的磁场使转子转动，从而带动机械运动。电动机的转子磁场就是靠从电源处取得无功功率建立的。变压器利用无功功率在一次绕组处产生磁场，在二次绕组处感应出电压。再如40W的荧光灯，除需40W有功功率（镇流器也需消耗一部分有功功率）来发光外，还需80var左右的无功功率供镇流器的线圈建立交变磁场。

五、功率因数的提高

1. 提高功率因数的实际意义

功率因数是指有功功率和视在功率的比值，用公式表示为 $\cos\varphi = P/S$。其中，φ 是电压与电流之间的相位差。

在实际应用中，提高功率因数的意义主要有以下几个方面：

1）提高供电设备的利用效率。在交流电网中，当视在功率 S 一定时，提高功率因数 $\cos\varphi$，有功功率随之增大，可提高供电设备的容量，即提升电能利用效率。

2）减少电能在传输过程中的损耗，即降低线损。有功功率 $P = UI\cos\varphi$，当线路的电压 U、有功功率 P 一定时，在提高功率因数的同时，电流随之降低，而线路上的损耗也降低，此时相当于提升了电能的传输效率，也为供电公司节省了损耗成本。

3）提升供电质量。提升功率因数，可导致线路电流降低，此时线路两端的电压降也随之降低，说明线路末端的电压将能够满足末端负载的要求，保持在合理范围内，提升线路的供电质量。

4）提高功率因数是企业节省投资的举措。供电部门对于企业用户的功率因数是有考核要求的，如果企业的功率因数过低，将会向电网内倒送无功功率，那么供电部门将会向企业罚款，因此企业也有意愿提高功率因数，以满足供电部门的要求，避免被罚款。

2. 提高功率因数的方法

由于一般工矿企业中的电力负载主要是电动机、变压器等，都属于感性负载，其无功功率属于感性无功功率，值大于零，所以一般工矿企业需要并联适量的电容元件，使电感中的磁场能量与电容器的电场能量交换，从而减少电源与负载间能量的互换。这种提高功率因数的方法又称为无功补偿。

感性负载并联电容提高功率因数的电路图和相量图如图4-66所示。

并联电容器后，感性负载的电流 $I_1 = \dfrac{U}{\sqrt{R^2 + X_L^2}}$ 和功率因数 $\cos\varphi_1 = \dfrac{R}{\sqrt{R^2 + X_L^2}}$ 均未变化，这是因为所加电压和负载参数没有改变。但电压 u 和电路中的电流 i 之间的总阻抗角 φ 变小

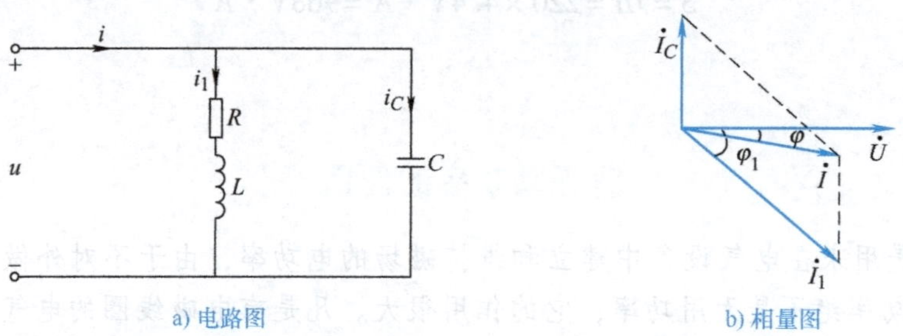

图 4-66 感性负载并联电容提高功率因数的电路图和相量图

了，即 $\cos\varphi$ 变大了，功率因数提高了；电路总电流 I 和负载电流 I_1 相比减小。由于电容只消耗无功功率，因此，并联电容后，有功功率不会改变。这里我们所讲的提高功率因数是指提高电源或电网的功率因数，而不是指提高某个感性负载的功率因数。

如果要把电路的功率因数由原先的 $\cos\varphi_1$ 提高到 $\cos\varphi$，其并联的电容大小按如下方法计算：

$$C=\frac{P}{\omega U^2}(\tan\varphi_1-\tan\varphi) \tag{4-60}$$

式中，φ_1 为原电路功率因数角；φ 为补偿后的功率因数角。

【例 4-17】 一台交流电动机，其输入功率 $P=3\text{kW}$，电压 $U=220\text{V}$，功率因数为 0.6，频率为 50Hz，现将功率因数提高到 0.9，需要与电动机并联多大的电容？

解：$\cos\varphi_1=0.6$， $\varphi_1=53°$， $\tan\varphi_1=1.333$

$\cos\varphi=0.9$， $\varphi=26°$， $\tan\varphi=0.488$

$$C=\frac{P}{\omega U^2}(\tan\varphi_1-\tan\varphi)=\frac{3000}{314\times220^2}\times(1.333-0.488)\text{F}\approx167\mu\text{F}$$

任务实施与评价

一、任务描述

在感性电路中，并联电容对电路进行功率补偿，学会判断功率补偿类型。

二、任务要求

1）掌握感性电路功率因数提高的方法。

2）通过观察电路中电流的变化情况，正确判断功率补偿类型。

三、实施步骤

1）功率因数提高电路原理图如图 4-67 所示。

2）任务采用低压交流电源 24V 作为电源（见图 4-68）。确保电源开关关闭的情况下，按照图 4-67 所示，先将 510Ω 电阻、1H 镇流器、交流电流表与低压交流电源连接构成闭合回路。

3）打开低压交流电源，读取交流电流表的数据，即电路中总电流 I 的值，记录于任务实施报告中。

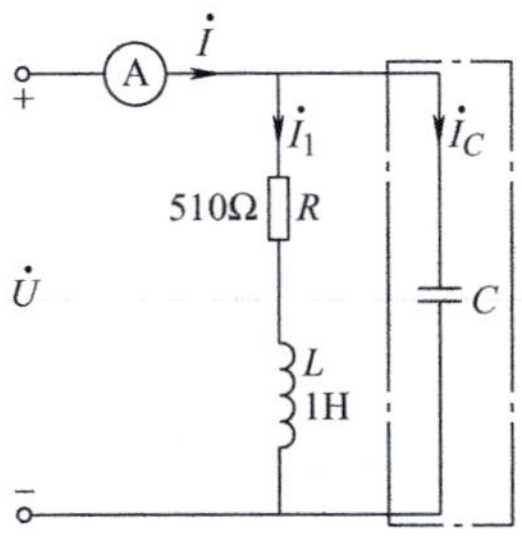

图 4-67　功率因数提高电路原理图

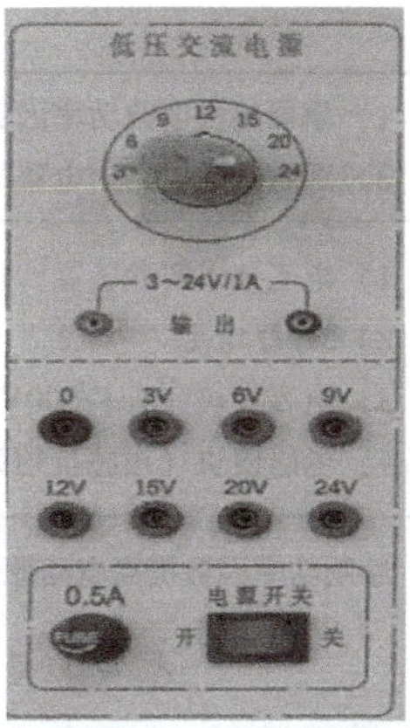

图 4-68　低压交流电源

4）关闭低压交流电源，再在 *RL* 串联电路的右侧并联 2μF/500V 电容，再次打开低压电源，读取电流表数据，记录总电流 *I* 的值于任务实施报告中。

5）关闭低压交流电源，将 *RL* 串联电路右侧并联的电容换成 4μF/500V 电容。打开低压交流电源，读取电流表数据，记录总电流 *I* 的值于任务实施报告中。

6）根据电流测量数据，判断并联哪个电容时电路为正常功率补偿，功率因数在提高；并联哪个电容时电路为过度功率补偿，功率因数在减小。判断结果写入任务实施报告中。

四、注意事项

1）交流电路操作时谨记用电安全，先调节好所需电源值，搭建电路前务必关闭交流电源。待实物电路搭建正确无误后，方可合上电源，开始相关操作。变更参数测量前，也要先关闭交流电源，再改动电路，进行参数测量。所有操作结束后，应先关闭电源，再拆除电路，恢复现场。严禁带电改动电路。

2）交流电源的输出电压值，用数字万用表测量确认后再输入待测电路中，避免发生用电安全事故。

五、任务实施报告

填写任务实施报告，见表 4-9。

表 4-9　任务实施报告

任务名称	功率因数的提高	学时	2 学时	日期	
组员					
成绩评定	实操测评（90%）			线上测评（10%）	
	自评：　　互评：　　教师评定：				

（续）

<table>
<tr><td>任务要求</td><td>1）掌握感性电路功率因数提高的方法
2）通过观察电路中电流的变化情况，正确判断功率补偿类型</td></tr>
<tr><td>工具、仪表与器材</td><td>1）电工技术实验装置
2）510Ω 电阻
3）电容模块（4μF/500V、2μF/500V）
4）电感模块（用感抗约为 1H 的镇流器代替）</td></tr>
<tr><td>技术文档</td><td>绘制功率因数提高电路原理图，参见图 4-67</td></tr>
<tr><td>技术文档</td><td>功率因数提高参数记录表
<table>
<tr><td rowspan="2">名称</td><td colspan="3">总电流 I/A</td></tr>
<tr><td>RL 串联电路</td><td>并联 2μF 电容</td><td>并联 4μF 电容</td></tr>
<tr><td>测量值</td><td></td><td></td><td></td></tr>
<tr><td>补偿判定</td><td>—</td><td></td><td></td></tr>
</table></td></tr>
<tr><td>任务总结</td><td>1）简述提高功率因数的常用方法

2）简述提高功率因数后电路的变化</td></tr>
</table>

六、评价标准

评价标准见表 4-10。

表 4-10　评价标准

评价项目		配分	考核内容及评分标准	评分
职业素养（20 分）	6S 基本要求	10	1. 着装不整齐、不规范，不穿戴相关防护用品等，每项扣 2 分 2. 工具、仪表、材料、作品摆放不整齐，每项扣 2 分 3. 操作完成后未清理、清扫施工现场，扣 5 分	
	安全操作	10	浪费耗材，不爱惜工具，扣 3 分；损坏工具、仪表扣本大项的 20 分；发生严重违规操作，取消操作成绩	
实操结果及质量（50 分）	质量	30	1. 正确进行电路的连接，每错一处扣 3 分 2. 电路连接好后，根据任务要求正确测量电流参数，每错一处扣 3 分	
	工艺	10	导线连接牢靠，正确使用交流电流表，每错一处扣 3 分	
	技术文件	10	按要求填写相关技术文件。填写内容错误，每项扣 2 分	
操作过程与检测结果（30 分）	操作过程及规范	15	根据行业相关标准及规范操作。操作工序、操作规范等每错一处扣 3 分	
	操作结果检测	15	正确进行操作结果的检测。结果检测方法不当、检测结果错误，每项扣 3 分	

项目小结

主要知识点梳理

1）正弦交流电的三要素一般指幅值、角频率和初相位。通常所说交流电的大小都是指有效值。

2）正弦量可以用三角函数式、相量图、相量等几种不同的形式表示。

3）电阻元件、电感元件、电容元件是交流电路的理想元件，这些元件的电压、电流关系是分析交流电路的基础。

4）在正弦稳态交流电路中，各支路的电流与电压都是和电源同频率的正弦量。

5）电阻、电感和电容元件的相量形式是分析正弦稳态电路的基础。单一参数正弦交流电路的分析计算小结见表 4-11。

表 4-11　单一参数正弦交流电路的分析计算小结

电路参数	电路图（正方向）	基本关系	复数阻抗	电压、电流关系				功率	
				瞬时值	有效值	相量图	相量式	有功功率	无功功率
R	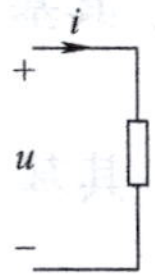	$u=iR$	R	设 $u=\sqrt{2}U\sin\omega t$ 则 $i=\sqrt{2}I\sin\omega t$	$U=IR$	 u、i同相	$\dot{U}=\dot{I}R$	UI	0

（续）

电路参数	电路图（正方向）	基本关系	复数阻抗	电压、电流关系				功率	
				瞬时值	有效值	相量图	相量式	有功功率	无功功率
L	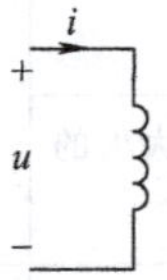	$u=L\frac{di}{dt}$	$jX_L=j\omega L$	设 $i=\sqrt{2}I\sin\omega t$ 则 $u=\sqrt{2}I\omega L\sin(\omega t+90°)$	$U=IX_L$ $X_L=\omega L$	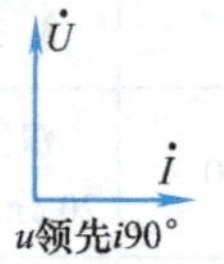 u领先i90°	$\dot{U}=\dot{I}(jX_L)$	0	UI (I^2X_L)
C	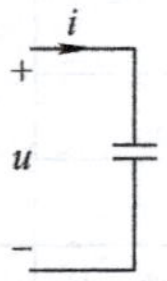	$i=C\frac{du}{dt}$	$-jX_C=-j\frac{1}{\omega C}=\frac{1}{j\omega C}$	设 $u=\sqrt{2}U\sin\omega t$ 则 $i=\sqrt{2}U\omega C\sin(\omega t+90°)$	$U=IX_C$ $X_C=\frac{1}{\omega C}$	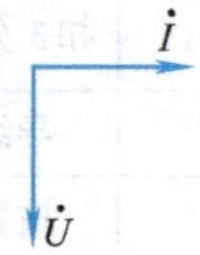 u落后i90°	$\dot{U}=\dot{I}(-jX_C)$	0	$-UI$ $(-I^2X_C)$

6）谐振是交流电路中的一种特殊现象。谐振时电路呈电阻性，串联谐振频率为

$$f_0=\frac{1}{2\pi\sqrt{LC}}$$

串联谐振时，电路阻抗最小，电流最大。

7）交流电路功率的计算：

$$P=UI\cos\varphi,\ Q=UI\sin\varphi,\ S=UI$$

$$S=\sqrt{P^2+Q^2}$$

8）$\cos\varphi$ 称为功率因数。提高功率因数对节省能源，提高经济效益起着重要作用。提高感性负载的功率因数一般在感性负载两端并联适当的电容：

$$C=\frac{P}{\omega U^2}(\tan\varphi_1-\tan\varphi)$$

通关测试

一、填空题

1. ＿＿＿＿＿和＿＿＿＿＿都随时间做周期性变化的电流、电压、电动势称为交流电。按＿＿＿＿＿规律变化的交流电称为正弦交流电。

2. 正弦交流电的三要素是＿＿＿＿＿、＿＿＿＿＿和＿＿＿＿＿。

3. 交流电每重复变化一次所用的时间叫＿＿＿＿＿，用字母＿＿＿表示，其基本单位为＿＿＿＿＿。

4. 交流电在一秒钟变化的次数叫＿＿＿＿＿，用字母＿＿＿＿＿表示，其基本单位为＿＿＿＿＿。

5. 周期与频率之间的关系为＿＿＿＿＿，角频率与频率之间的关系为＿＿＿＿＿。

6. 我国供电系统中，交流电的频率是＿＿＿＿＿，习惯上称为工频，周期

为______。

7. 已知正弦交流电流 $i=10\sin\left(628t+\dfrac{4}{3}\pi\right)$A，其最大值为______，频率为______，初相位为______。

8. 已知正弦交流电压 $u=220\sqrt{2}\sin(314t+60°)$ V，它的最大值为______，有效值为______，角频率为______，频率为______，初相位为______。

9. 某正弦交流电流的最大值为141A，频率为50Hz，初相位为30°，该电流的瞬时值表达式为______。

10. 有两个同频率的正弦交流电，若它们的相位差分别为0°、90°、180°，则这两个正弦交流电之间的相位关系分别为______、______和______。

11. 电感对交流电路的阻碍作用称为______。若线圈的电感为1H，把线圈接在频率为50Hz的交流电路中，X_L 为______Ω。

12. 电容对交流电路的阻碍作用称为______。100μF的电容在频率是10^6Hz的高频电路中，$X_C=$______Ω；在频率是50Hz的电路中，$X_C=$______Ω。

13. 一个电容接在直流电路中，其 $X_C=$______，电路稳定后相当于______；一个电感接在直流电路中，其 $X_L=$______，电路稳定后相当于______。

14. 在 *RLC* 串联电路中，已知电阻、电容和电感两端的电压都是100V，那么电路的端电压为______。

15. 在电感性负载两端并联一只容量适当的电容器后，电路的功率因数______，电路中的总电流______。但电路的有功功率______，无功功率和视在功率都______。

二、选择题

1. 交流电的瞬时值通常用（　　）表示。

A. 大写字母　　B. 小写字母　　C. 不能确定　　D. 以上都不对

2. 一个电容器耐压为500V，（　　）将它接到有效值为500V的交流电路中。

A. 能　　B. 不能

3. 我国通常应用的交流市电，其电压最大值为（　　）。

A. 220V　　B. 311V　　C. 380V　　D. 110V

4. 我国工业的电力标准频率为50Hz，其周期为（　　）。

A. 50s　　B. 0.2s　　C. 0.02s　　D. 0.05s

5. 正弦交流电的表示方法有（　　）。

A. 解析式　　B. 波形图　　C. 相量图　　D. 以上都是

6. 某交流电压瞬时值表达式 $u=5\sqrt{2}\sin(314t-120°)$V，画出电压相量图为（　　）。

A. 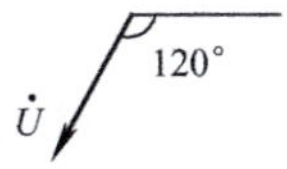

B. 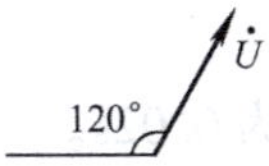

C. 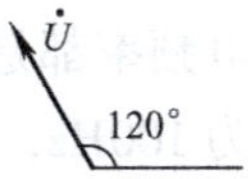

7. 图4-69所示为某正弦交流电压的相量图，若其频率为50Hz，则其解析式可表示为（　　）。

A. $u=220\sin(314t+30°)$V　　B. $u=220\sin(628t+30°)$V

C. $u = 220\sqrt{2}\sin(314t + 30°)$ V　　D. $u = 220\sqrt{2}\sin(628t + 30°)$ V

8. 正弦电流通过电阻元件时，下列关系式正确的是（　　）。

A. $i = \dfrac{U_R}{R}\sin\omega t$　　B. $i = \dfrac{U_R}{R}$

C. $I = \dfrac{U_R}{R}$　　D. $i = \dfrac{U_R}{R}\sin(\omega t + \varphi)$

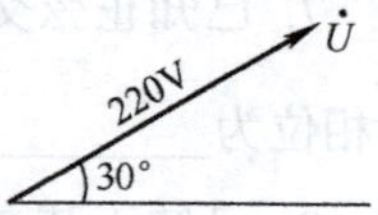

图 4-69　选择题 7 图

9. 纯电感电路中，已知电流的初相位为 $-60°$，则电压的初相位为（　　）。

A. 30°　　B. $-150°$　　C. $-30°$　　D. 90°

10. 加在容抗为 100Ω 的纯电容两端的电压为 $u_C = 100\sin(314t - 60°)$ V，则通过它的电流应是（　　）。

A. $i_C = \sin(314t + 60°)$ A　　B. $i_C = \sin(314t + 30°)$ A

C. $i_C = \sqrt{2}\sin(314t + 60°)$ A　　D. $i_C = 1/\sqrt{2}\sin(314t + 30°)$ A

11. 图 4-70 所示电路，u_i、u_o 的相位关系是（　　）。

A. u_i 超前 u_o　　B. u_i 滞后 u_o　　C. u_i、u_o 同相　　D. u_i、u_o 反相

12. 在 RLC 串联电路中，端电压与电流的相量图如图 4-71 所示。这个电路是（　　）。

A. 电阻性电路　　B. 电容性电路

C. 电感性电路　　D. 纯电感电路

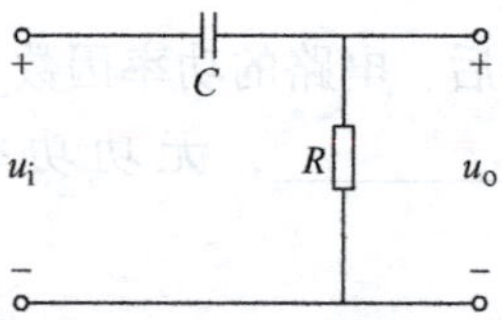

图 4-70　选择题 11 图

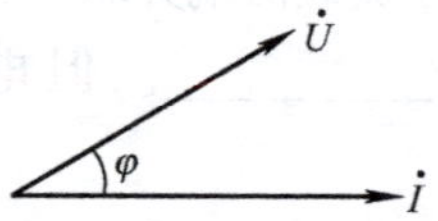

图 4-71　选择题 12 图

13. 交流电路中提高功率因数的目的是（　　）。

A. 增加电路的功率消耗　　B. 提高负载的效率

C. 增加负载的输出功率　　D. 提高电源的利用率

三、判定题

1. 正弦交流电的大小随时间按正弦规律做周期性变化，方向不变。（　　）
2. 用万用表测得交流电压与电流的数值都是最大值。（　　）
3. 示波器不仅能观察交流电的波形，还能读出交流电的周期和幅值。（　　）
4. 用交流电流表测量的值为瞬时值。（　　）
5. 用交流电压表测得交流电压为 220V，则此交流电压最大值为 $220\sqrt{3}$ V。（　　）
6. 一只额定电压为 220V 的白炽灯，可以接在最大值为 311V 的交流电上。（　　）
7. 世界上所有国家的交流电频率都是 50Hz。（　　）
8. 若一正弦交流电的频率为 100Hz，它的周期为 0.02s。（　　）
9. 电阻元件上的交流电压、电流初相位一定都是零，所以它们是同相的。（　　）
10. 正弦交流电路中，电容元件上电压最大时，电流也最大。（　　）
11. 在同一交流电压作用下，电感 L 越大，电感中的电流就越小。（　　）

12. 端电压超前电流的交流电路一定是感性电路。（　　）

13. 有人将一个额定电压为220V、额定电流为6A的交流电磁铁线圈误接在220V的直流电源上，此时电磁铁仍能正常工作。（　　）

14. 某同学做荧光灯电路实验时，测得灯管两端电压为110V，镇流器两端电压为190V，两电压之和大于电源电压220V，说明该同学测量数据错误。（　　）

15. 在*RLC*串联电路中，U_R、U_L、U_C的值都可能大于端电压。（　　）

16. 额定电流为100A的发电机，只接了60A的照明负载，还有40A的电流就损失掉了。（　　）

17. 在*RLC*串联电路中，感抗和容抗数值越大，电路中的电流也就越小。（　　）

18. 正弦交流电路中，无功功率就是无用功率。（　　）

四、计算题

1. 已知正弦交流电压$u=100\sqrt{2}\sin(314t+30°)$V，电流$i=3\sqrt{2}\sin(314t-150°)$A。请写出交流电压和交流电流的角频率、频率、周期、幅值、有效值、初相位，以及电压和电流的相位差，并说明两者的相位关系。

2. 计算下列两正弦量的相位差：

（1）$i_1=5\sin\left(628t+\frac{1}{4}\pi\right)$A，$i_2=5\sin\left(628t+\frac{3}{4}\pi\right)$A；

（2）$u_1=10\sin\left(100t+\frac{1}{3}\pi\right)$V，$i_2=-10\sin\left(100t-\frac{1}{6}\pi\right)$A。

3. 一只电容的规格为4μF/200V，它能否接入市电中？为什么？

4. 图4-72所示为一个正弦交流电流波形图，试根据波形图求出它的周期、频率、角频率、初相位、有效值，并写出它的瞬时值表达式。

5. 某电工仪表测得交流电压波形如图4-73所示，将时间量程开关和幅度量程开关分别打在T：0.5ms/DIV，V：2V/DIV。试求：

（1）被测交流电的周期和频率；

（2）被测交流电的峰峰值、最大值和有效值。

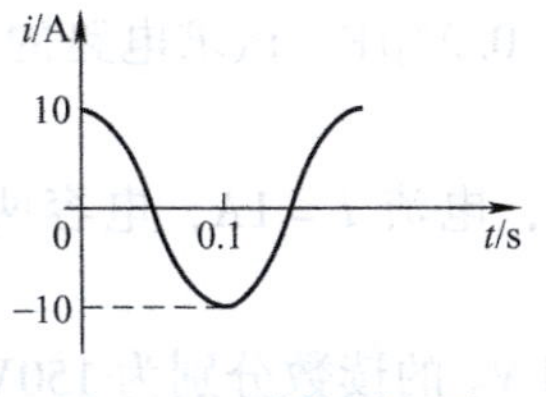

图4-72　计算题4图

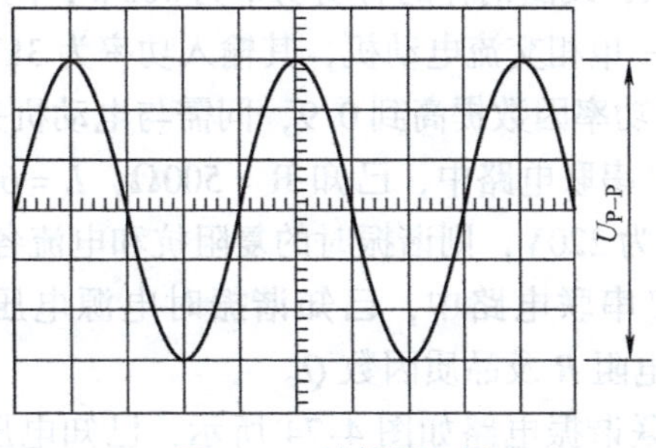

图4-73　计算题5图

6. 将下列各正弦量用相量形式表示，并画出相量图。

（1）$u=200\sin(314t-10°)$V；（2）$i=50\sqrt{2}\sin(314t+60°)$A。

7. 把下列电压相量和电流相量转换为瞬时值表达式（设$f=50$Hz）。

（1）$\dot{U}=20\angle45°$V；（2）$\dot{I}=3\sqrt{2}\angle-60°$A。

8. 已知 $u_1 = 100\sqrt{2}\sin(100t + 30°)$ V，$u_2 = 100\sqrt{2}\sin(100t - 45°)$ V，试求两电压之和 u，并画出对应的相量图。

9. 有一个线圈，其电阻忽略不计，把它加在220V、50Hz的交流电源上，测得通过线圈的电流为2A，求线圈的感抗和自感系数。

10. 一个电感线圈接到电压为120V的直流电源上，测得电流为20A；接到220V、50Hz的交流电源上，测得电流为22A，求电感线圈的电阻 R 和电感 L。

11. 已知加在2μF的电容器上的交流电压为 $u = 200\sqrt{2}\sin 314t$ V，求通过电容器的电流，并写出电流的瞬时值表达式。

12. 荧光灯电路可以看成是一个 RL 串联电路，若已知灯管电阻为300Ω，镇流器感抗为500Ω，电源电压为220V。要求：（1）画出电路的相量图；（2）求电路中的电流；（3）求灯管两端和镇流器两端的电压；（4）求电流和端电压的相位差。

13. 交流接触器电感线圈的电阻为220Ω，电感为10H，接到电压为220V、50Hz交流电源上，线圈中的电流多大？如果不小心将接触器接在220V直流电源上，线圈中电流又有多大？若线圈允许通过的最大电流为0.2A，会出现什么结果？

14. 为了使一个36V/0.3A的白炽灯接在220V/50Hz的交流电源上能正常工作，可以串上一个电容器限流，问应串联容值为多大的电容器才能达到目的？

15. 在一个 RLC 串联电路中，已知电阻为8Ω，感抗为10Ω，容抗为2Ω，电路的端电压为220V，求电路中的总阻抗、总电流，各元件两端的电压，以及总电流与总电压的相位关系。

16. 已知某交流电路中，电压 $u = 100\sqrt{2}\sin\omega t$ V，电流 $i = 100\sqrt{2}\sin(\omega t - 60°)$ A，求电路的功率因数、有功功率、无功功率和视在功率。

17. 某型号变电所输出的电压为220V，额定视在功率为200kV·A。如果给电压为220V、功率因数为0.75、额定功率为33kW的单位供电，问能供给几个这样的单位？如果把功率因数提高到0.9，又能供给几个这样的单位？

18. 在某线圈两端接频率为50Hz的交流电源，测得线圈两端的电压为150V，通过线圈的电流为3A，线圈消耗的有功功率为360W，问此线圈的电感和电阻分别为多少？

19. 有一单相交流电动机，其输入功率为3kW，电压为220V，功率因数为0.6，频率为50Hz。现将功率因数提高到0.9，问需与电动机并联多大的电容？

20. RLC 串联电路中，已知 R = 500Ω，$L = 60$ mH，$C = 0.22$ μF。试求电路的谐振频率。若电源电压为220V，则谐振时的复阻抗和电流各为多少？

21. RLC 串联电路中，已知谐振时电源电压 $U = 10$ V，电流 $I = 1$ A，电容两端电压为80V，试求电阻 R 及品质因数 Q。

22. 串联谐振电路如图4-74所示，已知电压表 V_1 和 V_2 的读数分别为150V和120V，试问电压表V的读数为多少？

23. 收音机的调谐电路如图4-75所示，利用改变 C 的电容值出现谐振来达到选台的目的。已知 $L_2 = 0.3$ mH，可变电容 C 的电容值范围为7～20pF，C_1 为微调电容，是为调整波段覆盖范围而设的，设 $C_1 = 20$ pF，试求该收音机的波段覆盖范围。

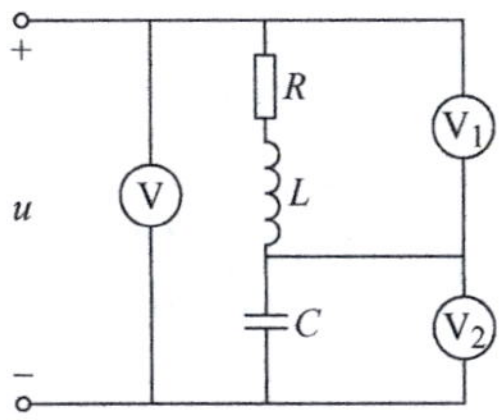

图 4-74　计算题 22 图

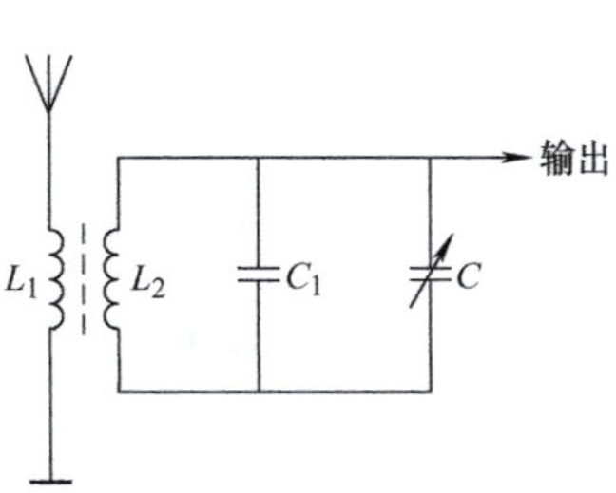

图 4-75　计算题 23 图

24. 已知 *RLC* 并联电路中，$R=40\Omega$，$X_L=15\Omega$，$X_C=30\Omega$，接到电压为 $u=120\sqrt{2}\sin(314t+30°)$ V 的电源上，求：(1) 电路上的总电流；(2) 电路中的总阻抗。

25. 已知两复阻抗 $Z_1=(10+\mathrm{j}20)\Omega$ 和 $Z_2=(10-\mathrm{j}50)\ \Omega$，若将 Z_1 和 Z_2 并联，求电路的等效复导纳，此时电路是呈感性还是容性？若要使电路呈纯电阻性，Z_1、Z_2 的并联电路应串上一个什么元件？

26. 如图 4-76 所示，部分电压表、电流表的读数已知，试用相量图的方法求图中未标注数值的电压表、电流表的读数。

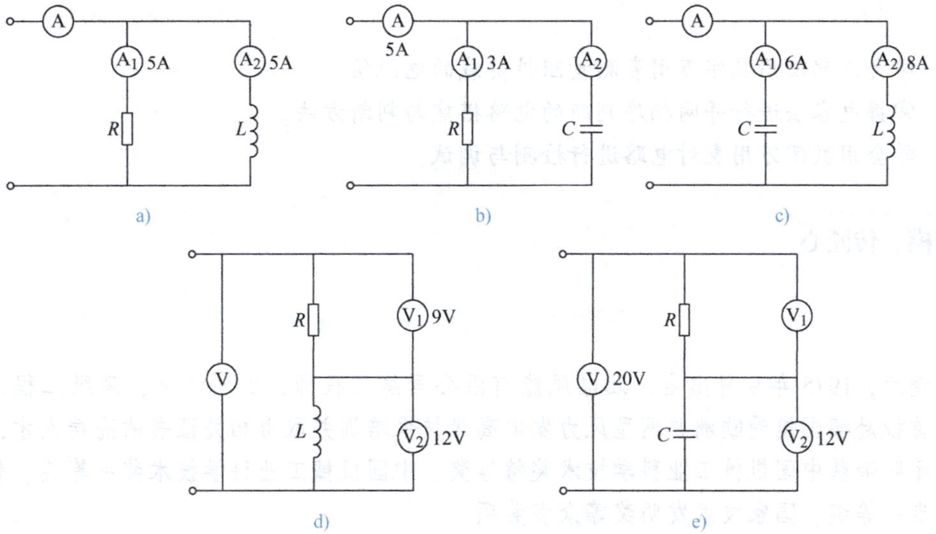

图 4-76　计算题 26 图

项目五

5 三相交流电与典型电路安装

任务一　三相交流电源与并网相序判断

知识目标

1）了解三相发电机的工作原理。

2）掌握三相交流电源的连接方式与电压关系。

能力目标

1）学会正确使用数字万用表测量阻性负载的电阻值。

2）掌握电容法进行并网相序判断的电路搭建与判断方法。

3）学会用数字万用表对电路进行检测与调试。

敬劳模，传匠心

湖南省劳动模范——宋晓萍

宋晓萍，1975年9月出生，湘电风能有限公司总工程师，工学博士，高级工程师。她是我国首批赴德国接受欧洲并网型风力发电高级技术培训并取得相关证书的高端人才，带领的技术团队荣获中国机械工业科学技术奖特等奖、中国机械工业科学技术奖一等奖、教育部科技进步一等奖、国家技术发明奖等众多奖项。

求学期间，宋晓萍获得去德国学习风力发电技术的机会，学习欧洲风电高端装备设计与制造技术。学成之后，原本可以留在德国，但在一颗拳拳报国心的召唤下，她还是回到了祖国，扎根湘电风能有限公司。在这里，宋晓萍通过刻苦钻研和勇于创新，形成了国家大功率风力发电机组自主知识产权，同时培育出一批具备国际先进新能源理论知识、扎实工程技术能力、具备创新研发能力的风电“科研铁军”，创造产值近400亿元，实现利润约7亿元，上缴税金约15亿元，带动了湘潭地方经济的发展。

我们学习宋晓萍总工程师的拳拳爱国心，刻苦钻研、服务社会、报效祖国的担当。

任务导入

1891年，德国劳芬发电厂安装了世界上第一台三相交流发电机，并建成了第一条从劳芬到法兰克福的三相交流输电线路。由于三相电路输送电力比单相电路经济，三相交流电机的运行性能和效率也远比单相交流电机优秀，因此世界上电力系统和动力用电都几乎无例外地采用了三相交流电。

目前，我国三相交流电主要依靠火力、水力、风力、核能与太阳能发电获得，三相交流电源有哪些连接方式？能产生几种电压？发电厂产生的交流电可以直接并入电网系统使用吗？需要做哪些并网调整？下面我们一起来学习。

知识链接

一、三相交流电源

三相交流电源是由 3 个具有同频率而不同相位的正弦交流电压源按特定方式连接而成的电源系统。

三相交流电源较单相交流电有很多优点，它在发电、输配电以及电能转换成机械能等方面都有明显的优越性。例如，制造三相发电机、变压器都比制造容量相同的单相发电机、变压器节省材料，而且构造简单，性能优良；又如，由同样材料所制造的三相电动机，其容量比单相电动机大 50%，在输送同样功率的情况下，三相输电线较单相输电线可节省有色金属 25%，而且电能损耗比单相输电时少。所以，三相交流电源获得了广泛的应用。

二、三相对称交流电源

三相发电机（见图 5-1）产生三相对称交流电。在发电机定子中嵌有三组相同的线圈 U_AU_X、V_BV_Y、W_CW_Z分别称为 A 相、B 相、C 相绕组，它们在空间相隔 120°。各绕组的始端分别用 A、B、C 表示，末端用 X、Y、Z 表示，转子是具有一对磁极的电磁铁，其磁极表面的磁场按正弦规律变化。当转子磁极在原动机拖动下以角速度 ω 按顺时针方向匀速旋转时，三相定子绕组依次切割磁力线，在各绕组中产生相应的正弦交流电动势，相当于 3 个独立的交流电源，如图 5-2 所示。这些电动势的幅值相等、频率相同，相位相互差 120°，这样的三相电动势称为三相对称交流电源。

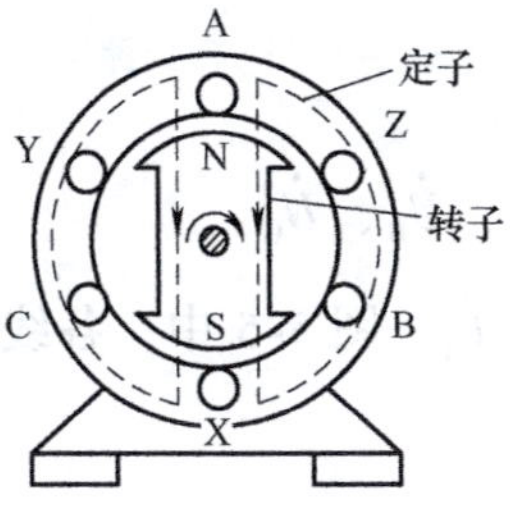

图 5-1　三相发电机示意图

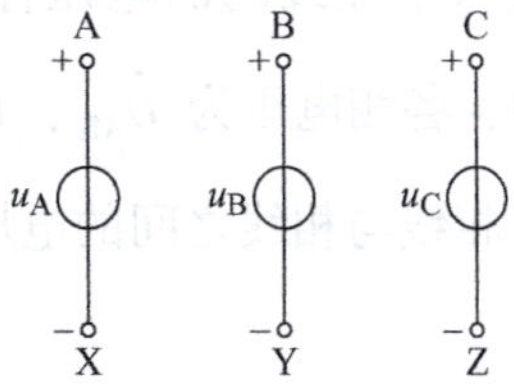

图 5-2　三相交流电源等效电路图

三相对称交流电源的瞬时值形式为

$$\left.\begin{aligned} u_A(t) &= \sqrt{2}U\sin\omega t \\ u_B(t) &= \sqrt{2}U\sin(\omega t-120^\circ) \\ u_C(t) &= \sqrt{2}U\sin(\omega t+120^\circ) \end{aligned}\right\} \tag{5-1}$$

三相对称交流电源的相量形式为

$$\left.\begin{aligned} \dot{U}_A &= U\angle 0^\circ \\ \dot{U}_B &= U\angle -120^\circ \\ \dot{U}_C &= U\angle 120^\circ \end{aligned}\right\} \tag{5-2}$$

三相对称交流电源电压波形如图 5-3 所示，电压相量图如图 5-4 所示。

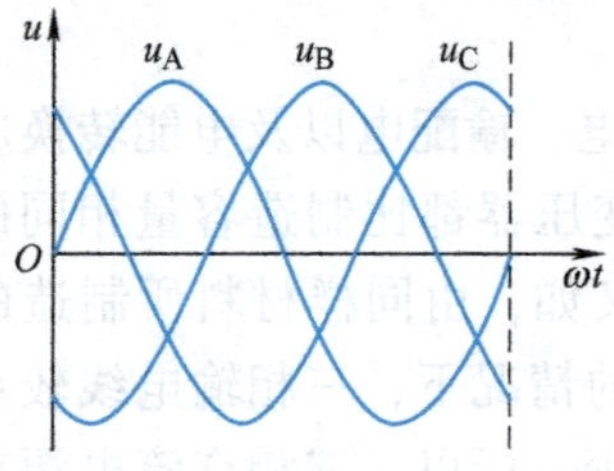

图 5-3 三相对称交流电源电压波形

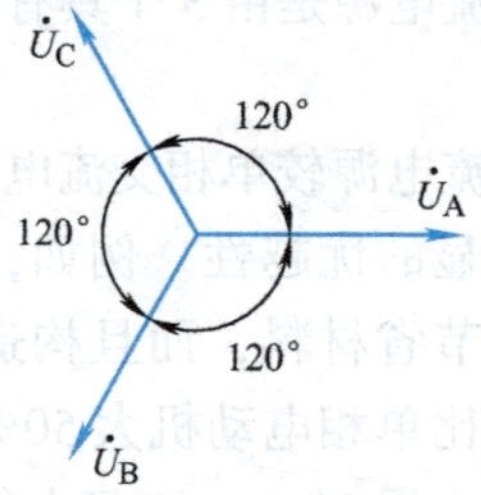

图 5-4 三相对称交流电源电压相量图

三、三相对称交流电源的连接方式

三相对称电源的连接方式有星形联结和三角形联结两种。

1. 三相电源的星形联结（Y联结）

实际使用的低压三相电源大多数是星形联结的，连接方式如图 5-5 所示。通常把发电动机三相绕组的末端 X、Y、Z 连成一点，称为中性点或零点，用 N 表示。由中性点引出的线称为中性线，俗称零线。把始端 A、B、C 分别引出的三根输电线称为端线或相线。电网用三根相线与一根中性线供电的方式称为三相四线制。

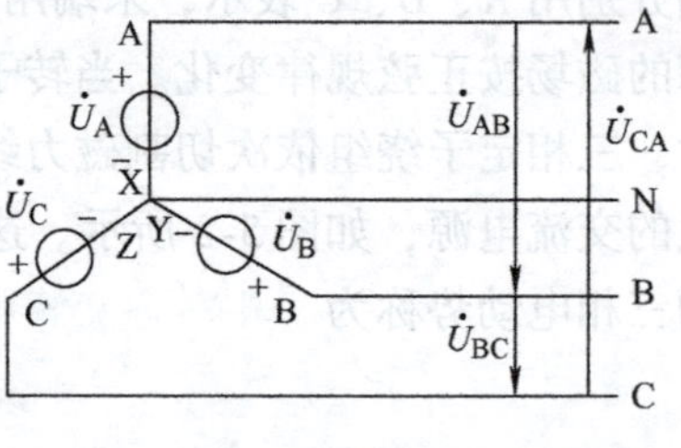

图 5-5 三相交流电源的星形联结

每根相线与中性线间的电压称为相电压，用 $\dot{U}_p$ 表示。图 5-5 中，各相电压为 $\dot{U}_{AN}$、$\dot{U}_{BN}$、$\dot{U}_{CN}$，简写为 $\dot{U}_A$、$\dot{U}_B$、$\dot{U}_C$。

线电压：相线与相线之间的电压称为线电压，用表示 $\dot{U}_l$。图 5-5 中，各线电压为 $\dot{U}_{AB}$、$\dot{U}_{BC}$、$\dot{U}_{CA}$。

线电压与相电压的相量关系为

$$\dot{U}_l = \sqrt{3}\,\dot{U}_p\angle 30^\circ \tag{5-3}$$

式(5-3) 表明，线电压有效值 U_l 是相电压有效值 U_p 的 $\sqrt{3}$ 倍，线电压相位超前对应的相电压 30°；且三相对称电源的相电压对称，相量和为零；线电压也对称，相量和也

为零，即

$$\dot{U}_A+\dot{U}_B+\dot{U}_C=0,\ \dot{U}_{AB}+\dot{U}_{BC}+\dot{U}_{CA}=0 \tag{5-4}$$

工程上所说的三相电源都是指对称电源，若无特殊说明，三相电源的电压是指线电压。在低压供电系统中，通常使用线电压380V、相电压220V的380/220V三相四线制交流电压；安全条件要求较高的场所，其照明使用线电压220V、相电压127V的220/127V三相四线制交流电；矿场等大容量电动机的线电压为6kV或10kV的电压供电。

而电网也常常只用三根相线进行供电，这种没有中性线的供电方式称为三相三线制，主要用于高压输电和一些特殊场合。

【例5-1】　已知对称三相电源星型联结，A相电源电压为 $\dot{U}_A=220\angle70°\text{V}$，试写出三相电源线电压的相量。

解：线电压有效值 U_l 是相电压有效值 U_p 的 $\sqrt{3}$ 倍，线电压相位超前对应相电压30°，所以A相对应线电压为

$$\dot{U}_{AB}=220\sqrt{3}\angle(70°+30°)\text{V}=380\angle100°\text{V}$$

根据三相电源的对称关系，可以写出其余两线电压的相量为

$$\dot{U}_{BC}=380\angle(100°-120°)\text{V}=380\angle-20°\text{V}$$

$$\dot{U}_{CA}=380\angle(100°+120°)\text{V}=380\angle220°\text{V}=380\angle-140°\text{V}$$

2. 三相电源的三角形联结（△联结）

如果将三相电源的三相绕组首尾相连，形成一个闭合的三角形，从绕组的首端A、B、C向外引出三条端线，没有中性线，这种连接方式称为电源的三角形联结，如图5-6所示。

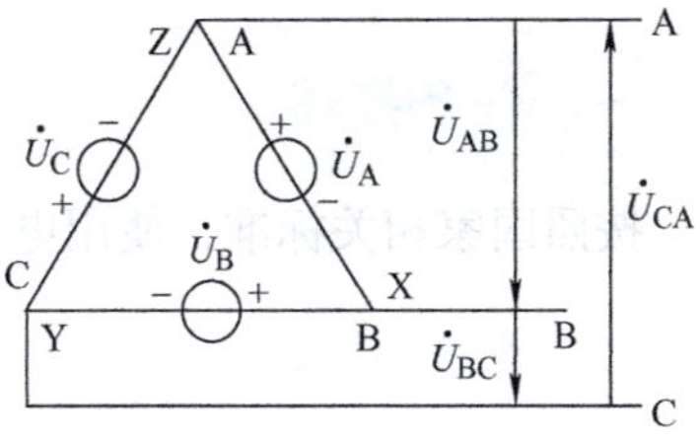

图5-6　三相交流电源的三角形联结

每相电源的电压称为相电压，用 $\dot{U}_p$ 表示。图5-6所示各相电压为 $\dot{U}_A$、$\dot{U}_B$、$\dot{U}_C$。

端线与端线之间的电压称为线电压，用 $\dot{U}_l$ 表示，图5-6中，各线电压为 $\dot{U}_{AB}$、$\dot{U}_{BC}$、$\dot{U}_{CA}$。

从三相交流电源的三角形联结结构可知，线电压等于对应的相电压，即

$$\left.\begin{aligned}\dot{U}_l&=\dot{U}_p\\ \dot{U}_{AB}&=\dot{U}_A=U\angle0°\\ \dot{U}_{BC}&=\dot{U}_B=U\angle-120°\\ \dot{U}_{CA}&=\dot{U}_C=U\angle120°\end{aligned}\right\} \tag{5-5}$$

三相绕组进行三角形联结时，没有中性点，所以没有中性线，因此三相电源进行三角形联结时只有三相三线制供电方式，只能提供一种电压。

四、三相交流电并网相序判断

1. 相序的定义

根据三相电源中各相电源经过同一值（如最大值）的先后顺序，我国定义三相交流电源的相序有正序和反序两种：①正序（顺时针），任何一相均在相位上超前于后一相 120°，相序为 A(U) – B(V) – C(W) – A(U)；②反序（逆时针），任何一相均在相位上滞后于后一相 120°，相序为 A(U) – C(W) – B(V) – A(U)。

我国常采用黄色导线表示 A 相，绿色导线表示 B 相，红色导线表示 C 相。

2. 相序判别的意义

发电机组在将三相交流电并入电网系统之前，要对电源进行相序匹配操作。相序一旦匹配错误，将对发电机和电网负载造成短路或环流，损坏发电机和电网设备，造成严重用电安全事故。

3. 相序判别的方法

相序判别的方法通常有电容法和电感法两种，如图 5-7 所示。

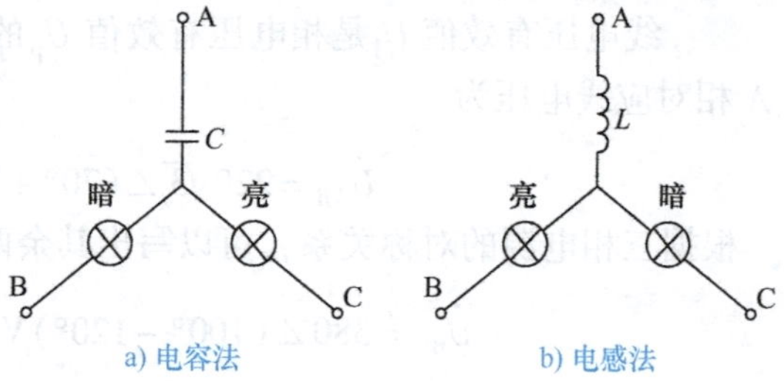

图 5-7　相序判别原理图

任务实施与评价

一、任务描述

按照国家相关标准，使用电容法判定三相交流电的相序。

二、任务要求

1）掌握电容法测量三相交流电相序的方法。

2）正确绘制电容法测量三相交流电相序的电路原理图。

3）根据任务实施现象对相序进行正确判断。

三、实施步骤

1）准备任务所需器件与材料：8μF/450V 电容、220V/25W 白炽灯、220V/40W 白炽灯、灯座、三相断路器、导线若干。

2）根据以下容抗计算公式算出任务提供的交流电容的容抗值为________Ω。

$$X_C = \frac{1}{\omega C} = \frac{1}{2\pi f C}$$

3）用万用表测量出 220V/25W 白炽灯的阻值约为________Ω，220V/40W 白炽灯的阻值约为________Ω。

4）根据各相负载阻抗大小要求相等或接近的原则，确定任务所需电容与白炽灯的型号与数量。

5）设计相序判断电路原理图。图 5-8 所示为选用 220V/25W 白炽灯为阻性负载的相序原理图（原理图设计不唯一）。

6）根据原理图对电路搭建所需所有电气元器件进行检测，确保其正常使用。

7）在网孔板上合理布局各元器件。

8）搭接相序测量电路，任取一相接电容，并定义为 A 相，其余两相接规格数量相同的白炽灯。

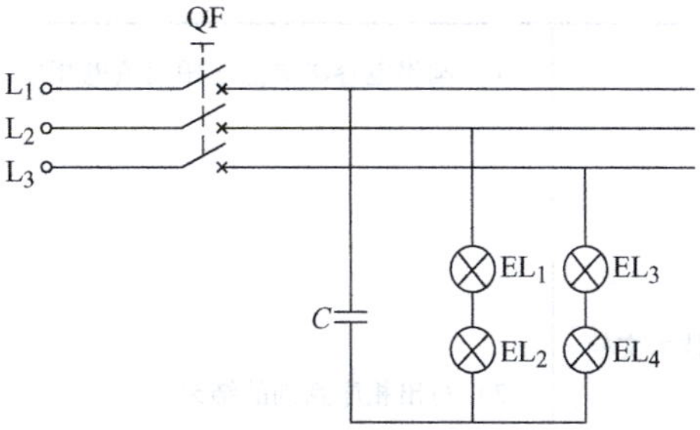

图 5-8　三相交流电源相序原理图

9）用万用表进行断电情况下的电路检测。

10）确保电路连接正确无误后，在指导老师的指导监督下接通三相交流电源，观察实训现象，正确进行三相交流电的相序判别。

四、注意事项

1）搭建电路时，三相对称电源做无中性线的星形联结，三相负载也做星形联结。

2）三相负载的阻抗大小必须相等或相近。

3）各相电阻性负载必须选择规格型号相同的白炽灯。

4）电路搭建完毕后，应先做断电检测，确保电路连接无误后，必须在老师的指导监督下通电，观察任务实施现象。

5）任务结束后，先断开网孔板内的低压断路器，再关闭网孔板外的三相交流电源总闸，最后拆卸电路，整理恢复工位。

五、任务实施报告

填写任务实施报告，见表 5-1。

表 5-1　任务实施报告

任务名称	电容法测量三相交流电的相序	学时	4 学时	日期	
组员					
成绩评定	实操测评（90%）			线上测评（10%）	
	自评：　互评：　教师评定：				
任务要求	1）掌握电容法测量三相交流电相序的方法 2）正确绘制电容法测量三相交流电相序的电路原理图 3）根据任务实施现象对相序进行正确判断				
工具、仪表与器材	1）数字万用表 1 块 2）8μF/450V 电容、220V/25W 白炽灯、220V/40W 白炽灯、灯座、三相断路器、导线若干 3）通用电工工具 1 套				

（续）

技术文档	1）画出电容法测量三相交流电相序的电路原理图 2）写出相序判别的结果
任务总结	简述电容法测量三相交流电相序的原理

六、评价标准

评价标准见表5-2。

表5-2 评价标准

评价项目		配分	考核内容及评分标准	评分
职业素养（20分）	6S基本要求	10	1. 着装不整齐、不规范，不穿戴相关防护用品等，每项扣2分 2. 工具、仪表、材料、作品摆放不整齐，每项扣2分 3. 操作完成后未清理、清扫施工现场，扣5分	
	安全操作	10	浪费耗材，不爱惜工具，扣3分；损坏工具、仪表扣本大项的20分；发生严重违规操作，取消操作成绩	
实操结果及质量（50分）	质量	30	1. 正确进行电容法测量三相交流电相序的电路连接，每错一处扣3分 2. 电路连接好后，通电观察白炽灯亮度，得出准确的测量结果，每错一处扣3分	
	工艺	10	导线连接牢靠，正确放置和使用工具和仪器仪表，每错一处扣3分	
	技术文件	10	按要求填写相关技术文件。填写内容错误，每项扣2分	

（续）

操作过程与检测结果（30分）	操作过程及规范	15	根据行业相关标准及规范操作。操作工序、操作规范等每错一处扣3分
	操作结果检测	15	正确进行操作结果的检测。结果检测方法不当、检测结果错误，每项扣3分

任务二　楼宇照明电路与故障检修

知识目标

1）正确认识楼宇照明电路的电路连接方式。

2）掌握三相负载星形联结下电压、电流的关系。

3）掌握中性线在三相不对称负载星形联结下的重要作用。

能力目标

1）掌握三相负载的星形联结方法。

2）能正确测量三相负载星形联结时的电压、电流参数。

3）掌握楼宇照明电路故障分析与检修方法。

敬劳模，传匠心

全国劳动模范、国网工匠——张华山

张华山，国网湖南省电力有限公司湘潭供电分公司检修公司变电检修一班副班长。虽然只有初中文化，但他身上有一种独特的气质，一种新时代奋斗者的精神。从17岁到电力系统当学徒，他一直扎根基层，勤奋敬业，在认真履行岗位职责的同时，不断学习，勇于创新。近几年，他先后主持完成了110kV易俗河变电站设备改扩建等15项重点工程，项项优质。由张华山牵头成立的变电检修劳模创新工作室，先后获得了6项国家发明专利，各类创新成果40多项。在同事眼中，张华山是善于创新的变电检修能手、“草根发明家”，甚至有人称他为电网设备的“医师”。他先后获得“全国劳动模范”和“湖南工匠”称号。

我们学习他扎根基层、爱岗敬业、默默付出、终成大器的工匠精神和“钉子精神”。

任务导入

在商场、教学楼、办公楼等公共场所，我们会发现这些楼宇的照明系统在关闭某一间房间或某一层楼的照明电路后，对其他房间或其他楼层不造成任何影响。其中的电路原理是什么？楼宇照明电路的结构如何？电路中负载的电压、电流有何特点？电路故障如何排除？

知识链接

一、楼宇照明电路的认识

楼宇照明电路是一种典型的三相负载星形联结电路。楼宇的所有照明负载分为三部分，每一部分与三相交流电源的某一相线以及中性线构成闭合回路，其中每一部分负载称为一相负载，结构如图5-9所示。

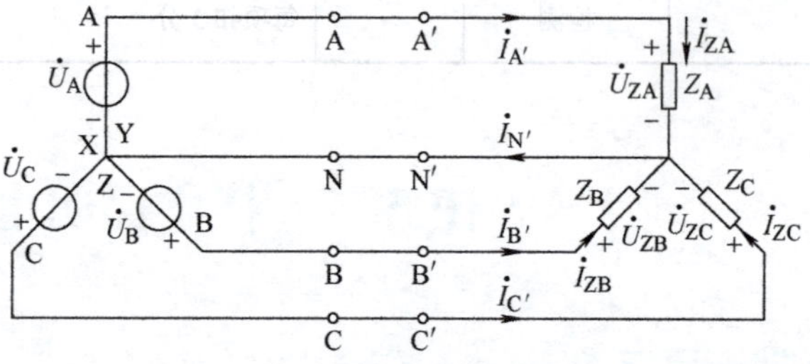

图5-9　三相负载星形联结电路

图5-9中，各相负载分别记作Z_A、Z_B、Z_C；负载的末端连在一起，称负载中性点，用N′表示；其引出线称为负载中性线。负载首端分别引出负载端线，工作时负载端线接到电源的相线上，负载中性线接到电源的中性线上。

每相负载两端承受的电压称为负载相电压，用 $\dot{U}_p$ 表示，图5-9中，负载的相电压为 $\dot{U}_{ZA}$、$\dot{U}_{ZB}$、$\dot{U}_{ZC}$。

端线与端线之间的电压称为负载线电压，用 $\dot{U}_l$ 表示，图5-9中，负载的线电压为 $\dot{U}_{A'B'}$、$\dot{U}_{B'C'}$、$\dot{U}_{C'A'}$。

三相电路中流过各相负载的电流称为负载相电流，用 $\dot{I}_p$ 表示，图5-9中，负载的相电流为 $\dot{I}_{ZA}$、$\dot{I}_{ZB}$、$\dot{I}_{ZC}$。

三相电路中流过各端线的电流称为负载线电流，用 $\dot{I}_l$ 表示，图5-9中，负载的线电流为 $\dot{I}_A$、$\dot{I}_B$、$\dot{I}_C$。

三相负载星形联结电路中，三相负载的线电压与三相电源的线电压一致，负载相电压与电源相电压一致。线电压U_l是相电压U_p的$\sqrt{3}$倍，在相位上，线电压超前对应的相电压30°，记作

$$\dot{U}_l = \sqrt{3}\,\dot{U}_p \angle 30° \tag{5-6}$$

线电流等于相电流，记作

$$\dot{I}_l = \dot{I}_p \tag{5-7}$$

二、三相对称负载的星形联结

若图5-9中三相负载阻抗相等，即$Z_A = Z_B = Z_C = Z$，称为三相对称负载。例如，生产上广泛使用的三相交流电动机、三相电阻炉等，就是三相对称负载。对称负载上线电流与相电流相等，相电流与相电压之间的关系为

$$\dot{I}_p = \frac{\dot{U}_p}{Z}, I_p = I_l = \frac{U_p}{|Z|} \tag{5-8}$$

三相对称负载构成星形联结后接入三相对称电源，由于三相对称电源恒有 $\dot{U}_A + \dot{U}_B + \dot{U}_C = 0$，且负载在中性点上电流满足 KCL，可得

$$\dot{I}_N = \dot{I}_{A'} + \dot{I}_{B'} + \dot{I}_{C'} = \frac{\dot{U}_{ZA} + \dot{U}_{ZB} + \dot{U}_{ZC}}{Z} = 0 \tag{5-9}$$

三相对称负载的星形联结电路中，中性线电流为零。

【例 5-2】　在对称三相电路中，三相对称负载做星形联结，各相负载阻抗为 $Z = (10 + j10)\Omega$，已知电源电压为 380V，试求各相负载的相电压、相电流、线电流的值。

解：由于电源电压 380V 指负载线电压，线电压 U_l 是相电压 U_p 的 $\sqrt{3}$ 倍，所以各相电压为

$$U_p = \frac{U_l}{\sqrt{3}} = \frac{380}{\sqrt{3}}\text{V} = 220\text{V}$$

由于各相负载阻抗为 $Z = (10 + j10)\Omega$，因此负载阻抗的大小为

$$|Z| = \sqrt{10^2 + 10^2}\,\Omega = 10\sqrt{2}\,\Omega$$

在三相对称负载的星形联结电路中，线电流等于相电流，所以各相负载的线电流与相电流为

$$I_l = I_p = \frac{U_p}{|Z|} = \frac{220}{10\sqrt{2}}\text{A} = 11\sqrt{2}\,\text{A}$$

三、三相负载的不对称概念

很多时候，三相负载电路阻抗并不完全相等。例如，楼宇照明电路中每一相的照明负载不一定完全相同，三相负载不对称。断开某一相照明负载，也属于三相负载的不对称。

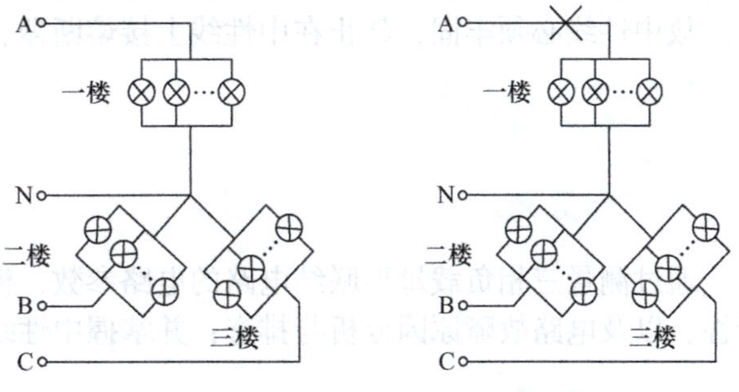

a) 每相负载阻抗不同　　b) 断开一相负载

图 5-10　三相不对称负载的星形联结

如图 5-10 所示，不对称负载在三相四线制供电情况下，由于中性线的存在，各相电压与线电压仍保持在额定值。例如，在 380/220V 三相四线制照明供电系统中，各相负载阻抗不同或断开其中一相，各相负载的相电压仍为 220V，负载仍工作在其额定工作电压下，电路照明正常。

照明电路若采用无中性线的三相三线制供电，情况如何？

设供电电路的线电压为 380V，照明灯泡的额定电压为 220V。分析图 5-11a 所示情况，在各相负载不对称的情况下断开中性线，任意两相负载的端电压是 380V，每相负载的端电压不一定是 220V，所有楼层的灯泡不保证都能正常工作。分析图 5-11b 所示情况，断开中性线和一相负载，当 B、C 两相负载对称且同时工作，负载上的电压为 190V，二楼和三楼的灯泡全部变暗，不能正常工作。再分析图 5-11c 所示情况，断开中性线和一相负载，B、C 两

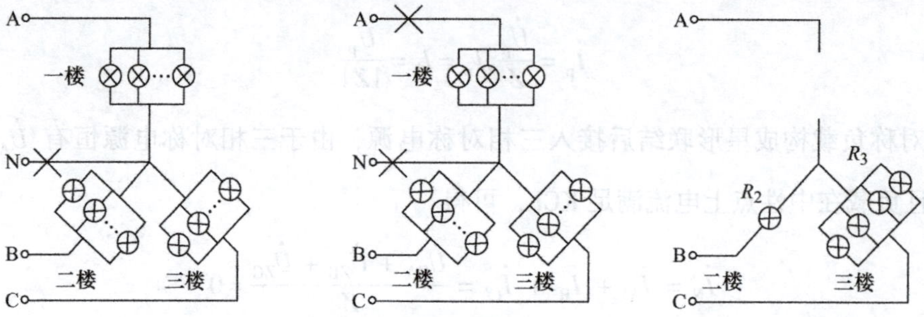

a) 仅断开中性线　b) 断开中性线和一相负载，另外两相对称　c) 断开中性线和一相负载，另外两相不对称

图 5-11　三相三线制供电电路

相的灯泡数量不同，$U_{BC}=380V$，设二楼灯泡的数量为三楼的1/4，则 $U_{R3}=\frac{1}{5}\times380V=76V$，$U_{R2}=\frac{4}{5}\times380V=304V$。二楼灯泡上的电压超过额定电压，灯泡被烧毁；三楼灯泡实际工作电压不足，均不亮。

通过以上分析，可知楼宇照明电路的故障主要表现在中性线断开或相线断开。

四、中性线的作用

对三相不对称负载电路的分析可知，当电源和负载都是星形联结时，负载不对称、无中性线时可能产生严重的过电压事故，负载的不平衡情况越严重，无中性线时产生的欠电压与过电压现象就越严重。此时中性线上有电流流过，中性线电流 $\dot{I}_N\neq0$。

因此，中性线的作用是为了保证负载的相电压对称，或者说保证负载均工作在额定电压下。故中性线必须牢固，禁止在中性线上接熔断器、断路器或开关。

任务实施与评价

一、任务描述

通过测量三相负载星形联结电路的电路参数，模拟训练楼宇照明电路的连接、电路伏安特性，以及电路故障原因分析与排查；并掌握中性线在三相四线制供电系统中的作用。

二、任务要求

1）熟练掌握三相负载的星形联结。

2）学会测量三相负载星形联结下的电压、电流参数，并验证相电压与线电压，相电流与线电流之间的关系。

3）学会三相四线制供电系统主要故障分析与排查。

4）掌握中性线在三相四线制供电电路中的重要作用。

三、实施步骤

1. 三相对称负载电路参数的测量

1）本任务采用三相交流电源 220V 供电。在电工技术实验装置中的三相交流电源如

图5-12所示，不“启动”三相交流电源。

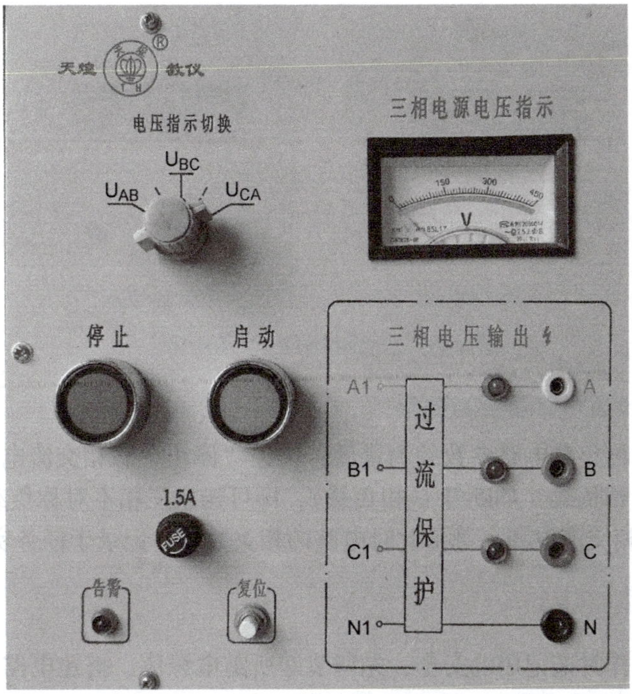

图5-12　三相交流电源

2）根据图5-13a，将同规格的6个白炽灯安装在三相负载电路模块（见图5-13b）中，构成三相对称负载的星形联结，并与三相交流电源相连。

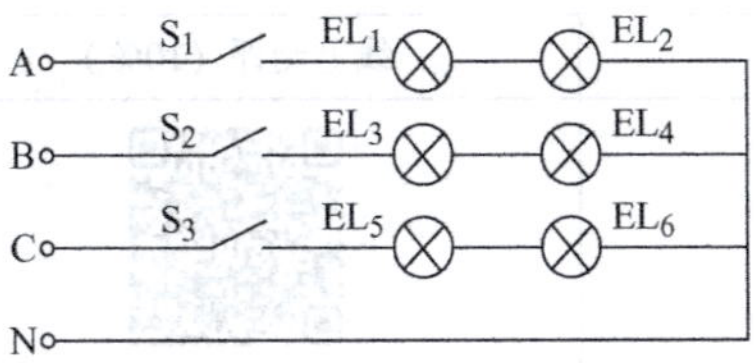

a) 电路连接原理图

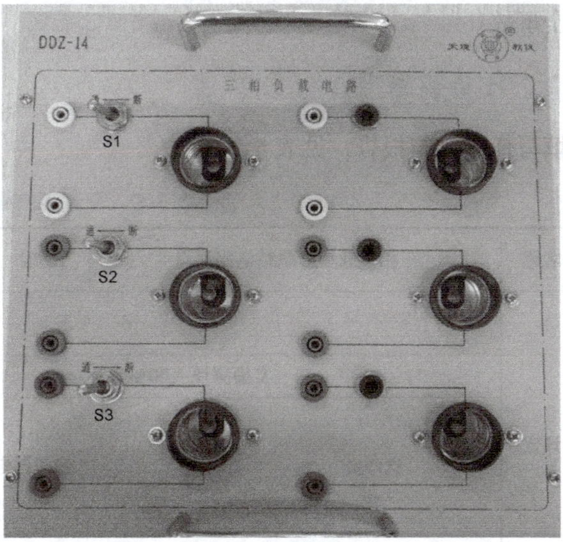

b) 三相负载电路模块

图5-13　三相对称负载的连接

3）实物电路搭建正确后，接通三相负载的开关，“启动”三相交流电源，用真有效值交流电压表与真有效值交流电流表（见图5-14）完成相关参数的测量，并如实记录数据于任务实施报告中。

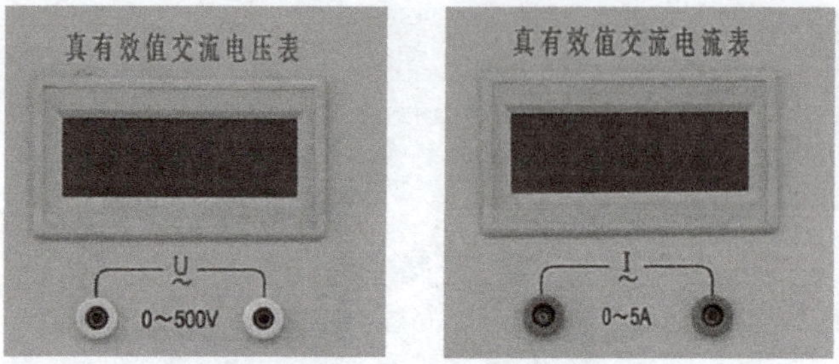

a) 交流电压表　　b) 交流电流表

图 5-14　交流电压表与交流电流表

2. 三相不对称负载电路参数的测量

1）完成三相对称负载电路参数的测量后，切记“停止”三相交流电源。

2）断开任意一相负载（如断开 *U* 相负载），即可构成三相不对称负载电路。

3）“启动”三相交流电源，测量此时电路的相关数据，记录于任务实施报告中。

四、注意事项

1）交流电路操作时谨记用电安全，先调节好所需电源值，搭建电路前务必关闭交流电源。待实物电路搭建正确无误后，方可合上电源，开始相关操作。变更参数测量前，也要先关闭交流电源，改动电路，再进行参数测量。所有操作结束后，应先关闭电源，再拆除电路，恢复现场。严禁带电改动电路。

2）交流电源的输出电压值，用数字万用表测量确认后再输入待测电路中，避免发生用电安全事故。

五、任务实施报告

填写任务实施报告，见表 5-3。

表 5-3　任务实施报告

<table>
<tr><td>任务名称</td><td>三相负载星形联结电路测量</td><td>学时</td><td>2 学时</td><td>日期</td><td></td></tr>
<tr><td>组员</td><td colspan="5"></td></tr>
<tr><td rowspan="2">成绩评定</td><td colspan="3">实操测评（90%）</td><td colspan="2">线上测评（10%）</td></tr>
<tr><td colspan="3">自评：　　互评：　　教师评定：</td><td colspan="2"></td></tr>
<tr><td>任务要求</td><td colspan="5">1）熟练掌握三相负载的星形联结
2）学会测量三相负载星形联结下的电压、电流参数，并验证相电压与线电压，相电流与线电流之间的关系
3）学会三相四线制供电系统主要故障分析与排查
4）掌握中性线在三相四线制供电电路中的重要作用</td></tr>
</table>

（续）

工具、仪表与器材

1）电工技术实验装置
2）三相负载电路模块（电阻性负载用同规格白炽灯代替）
3）数字万用表1块

技术文档

绘制三相对称负载电路原理图，参见图5-13a

技术文档

三相对称负载星形联结电路测量数据记录

测试项目	相电压/V			线电压/V			相电流/mA			线电流/mA			中性线电流/mA
	U_A	U_B	U_C	U_{AB}	U_{BC}	U_{CA}	I_{ZA}	I_{ZB}	I_{ZC}	I_A	I_B	I_C	I_N
有中性线													
无中性线													

技术文档

三相不对称负载星形联结电路测量数据记录

测试项目	相电压/V			线电压/V			相电流/mA			线电流/mA			中性线电流/mA
	U_A	U_B	U_C	U_{AB}	U_{BC}	U_{CA}	I_{ZA}	I_{ZB}	I_{ZC}	I_A	I_B	I_C	I_N
有中性线													
无中性线													

任务总结

1）简述三相对称负载电路中线电压与相电压的关系，线电流与相电流的关系。有无中性线对电路产生什么影响？

（续）

任务总结	2）简述三相不对称负载电路中中性线的作用 3）任务实施环节出现了什么问题？如何解决的？

六、评价标准

评价标准见表5-4。

表5-4 评价标准

评价项目		配分	考核内容及评分标准	评分
职业素养（20分）	6S基本要求	10	1. 着装不整齐、不规范，不穿戴相关防护用品等，每项扣2分 2. 工具、仪表、材料、作品摆放不整齐，每项扣2分 3. 操作完成后未清理、清扫施工现场，扣5分	
	安全操作	10	浪费耗材，不爱惜工具，扣3分；损坏工具、仪表扣本大项的20分；发生严重违规操作，取消操作成绩	
实操结果及质量（50分）	质量	30	1. 正确进行三相负载的星形联结，每错一处扣3分 2. 电路连接好后，根据任务要求正确测量电路参数，每错一处扣3分	
	工艺	10	导线连接牢靠，正确放置和使用工具和仪器仪表，每错一处扣3分	
	技术文件	10	按要求填写相关技术文件。填写内容错误每项扣2分	
操作过程与检测结果（30分）	操作过程及规范	15	根据行业相关标准及规范操作。操作工序、操作规范等每错一处扣3分	
	操作结果检测	15	正确进行操作结果的检测。结果检测不当、检测结果错误，每项扣3分	

任务三 三相异步电动机与极性判定

知识目标

1）认识三相异步电动机的结构。

2）了解三相异步电动机的转动原理。

3）掌握三相异步电动机的星形联结和三角形联结。

4）掌握三相负载三角形联结下的电路特性。

能力目标

1）正确使用指针式万用表，养护得当。

2）掌握直流法判定三相异步电动机的方法。

敬劳模，传匠心

“90后”大师——王增木

王增木，现任湘电集团电机事业部质量部高级技师、“海上风力发电技术与检测国家重点实验室”试验首席操作师。

王增木扎根在试验岗位9年，勤奋学习、勇于探索，快速成长为电机试验技术骨干。近年来，电机事业部承担了多项国家级新产品研发任务，每一项新产品的试验工作都是新的挑战。王增木从新产品的开发意向出发，查看技术图样资料、核对试验能力、制定试验技术方案、整理数据报告，与团队成员连续奋战，经过反复论证及验证实施，圆满完成了各项高难度研发任务。他提出的“直流馈能”方案为国家节约试验消耗费用近1000万元。

王增木先后被评为“五一先锋”“湖南省五一劳动奖”“百优工匠（维修电工）”“全国技术能手”，他用行动向广大青年展示了“敢学、敢想、敢做、敢为”的正能量。

任务导入

在三相交流电路中，三相异步电动机是一类非常典型且应用最广泛的三相负载，被广泛应用于机床、中小型轧钢设备、风机、水泵、轻工机械、冶金和矿山机械等的电力拖动，三相异步电动机也可作为发电机，用于风力发电和小型水电站等。

作为重要的三相负载，三相异步电动机的结构如何？工作原理怎样？有哪几种连接方式，其电路特性如何？购买的新电动机可以直接使用吗？若电动机接线板损坏，定子绕组分不清时如何进行判定？一系列问题将在本任务中得到解决。

知识链接

1. 三相异步电动机的结构

一、认识三相异步电动机

三相异步电动机是靠同时接入380V三相交流电（相位差120°）供电的一类电动机，由于三相异步电动机的转子与定子旋转磁场以相同的方向、不同的转速旋转，存在转差率，所以叫作三相异步电动机。外形结构如图5-15所示。

三相异步电动机是由定子和转子两个基本部分组成，它们之间由气隙分开。如图5-16a所示，定子是电动机的静止部分，包括机座、定子铁心和定子绕组等部分。

机座用铸铁或铸钢制成，起支撑作用。定子铁心如图5-16b所示，由内圆周表面均匀冲有线槽的圆环形硅钢片叠压而成，该线槽用来放置定子绕组。定子绕组是电动机的电路部分，通入三相交流电后可产生旋转磁场。

图5-15 三相异步电动机外形结构

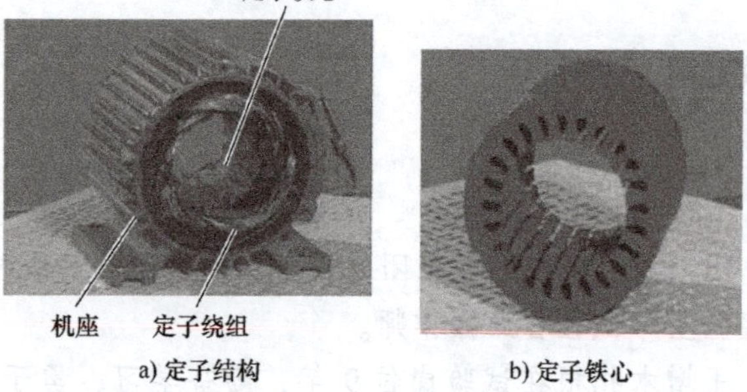

图5-16 电动机定子结构与定子铁心

转子是电动机的旋转部分，包括转轴、转子铁心和转子绕组等部分。

转轴用以传递转矩及支撑转子的重量，一般由中碳钢或合金钢制成。转子铁心由导磁性能好、外圆周表面冲有线槽的硅钢片叠成。转子绕组对称放置在转子铁心的轴向线槽内。电动机转子结构如图5-17所示。

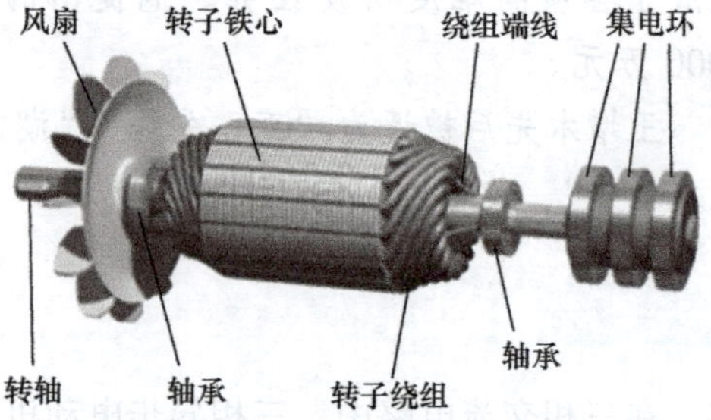

图5-17 电动机转子结构

2. 三相异步电动机的工作原理

当电动机的三相定子绕组（各相差120°电角度）通入三相对称交流电后，产生一个旋转磁场，该旋转磁场切割转子绕组，从而在转子绕组中产生感应电流（转子绕组是闭合通路），载流的转子导体在定子旋转磁场作用下产生电磁力，从而在电动机转轴上形成电磁转矩，驱动电动机旋转，并且电动机旋转方向与旋转磁场方向相同。

二、三相异步电动机的连接方式

三相异步电动机通常有两种连接方式：星形联结与三角形联结。

1. 星形联结

三相异步电动机的星形联结，是将电动机的三相定子绕组的三个末端连接在一起作为公共端，由三个首端引出接电源相线的连接方式，如图 5-18a 所示。

由于三相异步电动机的三相定子绕组阻值完全相同，因此，电动机的星形联结也是三相对称负载星形联结的一种实际应用。当电动机接入三相对称交流电源后，三相异步电动机绕组上的相电压与线电压、相电流与线电流的关系与任务二中介绍的三相对称负载星形联结下的电路伏安特性完全一致，这里不再赘述。

2. 三角形联结

三相异步电动机的三角形联结，是将电动机的三相定子绕组的首尾端依次连接在一起的方式，如图 5-18b 所示。

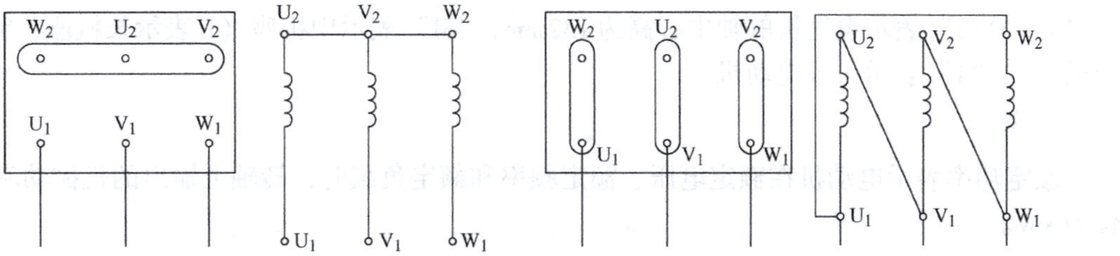

a) 星形联结　　b) 三角形联结

图 5-18　电动机的两种连接方式

三相异步电动机三角形联结下接入三相对称电源时的电路如图 5-19 所示。

负载两端的电压即为相电压，记作 $\dot{U}_p$，图 5-19 中，相电压为 $\dot{U}_{ZA}$、$\dot{U}_{ZB}$、$\dot{U}_{ZC}$。

负载端线与端线之间的电压即为线电压，记作 $\dot{U}_l$，图 5-19 中，线电压为 $\dot{U}_{A'B'}$、$\dot{U}_{B'C'}$、$\dot{U}_{C'A'}$。

负载流过的电流即为相电流，记作 $\dot{I}_p$，图 5-19 中，相电流为 $\dot{I}_{ZA}$、$\dot{I}_{ZB}$、$\dot{I}_{ZC}$。

端线上流过的电流即线电流，记作 $\dot{I}_l$，图 5-19 中，线电流为 $\dot{I}_{A'}$、$\dot{I}_{B'}$、$\dot{I}_{C'}$。

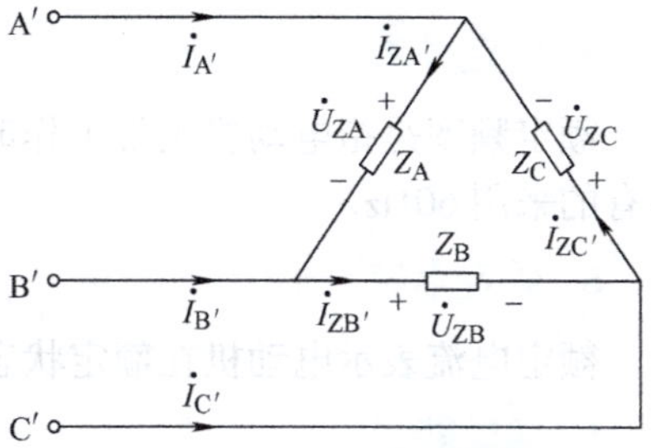

图 5-19　负载做三角形联结时的三相电路

在对称负载的三角形联结电路中，相电压与线电压、相电流与线电流的关系为

$$\left.\begin{aligned} &\dot{U}_l = \dot{U}_p \\ &\dot{I}_l = \sqrt{3}\,\dot{I}_p \angle -30^\circ \\ &\dot{I}_p = \frac{\dot{U}_p}{Z},\ I_p = \frac{U_p}{|Z|} \end{aligned}\right\} \tag{5-10}$$

即相电压与线电压相等，线电流 I_l 是相电流 I_p 的 $\sqrt{3}$ 倍，线电流滞后对应相电流 30°。

三、三相异步电动机的铭牌介绍

图5-20所示是三相异步电动机的铭牌，用铆钉钉在电动机外壳上，上面标有电动机的型号、工作电压、电流等额定参数和接法等。

型号：Y132M–4	功率：7.5kW	防护等级：IP44
电压：380V	电流：15.4A	功率因数：0.84
接法：△	转速：144r/min	绝缘等级：B
频率：50Hz	重量：18kg	工作方式：连续
年 月	编号	××电动机厂

图5-20 三相异步电动机的铭牌

1. 型号

三相异步电动机的型号主要由电机系列代号、轴中心高、机座长度代码、铁心长度代号和磁极极数等构成。例如图5-20中的Y132M－4，“Y”表示Y系列一般用途异步电动机（YR表示绕线转子异步电动机），“132”表示电动机的轴中心高为132mm，“M”表示中机座（L表示长机座，S表示短机座），“4”表示4极电动机。

2. 额定功率

额定功率表示电动机在额定电压、额定频率和额定负载时，转轴上输出的机械功率，单位为kW。

3. 额定电压

额定电压是指电动机定子三相绕组规定应加的线电压值，单位为伏（V）。一般中、小型三相异步电动机额定电压为380V，且要求电压波动范围不超过额定电压的±5%。若铭牌上标有两个额定值220/380V，则表示定子绕组做三角形（△）联结时，其额定电压应是220V，而做星形（Y）联结时，其额定电压应是380V。

4. 额定频率

额定频率是指电动机正常工作时的电源频率，国产异步电动机的额定频率为50Hz，国外有的采用60Hz。

5. 额定电流

额定电流表示电动机在额定状态下运行时定子电路输入的线电流，单位为安（A）。

6. 额定转速

铭牌上的转速是指电动机在额定状态下的转速，单位为转/分（r/min）。

7. 绝缘等级

绝缘等级是指电动机定子绕组所用的绝缘材料的等级，它表明电动机所允许的最高工作温度。绝缘材料的等级共分为七级，分别是Y：90°、A：105°、E：120°、B：130°、F：155°、R：180°、C：180°以上。

8. 工作方式

工作方式指电动机在额定工作情况下，不同工作条件和情况下允许的持续时间和周期。常用的工作方式有连续（S1）、短时（S2）及断续（S3）三种。

9. 防护等级

防护等级表示电动机的防护能力。防护标志IP44含义：IP为特征字母，为“International Degree of Protect”的缩写；44 表示 4 级防固体（防止大于 1mm 固体进入电动机）及 4 级防液体（任何方向溅水应无害影响）。

四、三相异步电动机的极性判定

三相异步电动机定子绕组的连接方式直接影响电动机的起动电流和带负载能力。当三相异步电动机接线板损坏，定子绕组六个线头分不清楚时，不可盲目接线，以免引起电动机内部故障，必须分清六个线头的首尾端后才能接线。对于新购置的电动机，在使用前也必须要进行首尾端的判别，以防出厂时标注错误。因此，不论哪种情况，三相异步电动机在使用前都要进行电动机的极性判定。

常用的三相异步电动机极性判定方法有直流测试法和交流测试法。

任务实施与评价

一、任务描述

按照国家相关标准，利用直流法正确判定三相异步电动机绕组的极性，并画出其接线原理图。

二、任务要求

1）正确使用指针式万用表，养护得当。

2）能用直流法正确判定三相异步电动机绕组极性。

三、实施步骤

1. 指针式万用表使用前的准备

（1）外观检查　目测，确保万用表外观无破损。

（2）机械调零　将万用表水平放置在操作台上，用一字螺钉旋具调节万用表的机械调零旋钮，直至指针指向表盘的左侧电压档零刻度线位置，完成机械调零操作。

（3）欧姆调零　将万用表功能旋钮旋至“Ω”档，档位旋钮旋至量程“100”；万用表红表笔插入表上“+”接线端，黑表笔插入“*”接线端。短接红黑表笔，调节欧姆调零旋钮，使指针指向表盘的右侧电阻档零刻度线位置，完成欧姆调零操作。

图 5-21　MF500 型指针式万用表

MF500 型指针式万用表如图 5-21 所示。

2. 直流法正确判定三相异步电动机绕组的极性

1）打开接线盒（见图 5-22a），拆除连接片（见图 5-22b）。

2）如图 5-23 所示，在 6 个接线端上引出 6 根引出线线长约为 20cm。

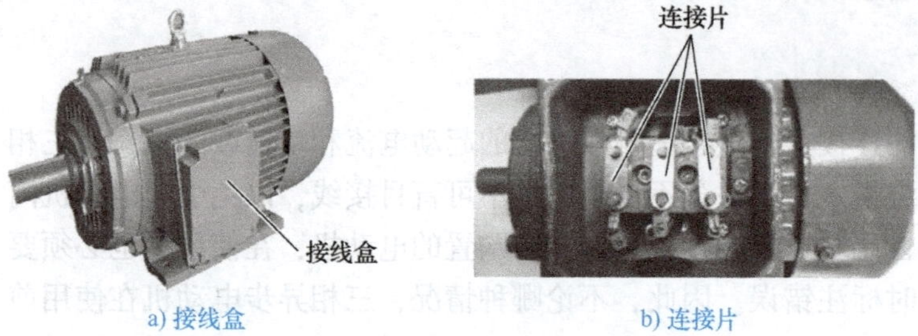

a) 接线盒　　b) 连接片

图 5-22　电动机接线盒内部结构

图 5-23　引出 6 根线头

3）找出同相绕组。将万用表功能旋钮调节至"Ω"档，档位旋钮旋至量程"100"；测量电动机的任意两个引出线间的阻值。若 $R=R_X$（固定阻值），则两引出线对应的接线端为同一绕组，并做好标记；若 $R=\infty$（无穷大），则两线头对应的接线端不属于同一绕组。

4）用直流法判断出三组线头的首尾端即极性判定。

① 取任一相绕组，自定义其首尾端，并做好标记。

② 如图 5-24 所示，将定义好首尾端的绕组与开关 S 和 3V 直流电源构成串联电路，并保证开关 S 处于断开状态。

③ 将万用表功能旋钮调至"A"档，档位旋钮调至"μA"档。

④ 万用表的红、黑表笔分别接入另一绕组的两个引出线。

⑤ 合上开关 S 的瞬间，观测指针偏转情况：若指针正偏（向右摆动），说明万用表黑表笔对应的接线端与电源正极对应的接线端同为绕组的首端或尾端；若指针反偏（向左摆动），则万用表红表笔所对应的接线端与电源正极所对应的接线端同为首端或尾端。同理，可测出另一绕组的首、尾端。

⑥ 用不同颜色的标签标注三相异步电动机的 6 个首尾端，完成三相定子绕组的极性判定。

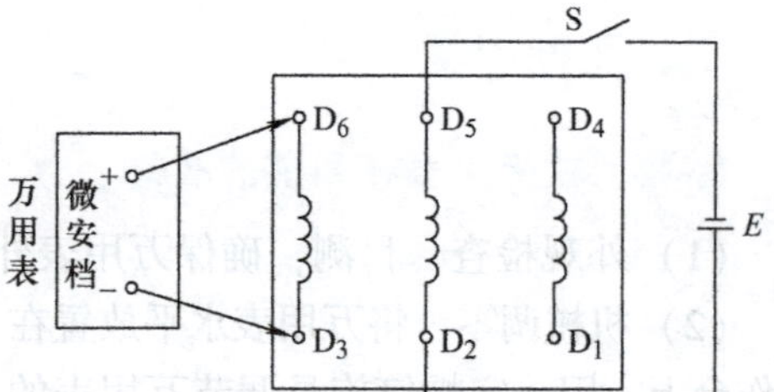

图 5-24　直流法判定三相异步电动机极性接线图

四、注意事项

1）正确放置指针式万用表，并在使用前进行外观检查、机械调零和欧姆调零。

2）找出电动机同相绕组的两个线头后，要进行明确标记。

3）用直流法判定绕组极性时，应在开关闭合瞬间观察万用表的指针摆动情况，进行绕组极性的判定。不要在开关闭合一段时间后，或是在开关断开瞬间观察指针摆动情况，后两种方式会引起判定错误。

4）任务结束后，先关闭 3V 直流电源，再拆除各引出线，安装连接片，盖好接线盒，整理好设备，清理好现场。

5）万用表使用完毕后，应将功能旋钮和档位旋钮均调至空档“·”，即关闭指针式万用表，起到保护万用表内部电池的目的。

五、任务实施报告

填写任务实施报告，见表5-5。

表5-5　任务实施报告

任务名称	三相异步电动机极性判定	学时	2学时	日期	
组员					
成绩评定	实操测评（90%）			线上测评（10%）	
	自评：　　互评：　　教师评定：				
任务要求	1）正确使用指针式万用表，养护得当 2）能用直流法正确判定三相异步电动机绕组极性				
工具、仪表与器材	1）万用表1块 2）三相异步电动机1台、3V直流电源、导线若干 3）通用电工工具1套				
技术文档	画出直流法判定三相异步电动机绕组极性的接线原理图，并在电动机上标注出三相绕组				
任务总结	采用直流法进行绕组极性判定时，为什么不能在开关S闭合很久后再观察万用表指针偏转情况？				

六、评价标准

评价标准见表5-6。

表 5-6 评价标准

评价项目		配分	考核内容及评分标准	评分
职业素养（20 分）	6S 基本要求	10	1. 着装不整齐、不规范，不穿戴相关防护用品等，每项扣 2 分 2. 工具、仪表、材料、作品摆放不整齐，每项扣 2 分 3. 操作完成后未清理、清扫施工现场，扣 5 分	
	安全操作	10	浪费耗材，不爱惜工具，扣 3 分；损坏工具、仪表扣本大项的 20 分；发生严重违规操作，取消操作成绩	
实操结果及质量（50 分）	质量	30	1. 正确连接电路，每错一处扣 3 分 2. 按照直流法判定三相异步电动机极性的步骤，判定电动机极性，得出准确的功能结果，每错一处扣 3 分	
	工艺	10	导线连接牢靠，布局合理，正确放置仪表等，每错一处扣 3 分	
	技术文件	10	按要求填写相关技术文件。填写内容错误，每项扣 2 分	
操作过程与检测结果（30 分）	操作过程及规范	15	根据行业相关标准及规范操作。操作工序、操作规范等每错一处扣 3 分	
	操作结果检测	15	正确进行操作结果的检测。结果检测方法不当、检测结果错误，每项扣 3 分	

任务四　三相电路功率计算与电能计量电路安装与调试

知识目标

1）掌握三相电能计量电路的组成部分。

2）能正确识读电气元件与电气原理图。

能力目标

1）掌握三相交流电路中各电气元件的检测方法。

2）能完成三相电能计量电路的安装，布线安全美观。

3）能对计量电路进行电气检测与故障排查。

敬劳模，传匠心

电力安全的守护者——王湘如

湘电集团动能事业部供电维修班的王湘如忙碌在每一个抢修现场，为确保集团公司生产的正常进行和家属区的正常供电做出了自己的贡献，多次被集团公司评为“先进生产工作者”和“优秀共产党员”。

1997 年，21 岁的王湘如进入湘电集团，成为一名外线电工。外线电工的主要工作是从事高低压线路的架设、检修和运行维护，高低压线路设备的安装、检修和运行维护。在一次对某水站的线路改造中，第一次独立布线的王湘如，不到 10 分钟就把线路布好了。师傅看后说："布线讲究横平竖直，这么乱怎么行？重来！"一向自信满满的王湘如一下子蒙了，这才意识到布线不是连完就了事，还要考虑美观、安全、易操作。于是他按照师傅的要求认真重新布线，而这一次他花了一个多小时。从那次后，王湘如改变了以往做事随意的习惯，每次布完线路后，都会做到"横平竖直"，而且会顺便将线头以及安装过程中产生的垃圾都清理好，确保既安全又美观。

我们学习他时刻注意电气施工的安全、规范、讲工艺、美观和清洁的电工职业素质。

任务导入

在工矿企业、学校、商场等众多公共场所均采用三相交流供电系统实现照明和电力拖动等。三相电路功率如何计算？如何衡量三相交流供电系统的能耗？三相电能计量电路由哪些电气元件组成？如何安装与调试？本任务将进行讲解与操作训练。

知识链接

一、三相电路功率计算

三相电路的功率与单相电路一样，分为有功功率、无功功率和视在功率。

1. 有功功率

三相电路的有功功率 P 等于各相有功功率之和，即

$$P = P_A + P_B + P_C \tag{5-11}$$

当三相电路负载对称时，总有功功率为

$$P = 3U_pI_p\cos\varphi = \sqrt{3}U_lI_l\cos\varphi \tag{5-12}$$

2. 无功功率

三相电路的无功功率 Q 等于各相无功功率之和，即

$$Q = Q_A + Q_B + Q_C \tag{5-13}$$

当三相电路负载对称时，总无功功率为

$$Q = 3U_pI_p\sin\varphi = \sqrt{3}U_lI_l\sin\varphi \tag{5-14}$$

3. 视在功率

三相电路的视在功率 S 等于各相视在功率之和，即

$$S = S_A + S_B + S_C \tag{5-15}$$

当三相电路负载对称时，总视在功率为

$$S = 3U_pI_p = \sqrt{3}U_lI_l \tag{5-16}$$

视在功率、有功功率和无功功率的关系为

$$S = \sqrt{P^2 + Q^2} \tag{5-17}$$

三相交流电路中，有功功率的基本单位为 W，无功功率的基本单位为 var，视在功率的基本单位为 V · A。

【例 5-3】 已知对称三相电路负载为三角形联结，每相负载 $Z = (12 + j16)\,\Omega$，接入线电

压为380V的三相电源，试求三相负载相电流、线电流、有功功率、无功功率和视在功率。

解：每相负载阻抗为

$$Z=(12+\mathrm{j}16)\Omega=20\angle 53.1°\Omega$$

根据已知条件可知

$$U_l=U_p=380\text{V}$$

相电流和线电流为

$$I_p=\frac{U_p}{|Z|}=\frac{380}{20}\text{A}=19\text{A},\ I_l=\sqrt{3}I_p=19\sqrt{3}\text{A}=33\text{A}$$

有功功率、无功功率和视在功率分别为

$$P=3U_pI_p\cos\varphi=3\times380\times19\times0.6\text{W}=12996\text{W}$$
$$Q=3U_pI_p\sin\varphi=3\times380\times19\times0.8\text{var}=17328\text{var}$$
$$S=3U_pI_p=3\times380\times19\text{V}\cdot\text{A}=21660\text{V}\cdot\text{A}$$

二、三相电路的功率测量

三相四线制电路中，负载一般是不对称的，需分别测出各相功率后再相加，才能得到总功率，测量电路如图5-25所示，称为“三瓦计”法。

若上述电路对称，则各相功率相等，只要测出一相负载的功率，然后乘以3，就可得到三相负载的总功率，称为“一瓦计”法。

在三相三线制电路中，无论负载对称与否，都可以使用两只功率表测量三相功率，如图5-26所示。这种方法称为“二瓦计”法。两只功率表的接线原则是：两只功率表的电流线圈分别串接于任意两根端线中，而电压线圈则分别并联在本端线与第三根端线之间，这样两只功率表的读数的代数和就是三相电路的总功率。显然，二瓦计法的测量电路还有其他两种形式，请读者自行画出。

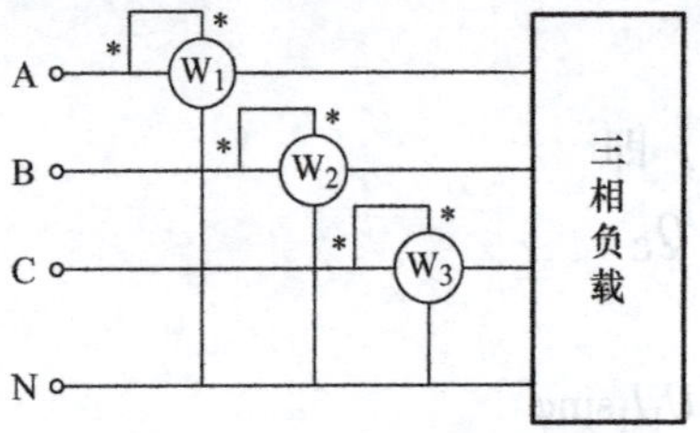

图5-25 “三瓦计”法测量功率

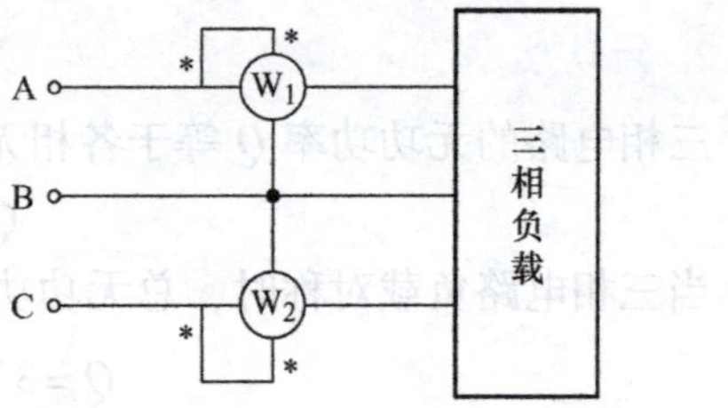

图5-26 “二瓦计”法测量功率

三、三相电能计量电路的组成

三相电能计量电路主要由三相电能表、断路器、熔断器、插座及电气负载等组成。其中，电气负载又分为单相电气负载和三相电气负载。照明负载如灯泡等为单相电气负载，电气拖动等所需的三相异步电动机为三相电气负载。插座根据电气负载的不同也分为单相插座与三相插座。单相电气负载的安装方法在项目四中有详细介绍，此处不再赘述。这里重点介绍三相电能表与三相插座的安装方法。

1. 三相电能表

(1) 三相电能表的介绍 三相电能表又称三相电度表（见图5-27），是用于测量三相交流电路中电源输出电能或负载消耗电能的电能表。

三相电能表的主要参数如下：

1）额定电压：3×220/380V，表示该电能表工作在电源相电压为220V、线电压为380V的三相交流电源电路中。

2）基本电流（最大额定电流）：3×10(40)A，表示各相相电流的基本电流为10A，最大额定电流为40A。

3）电能表常数：1600imp/kW·h，表示每消耗1kW·h电，指示灯闪烁1600次。

4）工作频率：50Hz。

（2）三相电能表与三相电源的连接　三相四线制有功电能表（3根相线和1根中性线）为常见的三相电能计量电路用电能表，此类电能表接线盒内有10或11个接线端子。其中1、4、7号接线端是三相电源各相线的进线端；3、6、9号接线端为各相线的出线端；10号端子是中性线N的进线端，11号端子是中性线N的出线端，部分三相电能表的10号与11号端子重合。具体接线如图5-28所示。

图5-27　电子式三相电能表

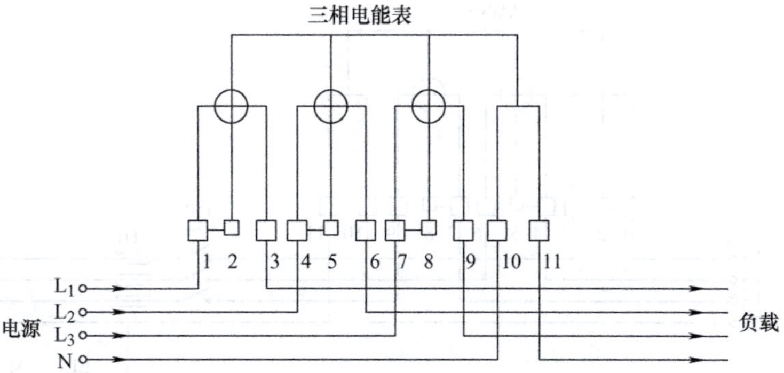

图5-28　三相电能表与三相电源的接线

2. 三相插座

三相插座是为三相电气负载提供电源的器件，其面板孔位是4孔（接3根相线和一根中性线）的三相插座最为常见，供电电压一般为380V，如图5-29所示。

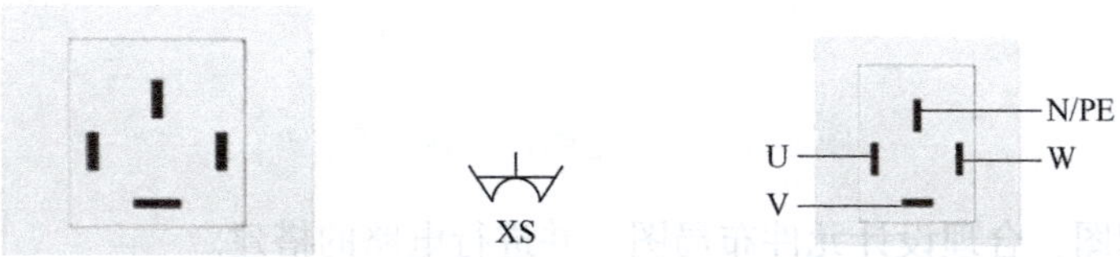

a) 外形结构　　b) 图形符号　　c) 接线方法

图5-29　三相插座

任务实施与评价

一、任务描述

按照国家相关标准，进行三相电能计量电路的安装，实现三相电能的计量功能。

二、任务要求

1）将三相用电负载（三相异步电动机）、单相用电负载（灯泡）、单控开关、双控开关、单相插座、三相插座等设备与电气元件接入三相计量电路中，实现三相异步电动机的正常运转、灯泡的单控和双控功能，并能正确度量三相供电电路的能耗。

2）学会用数字万用表进行三相计量电路检测。

三、实施步骤

1）提供的电气元件与材料：塑料线槽板若干、三相电能表、三相断路器、单相断路器、熔断器、三相插座、三相异步电动机、单相两孔插座、单相三孔插座、白炽灯、单控开关、双控开关、塑料线卡若干、护套线若干。

2）根据任务要求与提供的元器件，设计三相电能计量电路原理图，参考如图 5-30 所示（原理图设计不唯一）。

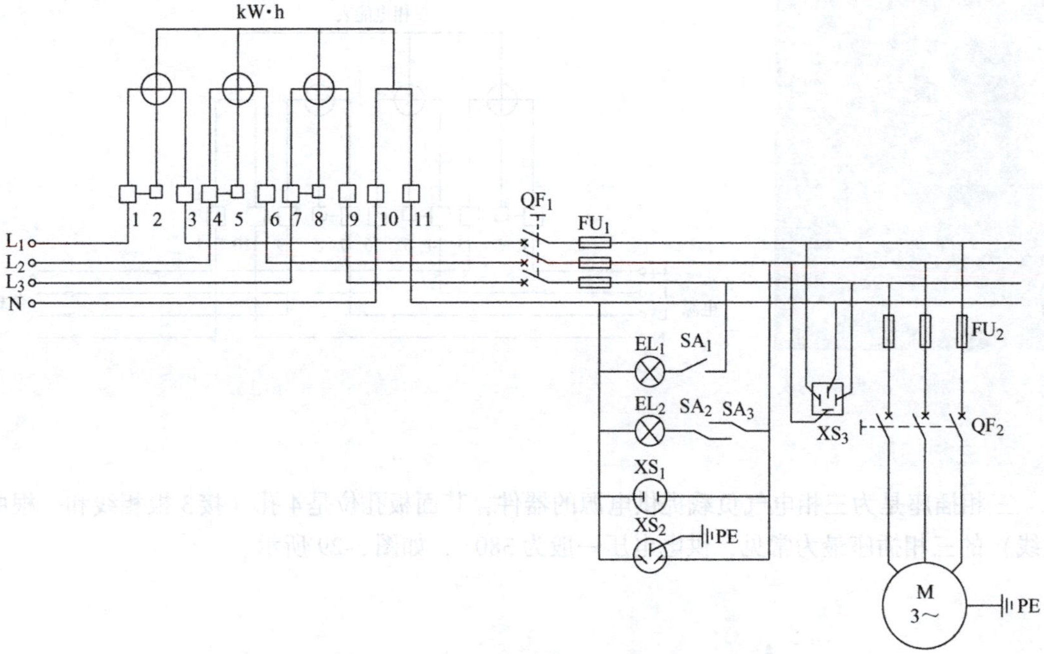

图 5-30　三相电能计量电路原理图

3）根据原理图，合理设计元件布局图，并进行电路的搭建。

4）在断电情况下，用万用表对带三相电能计量电路进行检测。

5）确保电路连接正确无误后，在指导老师监护下接通三相交流电源，验证三相电能计量电路板安装的功能正确性：三相电能表能正常工作；三相异步电动机通电能正常运行。

四、注意事项

1）搭建电路前，正确检测各元件的结构与功能完好性。

2）电路搭建完后，用万用表检测电路搭建的正确性。

3）确保电路搭建的工艺性要求。

4）通电检测时，必须有指导老师在现场监护，同时做到安全文明生产。

5）实训结束后，先关闭网孔板上的各负载开关，再断开低压断路器，再关闭网孔板外的交流电源总闸，最后拆卸电路，整理恢复工位。

五、任务实施报告

填写任务实施报告，见表5-7。

表5-7　任务实施报告

<table>
<tr><td>任务名称</td><td>三相电能计量电路安装与调试</td><td>学时</td><td>4学时</td><td>日期</td><td></td></tr>
<tr><td>组员</td><td colspan="5"></td></tr>
<tr><td rowspan="2">成绩评定</td><td colspan="3">实操测评（90%）</td><td colspan="2">线上测评（10%）</td></tr>
<tr><td colspan="3">自评：　　互评：　　教师评定：</td><td colspan="2"></td></tr>
<tr><td>任务要求</td><td colspan="5">1）将三相用电负载（三相异步电动机）、单相用电负载（灯泡）、单控开关、双控开关、单相插座、三相插座等设备与电气元器件接入三相计量电路中，实现三相异步电动机的正常运转、灯泡的单控和双控功能，并能正确度量三相供电电路的能耗
2）学会用数字万用表进行三相计量电路检测与调试</td></tr>
<tr><td>工具、仪表与器材</td><td colspan="5">1）数字万用表1块
2）塑料线槽板若干、三相电能表、三相断路器、单相断路器、熔断器、三相插座、三相异步电动机、单相两孔插座、单相三孔插座、白炽灯、单控开关、双控开关、塑料线卡若干、护套线若干
3）通用电工工具1套</td></tr>
<tr><td>技术文档</td><td colspan="5">画出三相电能计量电路安装原理图</td></tr>
<tr><td>任务总结</td><td colspan="5">电路安装有哪些用电安全知识？</td></tr>
</table>

六、评价标准

评价标准见表5-8。

表5-8 评价标准

评价项目		配分	考核内容及评分标准	评分
职业素养（20分）	6S基本要求	10	1. 着装不整齐、不规范，不穿戴相关防护用品等，每项扣2分 2. 工具、仪表、材料、作品摆放不整齐，每项扣2分 3. 操作完成后未清理、清扫施工现场，扣5分	
	安全操作	10	浪费耗材，不爱惜工具，扣3分；损坏工具、仪表扣本大项的20分；发生严重违规操作，取消操作成绩	
实操结果及质量（50分）	质量	30	1. 三相电能表安装正确。每错一处扣10分 2. 三相电能表安装在电路板上，不能倾斜。每错一处2分 3. 能正确布线、工艺美观、符合安全要求，元器件、导线排列整齐，不松动，不压线。每错一处扣3分 4. 单相插座和三相插座的安装符合安全用电规范。三相插座接线时，应将地线接在上面插孔的接线柱。每错一处扣3分 5. 接上电动机，接上电源，合上电源开关，电动机正常运转。每错一处扣5分 6. 三相计量电路能正常完成计量工作。每错一处扣3分	
	工艺	10	护套线应敷设得横平竖直，不松弛、不扭曲、不可损坏护套层，按工艺要求进行布线。每错一处扣2分	
	技术文件	10	按要求填写相关技术文件。填写内容错误，每项扣2分	
操作过程与检测结果（30分）	操作过程及规范	15	根据行业相关标准及规范操作。操作工序、操作规范等每错一处扣3分	
	操作结果检测	15	正确进行操作结果的检测。结果检测方法不当、检测结果错误，每项扣3分	

任务五 带交流接触器的电动机点动控制电路安装与调试

知识目标

1）掌握交流接触器的组成部分。

2）能正确识读电气原理图。

能力目标

1）掌握交流接触器的拆装与检测方法。

2）能完成带交流接触器的典型继电控制电路安装与调试，布线安全美观。

3）能对继电控制电路进行电气检测与故障排查。

敬劳模，传匠心

从普通装配工到“大国工匠”——徐仲维

徐仲维，湖南湘电动力有限公司高低压电器装配工，高级技师，“湖湘工匠人物”，享受国务院政府特殊津贴，先后荣获全国五一劳动奖章、全国技术能手、全国装备制造调整和振兴规划立功竞赛先进个人等诸多荣誉。多年来，凭借着开拓进取、勇于创新的拼搏精神和不惧艰难、攻坚克难的奋斗精神，默默奉献在研制和制造以及高低压电器总装一线。

徐仲维一直把“简单的事情重复做就会成为专家，重复的事情用心做就会成为赢家”作为自己前行的动力，也让我们看到了他身上爱岗敬业、任劳任怨、勤于学习和勇于超越自我的坚毅品格。

任务导入

在企业的产品生产加工过程中，经常需要操作人员对车床进行控制，如刀架快速移动控制。刀架的快速移动采用的是一种点动控制电路，它是通过按钮和接触器来实现控制的。

本次任务重点学习交流接触器的结构与拆装，以及带接触器的三相异步电动机的点动正转控制电路安装。

知识链接

一、按钮

1. 按钮

按钮是一种用人体某一部分（一般为手指或手掌）施加外力而操作，并具有弹簧储能复位功能的控制开关。按钮的触头允许通过的电流较小，一般不超过5A。因此，一般情况下，按钮不直接控制主电路（大电流电路），而是在控制电路中（小电流电路）发出指令或信号，控制接触器、继电器等，再由它们去控制主电路的通断、功能转换或电气联锁。外形如图5-31所示。

图5-31　按钮的外形

按钮一般由按钮帽、复位弹簧、动触头、常闭触头和常开触头等部分组成，其结构与符号如图5-32所示。

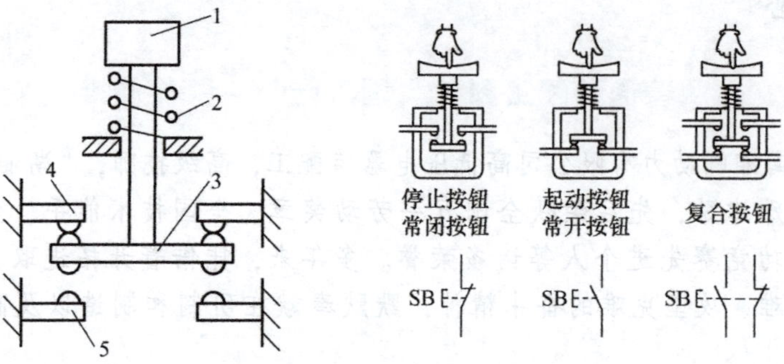

a) 外形结构 b) 不同类型按钮的文字与图形符号

图 5-32 按钮的结构与符号

1—按钮帽 2—复位弹簧 3—动触头 4—常闭触头 5—常开触头

2. 按钮的分类

根据按钮不受外力（即静态）时触头的分合状态，可分为起动按钮（即常开按钮）、停止按钮（即常闭按钮）和复合按钮（即常开、常闭触头组合为一体的按钮）。对起动按钮而言，按下按钮帽时触头闭合，松开后触头自动断开复位。停止按钮则相反，按下按钮帽时触头分开，松开后触头自动闭合复位。复合按钮是按下按钮帽时，桥式动触头向下运动，使常闭触头先断开，常开触头后闭合；当松开按钮帽时，则常闭触头先分断复位，常开触头再闭合复位。

在本任务中，对三相异步电动机进行点动正转控制时，按下按钮电动机正转，松开按钮电动机停止运转，采用起动按钮来实现。

二、交流接触器

1. 接触器

在电力拖动过程中，有一种广泛应用于自动接通或断开电路的器件，即接触器。它的优点是能实现远距离自动操作，具有欠电压和失电压自动释放保护功能，控制容量大，工作可靠，操作频率高，使用寿命长；适用于远距离频繁地接通和断开交、直流主电路及大容量的控制电路，其主要控制对象是电动机，也可以用于控制电热设备、电焊机以及电容器组等其他负载。因此，在电力拖动和自动控制系统中得到了广泛的应用。

接触器按主触头通过电流的种类，可分为交流接触器和直流接触器两类，如图 5-33 所示。

2. 交流接触器的型号与含义

交流接触器结构和工作原理基本相同，常用的有 CJT1、CJ20 和 CJ40 等系列。下面以 CJ 系列为例，介绍其型号及含义如图 5-34 所示。

3. 交流接触器的结构

交流接触器主要由电磁系统、触头系统、灭弧装置、反力装置支架和底座等几部分组成，如图 5-35 所示。

a) 交流接触器

b) 直流接触器

图 5-33　交、直流接触器

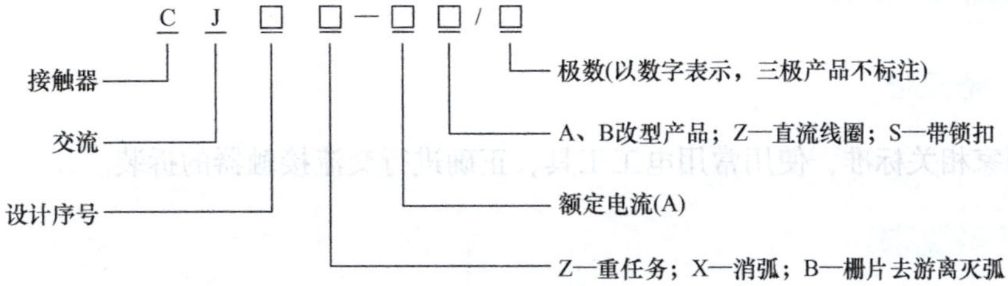

图 5-34　交流接触器的型号及含义

（1）电磁系统　电磁系统由电磁线圈、铁心、衔铁组成。电磁机构的功能是操作触头的闭合和断开。

（2）触头系统　触头系统是接触器的执行元件，用来接通或断开被控制电路。触头系统包括主触头和辅助触头。主触头用于通断电流较大的主电路，辅助触头用于接通或断开控制电路，只能通过较小的电流。按其原始状态可分为常开触头和常闭触头。原始状态（线圈未通电）为断开，线圈通电后闭合的触头叫作常开触头。原始状态闭合，线圈通电后断开的触头叫作常闭触头（线圈断电，所有触头复原）。

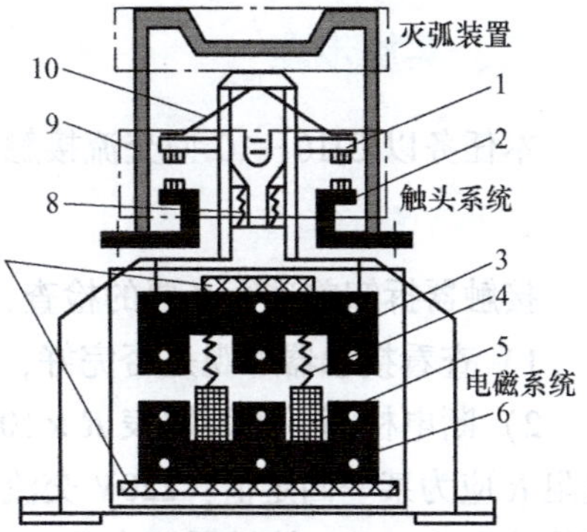

图 5-35　交流接触器结构示意图

1—动触头　2—静触头　3—衔铁　4—弹簧　5—线圈　6—铁心　7—垫毡　8—触头弹簧　9—灭弧罩　10—触头压力弹簧

（3）灭弧装置　额定电流在 10A 以上的接触器都有灭弧装置，常采用纵缝灭弧罩与栅片灭弧装置。

（4）反力装置　包括弹簧、传动机构、接线柱和外壳等。

（5）支架与底座　用于接触器的固定和安装。

4. 交流接触器的图形与文字符号

交流接触器在电路中的图形与文字符号如图 5-36 所示。

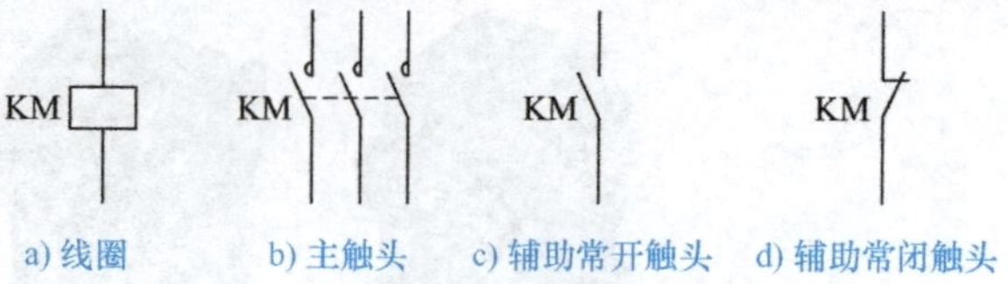

图 5-36 交流接触器的图形与文字符号

5. 交流接触器的工作原理

接触器是一种自动的电磁式开关，触头的通断是电动操作。当线圈通电后，线圈电流产生磁场，使静铁心产生电磁吸力，将衔铁吸合。衔铁带动触头动作，使常闭触头断开、常开触头闭合。当线圈断电时，电磁吸力消失，衔铁在反作用力弹簧的作用下释放，各触头随之复位。

6. 接触器的作用

在电工学上，因为接触器是一种可快速切断交流与直流主回路，并且可频繁地接通与切断大电流控制电路的装置，所以经常应用于电动机等控制对象，也可用于控制工厂设备、电热器、工作母机和各种电力机组等电力负载。接触器不仅能接通和切断电路，而且具有低电压释放保护作用，因此是自动控制系统中的重要元件之一。

任务实施与评价一

一、任务描述

按照国家相关标准，使用常用电工工具，正确进行交流接触器的拆装。

二、任务要求

1）学会正确使用电工工具和仪表。

2）掌握交流接触器的拆装过程，并正确进行检测。接触器需要拆下线圈、铁心、触头和大弹簧等。

3）增强电工规范操作意识，培养良好的电工技能习惯。

三、实施步骤

本任务以 CJ10－10 型交流接触器为例，进行拆装训练。

1. 拆卸前的检查

接触器拆卸前进行必要的检查，确保接触器功能正常。

1）查看接触器外观是否完好，使用螺钉旋具检查各接线螺栓是否紧固。

2）断电检测，用万用表 $R\times100$ 档，检测线圈、常开触头、常闭触头的电阻值。线圈电阻 R 应为某一固定值：220V 交流接触器线圈电阻值约为 600Ω，380V 交流接触器线圈电阻值约为 1500Ω。接触器压合前：常开触头电阻 R 应为∞；常闭触头电阻 R 应趋向于 0Ω。接触器压合后：常开触头电阻 R 应趋向于 0Ω；常闭触头电阻 R 应为∞。

3）通电检测，接触器的电磁系统不应有噪声；用万用表 $R\times100$ 档检测常开触头和辅助常闭触头的电阻值，其结果应与“接触器压合后”测得的结果一致。

2. 拆卸交流接触器

1）将接触器翻转，使其底部向上，用手按压底盖板，如图 5-37a 所示；并拧松螺钉（两个），取下底盖板，如图 5-37b 所示。在取下底盖板的过程中，按压的手要慢慢松开，防止弹簧飞出丢失，保证缓冲绝缘纸片不脱落。

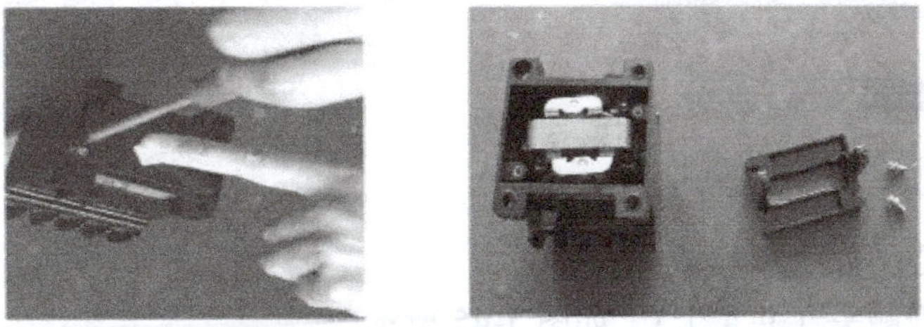

a) 松开底盖板螺钉　　b) 取下底盖板，放好螺钉

图 5-37　取下底盖板，放好螺钉

2）取下静铁心、静铁心支架、缓冲弹簧（短的两个）、反作用力弹簧（长的两个），如图 5-38 所示。

3）松开线圈接线螺栓（两个），取下线圈，如图 5-39 所示。

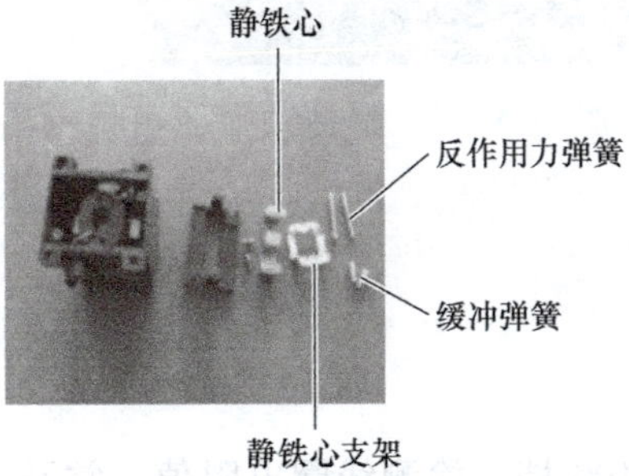

图 5-38　取下静铁心、静铁心支架、缓冲弹簧、反作用力弹簧

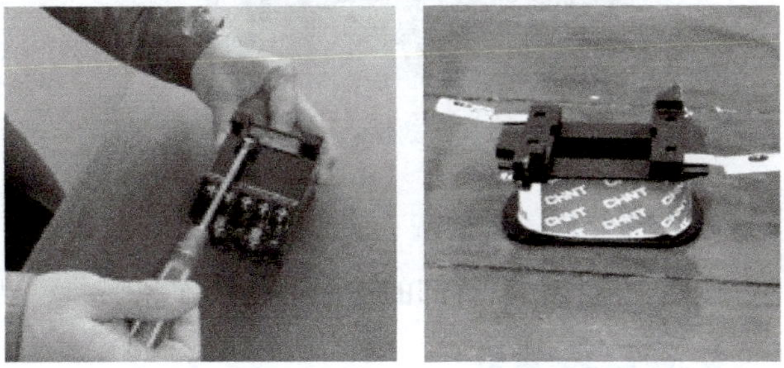

a) 松开线圈接线螺栓两个　　b) 取下线圈

图 5-39　松开线圈接线螺栓，取下线圈

4）取下所有主、辅触头接线螺栓（14 个），如图 5-40 所示。

5）取下常开静触头（10 个），如图 5-41 所示。

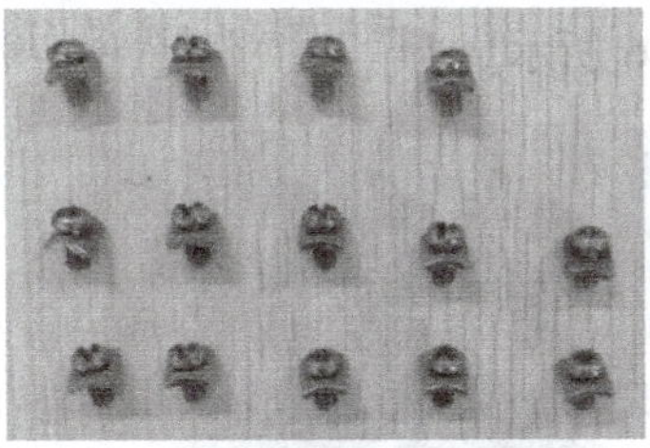

图 5-40　主、辅触头接线螺栓示意图

图 5-41　常开静触头点示意图

6）取下动触片。用尖嘴钳夹住动触片边缘（包括主触头 3 个和辅助触头 4 个），侧旋 45°，如图 5-42 所示，向外拉出触头；观察主触头、辅助触头的不同，并分开存放好，如

图 5-43所示。

图 5-42 钳住动触片

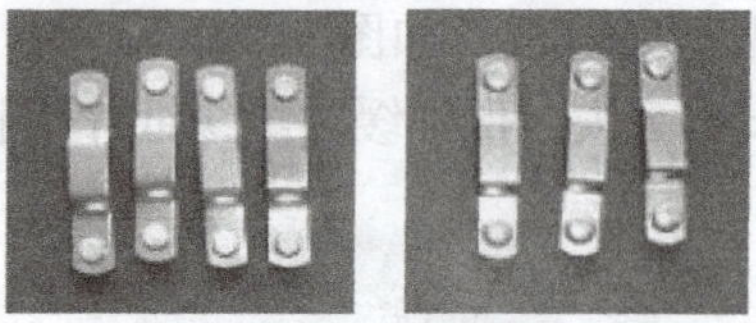

a) 辅助触头 b) 主触头

图 5-43 主触头和辅助触头

7）取下动铁心，如图 5-44 所示。

8）取下常闭静触头（共 4 个），如图 5-45 所示。

图 5-44 动铁心

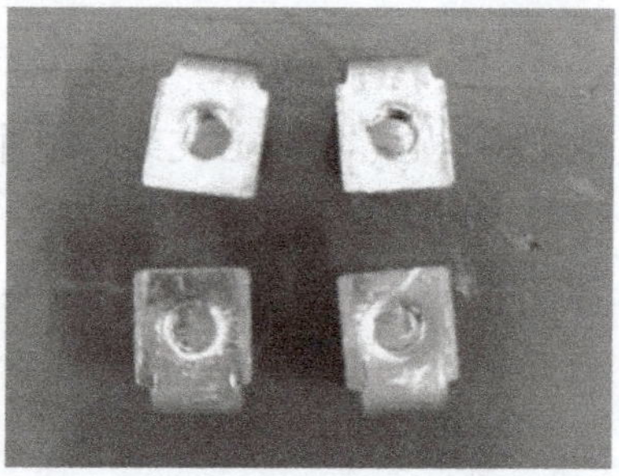

图 5-45 常闭静触头

3. 交流接触器的装配

按照交流接触器拆卸的逆序进行装配。

4. 装配后的检测

（1）断电检测 接触器在断电状态下，用万用表 $R \times 100$ 档，检测线圈电阻值、常开/常闭触点的电阻值，其结果应与拆卸前的结果相同。

（2）通电检测 接触器接通工作所需交流电后，电磁系统不应有噪声；常开/常闭触头的电阻值检查，其结果应与“接触器压合后”的检测结果一致。

（3）触头闭合时的压力测试 在断电情况下，用比触头略宽一些的 0.1mm 厚小纸条放入主触头或辅助触头的动、静触头之间，使接触器触头闭合，向外拉出小纸条，观察小纸条的状态，判断动、静触头间的压力是否合格，如图 5-46 所示。

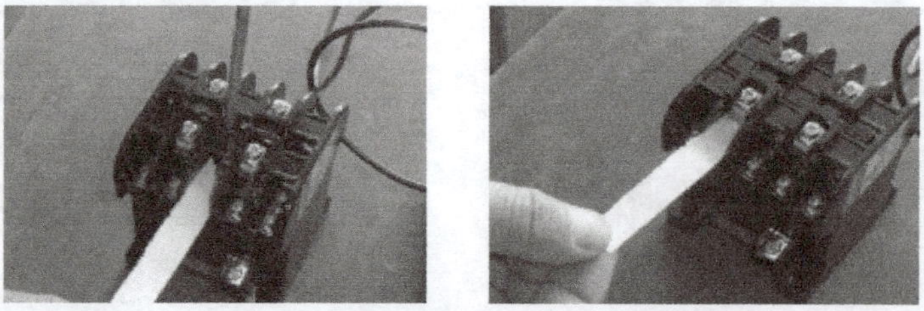

a) 主触头压力测试 b) 常闭辅助触头压力测试

图 5-46 触头压力测试

测试结果说明：

1）稍用力，纸条即可拉出，且纸条上有轻微划痕，触头压力合适。

2）纸条几乎不用力就可很容易拉出，且纸条上没有任何划痕，触头压力过小。

3）纸条被撕裂或拉断，触头压力过大。

触头压力过小或过大都要调整触头压力弹簧或更换新弹簧直至压力符合要求。

四、注意事项

1）拆卸接触器时，应将零件分类摆放整齐、点清数量，以免缺失零件。

2）拆卸过程中不允许硬撬元件，以免损坏电器。装配辅助静触头时，要防止卡住动触头。

3）接触器通电检测时，应确保用电安全。

4）调整触头压力时，注意不要损坏接触器的主触头。

五、任务实施报告

填写任务实施报告，见表5-9。

表5-9　任务实施报告

<table>
<tr><td>任务名称</td><td colspan="2">交流接触器的拆装</td><td>学时</td><td>4学时</td><td>日期</td><td></td></tr>
<tr><td>组员</td><td colspan="6"></td></tr>
<tr><td rowspan="2">成绩评定</td><td colspan="4">实操测评（90%）</td><td colspan="2">线上测评（10%）</td></tr>
<tr><td>自评：</td><td>互评：</td><td colspan="2">教师评定：</td><td colspan="2"></td></tr>
<tr><td>实训要求</td><td colspan="6">1）学会正确使用电工工具和仪表
2）掌握交流接触器的拆装过程，并正确进行检测。接触器需要拆下线圈、铁心、触头和弹簧等
3）增强电工规范操作意识，培养良好的电工技能习惯</td></tr>
<tr><td>工具、仪表与器材</td><td colspan="6">1）万用表1块
2）CJ10交流接触器1只
3）通用电工工具1套</td></tr>
<tr><td>技术文档</td><td colspan="6">1）完成CJ10交流接触器的拆装后，写出CJ10交流接触器拆装步骤（接触器需要拆下线圈、铁心、触头和大弹簧等）</td></tr>
</table>

（续）

技术文档	2）给出 CJ10 交流接触器装配好之后的测试结果，具体包括断电时线圈的阻值、主触头及辅助触头的通断状态，通电能否正常工作等
任务总结	拆装过程中出现了什么问题？如何解决的？

六、评价标准

评价标准见表 5-10。

表 5-10　评价标准

评价项目		配分	考核内容及评分标准	评分
职业素养（20 分）	6S 基本要求	10	1. 着装不整齐、不规范，不穿戴相关防护用品等，每项扣 2 分 2. 工具、仪表、材料、作品摆放不整齐，每项扣 2 分 3. 操作完成后未清理、清扫施工现场，扣 5 分	
	安全操作	10	浪费耗材，不爱惜工具，扣 3 分；损坏工具、仪表扣本大项的 20 分；发生严重违规操作，取消操作成绩	
实操结果及质量（50 分）	质量	30	1. 按照 CJ10 交流接触器正确的拆卸方法和步骤进行拆卸（要求拆卸处均需拆卸），每错一处扣 3 分 2. 按照 CJ10 交流接触器正确的装配方法和步骤进行装配与调试，直至交流接触器能正常使用，每错一处扣 3 分	
	工艺	10	正确使用工具和仪器仪表，未损坏交流接触器的零件和固件，每错一处扣 3 分	
	技术文件	10	按要求填写相关技术文件。填写内容错误，每项扣 2 分	
操作过程与检测结果（30 分）	操作过程及规范	15	根据行业相关标准及规范操作。操作工序、操作规范等每错一处扣 3 分	
	操作结果检测	15	正确进行操作结果的检测。结果检测方法不当、检测结果错误，每项扣 3 分	

任务实施与评价二

一、任务描述

按照国家相关标准，进行三相异步电动机点动正转控制电路的安装与调试。掌握三相异步电动机点动正转控制电路所需要的主要控制元器件及其连线方法，正确实现电动机的点动正转控制。

二、任务要求

1）设计系统电气原理图，并标出端子号。

2）绘制元器件布置图。

3）根据正确的原理图和元器件、设备，完成元器件布置并安装、接线。要求元器件布置整齐、匀称、合理，安装牢固；导线进槽、美观；接线端接编码套管；接点牢固、接点处裸露导线长度合适、无毛刺；电动机和按钮接线进端子排。

4）实现对三相异步电动机的点动正转控制。

三、实施步骤

三相异步电动机点动正转控制电路原理图如图 5-47 所示。

1）在连接电路前，应先熟悉起动按钮、交流接触器、断路器、熔断器的结构形式、动作原理与接线方式。

2）在不通电的情况下，观察各元器件有无破损，用万用表检测各元器件功能是否正常，电源电压是否符合要求。

3）将元器件按照布置图如图 5-48 所示，均匀、整齐、紧凑、合理地布置在网孔板上。

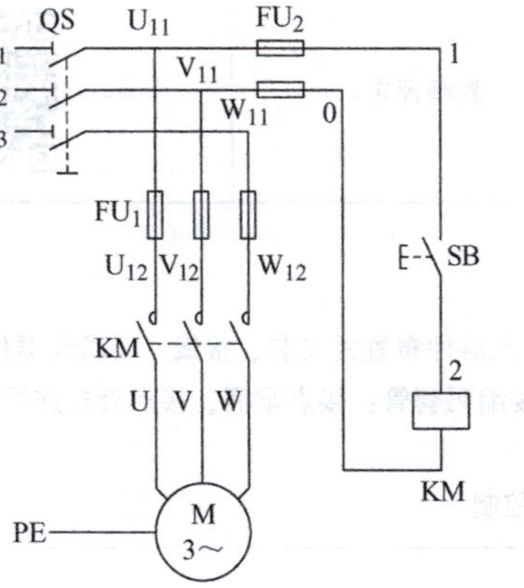

图 5-47　三相异步电动机点动正转控制电路原理图

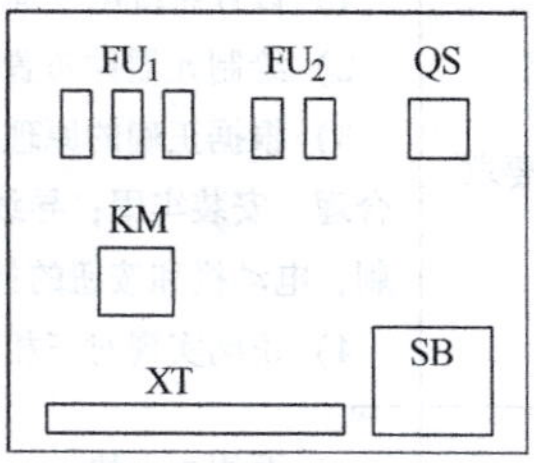

图 5-48　元器件布置图

4）控制电路采用红色铜芯软导线，按钮线采用红色铜芯软导线，接地线采用绿黄双色铜芯线，线径根据电动机容量而定。布线时，先将主电路的导线配完后，再配控制电路的导线；布线应平直、整齐、紧贴敷设面、走线合理，接点不得松动。

5）接线前应先检查电动机的外观有无异常。如条件许可，可用手转动电动机的转子，观察转子转动是否灵活，与定子间是否有摩擦现象等。

6）按照三相异步电动机点动正转控制电路原理图，检查网孔板上布线的正确性。特别是二次接线，一般可采用万用表进行校线，以确保电路连接正确无误。

7）接电源、电动机等网孔板外部的导线，接线完成后，让老师检查后方可通电进行功能检查。合上电源开关 QS 后，起动：按下起动按钮 SB，交流接触器 KM 主触头闭合，电动机 M 起动正转运行；停止：松开起动按钮 SB，交流接触器 KM 主触头断开，电动机 M 断电停运。停止使用时，断开电源开关 QS。

四、注意事项

1）搭建电路前，正确检测各元器件的结构与功能完好性。

2）电路搭建完后，在断电情况下用万用表检测电路搭建的正确性。

3）确保电路搭建的工艺性要求。

4）通电检测时，必须有指导老师在现场监护，同时做到安全文明生产。

5）实训结束后，先关闭网孔板上的各负载开关，再断开低压断路器，再关闭网孔板外的交流电源总闸，最后拆卸电路，整理恢复工位。

五、任务实施报告

填写任务实施报告，见表 5-11。

表 5-11　任务实施报告

<table>
<tr><td>任务名称</td><td>三相异步电动机点动正转控制电路</td><td>学时</td><td>4 学时</td><td>日期</td><td></td></tr>
<tr><td>组员</td><td colspan="5"></td></tr>
<tr><td rowspan="2">成绩评定</td><td colspan="3">实操测评（90%）</td><td colspan="2">线上测评（10%）</td></tr>
<tr><td colspan="3">自评：　　互评：　　教师评定：</td><td colspan="2"></td></tr>
<tr><td>任务要求</td><td colspan="5">1）设计系统电气原理图，并标出端子号
2）绘制元器件布置图
3）根据正确的原理图和元器件、设备完成元器件布置并安装、接线。要求元器件布置整齐、匀称、合理，安装牢固；导线进槽、美观；接线端接编码套管；接点牢固、接点处裸露导线长度合适、无毛刺；电动机和按钮的接线进端子排
4）正确实现对三相异步电动机的点动正转控制</td></tr>
<tr><td>工具、仪表与器材</td><td colspan="5">1）万用表 1 块
2）三相异步电动机、断路器、起动按钮、交流接触器、熔断器、接线端子排、网孔板、塑料铜芯线、线槽板、编码套管等
3）通用电工工具 1 套</td></tr>
</table>

（续）

<table>
<tr><td rowspan="4">技术文档</td><td>1）画出三相异步电动机点动正转控制电路的原理图</td></tr>
<tr><td>2）绘制元器件布置图</td></tr>
<tr><td>3）根据电动机参数和点动正转控制电路原理图列出元器件清单
<table>
<tr><th>序号</th><th>名称</th><th>型号</th><th>规格与主要参数</th><th>数量</th><th>备注</th></tr>
<tr><td>1</td><td></td><td></td><td></td><td></td><td></td></tr>
<tr><td>2</td><td></td><td></td><td></td><td></td><td></td></tr>
<tr><td>3</td><td></td><td></td><td></td><td></td><td></td></tr>
<tr><td>4</td><td></td><td></td><td></td><td></td><td></td></tr>
<tr><td>5</td><td></td><td></td><td></td><td></td><td></td></tr>
<tr><td>6</td><td></td><td></td><td></td><td></td><td></td></tr>
<tr><td>7</td><td></td><td></td><td></td><td></td><td></td></tr>
<tr><td>8</td><td></td><td></td><td></td><td></td><td></td></tr>
<tr><td>9</td><td></td><td></td><td></td><td></td><td></td></tr>
<tr><td>10</td><td></td><td></td><td></td><td></td><td></td></tr>
</table></td></tr>
<tr><td>4）简述系统调试步骤</td></tr>
<tr><td>任务总结</td><td>安装调试过程中遇到哪些问题？如何解决的？</td></tr>
</table>

六、评价标准

评价标准见表5-12。

表 5-12　评价标准

评价项目		配分	考核内容及评分标准	评分
职业素养与操作规范（20分）	6S 基本要求	10	1. 着装不整齐、不规范，不穿戴相关防护用品等，每项扣2分 2. 工具、仪表、材料、作品摆放不整齐，每项扣2分 3. 操作完成后未清理、清扫施工现场，扣5分	
	工作前准备	10	清点元器件、仪表、电工工具、电动机等，并测试元器件好坏。工具准备少一项扣2分，工具摆放不整齐扣5分	
任务完成情况（80分）	技术文件	20	1. 主电路设计不全或设计有错，每处扣2分；控制电路设计不全或设计有错，每处扣2分；元器件文字或图形符号不对，每处扣2分；主电路全错扣10分，控制电路全错扣10分 2. 不能正确绘制元器件布置图，扣4分 3. 元器件清单每错一处扣1分，全错扣10分 4. 不能正确写出系统的安装接线步骤，扣3分	
	元器件布置安装	10	1. 不能按规程正确布置、安装，扣5分 2. 元器件松动、不整齐，每处扣3分 3. 损坏元器件，每件扣10分 4. 不用仪表检查元器件，扣2分	
	安装工艺、操作规范	10	1. 导线必须沿线槽内走线，线槽出线应整齐美观。不符合要求的，每处扣2分 2. 线路连接、套管、标号应符合工艺要求。接线无套管、标号，每处扣1分，元器件、线头松动，每处扣2分，工艺不符合要求，每处扣2分 3. 安装完毕应盖好盖板，没盖盖板扣3分	
	功能	40	一次试车不成功扣20分，两次试车不成功扣40分	

项 目 小 结

主要知识点梳理

1）三相对称电源的特点是各相电压幅值相等、频率相同、相位互差120°，并且在任意瞬时三相电压代数和恒等于零。

2）三相电源的连接方式有星形联结和三角形联结两种。

电源做星形联结时，线电压与相电压的相量关系为

$$\dot{U}_1=\sqrt{3}\,\dot{U}_p\angle 30°$$

星形联结时可提供两种电压。

电源做三角形联结时，线电压等于对应的相电压，即

$$\dot{U}_l = \dot{U}_p$$

因此，只能提供一种电压。

3）三相负载的连接方式有星形联结和三角形联结两种。

负载做星形联结时，不论负载对称与否，有无中性线，线电流恒等于相应的相电流，即

$$\dot{I}_l = \dot{I}_p$$

对称负载做三角形联结时，线电流与相电流的关系为

$$\dot{I}_l = \sqrt{3}\,\dot{I}_p \angle -30^\circ$$

4）分析三相对称电路时，只分析其中的一相即可，利用对称关系可以直接写出其他两相的电压或电流。

5）三相电路的功率分有功功率、无功功率与视在功率，若负载对称，则可用下列公式计算：

$$P = 3U_pI_p\cos\varphi = \sqrt{3}\,U_lI_l\cos\varphi$$

$$Q = 3U_pI_p\sin\varphi = \sqrt{3}\,U_lI_l\sin\varphi$$

$$S = 3U_pI_p = \sqrt{3}\,U_lI_l$$

通关测试

一、选择题

1. 三相四线供电系统中，线电压指的是（　　）。

A. 两相线间的电压　　B. 中性线对地的电压

C. 相线与中性线的电压　　D. 相线对地电压

2. 三相电源做三角形联结时，能输出（　　）。

A. 相电压　　B. 线电压和相电压　　C. 线电压　　D. 相线对地电压

3. 当三相交流电路中负载做星形联结时，线电压等于（　　）倍相电压。

A. 1　　B. $\sqrt{3}$　　C. $\sqrt{2}$　　D. $2/\sqrt{3}$

4. 当三相交流电路中负载做星形联结时，线电流等于（　　）倍相电流。

A. 1　　B. $\sqrt{3}$　　C. $\sqrt{2}$　　D. $2/\sqrt{3}$

5. 当三相交流电路中负载做三角形联结时，线电流等于（　　）倍相电流。

A. 1　　B. $\sqrt{3}$　　C. $\sqrt{2}$　　D. $2/\sqrt{3}$

6. 电动机型号 Y2－132S－4 中 S 的含义为（　　）。

A. 机座类别　　B. 中心高度　　C. 磁极对数　　D. 绝缘等级

7. 电动机型号 Y2－132S－4 中 4 的含义为（　　）。

A. 机座类别　　B. 中心高度　　C. 磁极对数　　D. 绝缘等级

8. 三相异步电动机在额定工作状态下运行时，定子电路输入的是（　　）。

A. 额定电流　　B. 最大电流　　C. 相电流　　D. 线电流

9. IP44 表示电动机外壳防护方式是（　　）。

A. 开启式　　B. 防护式　　C. 封闭式　　D. 隔爆式

10. 三相异步电动机旋转磁场的旋转方向取决于通入定子绕组中的三相交流电源的（　　）。

A. 电压　　B. 频率　　C. 电流　　D. 相序

二、计算与简答题

1. 每相阻抗为$(20+j20)\Omega$的对称负载做星形联结，接到380V三相电源上，求负载的线电压、相电压、相电流、线电流。

2. 有一台三角形联结的三相异步电动机，满载时每相电阻$R=8\Omega$，电抗$X_L=6\Omega$，由线电压为380V的三相电源供电，试求电动机的相电流和线电流。

3. 某三相异步电动机，每相的等效电阻$R=16\Omega$，等效感抗$X_L=12\Omega$，试求如下三种情况电动机的相电流、线电流以及电源输入的功率，并且比较以下所得结果：（1）绕组接成星形，接在$U_L=380V$的三相电源上；（2）绕组接成三角形，接在$U_L=380V$的三相电源上；（3）绕组接成三角形，接在$U_L=220V$的三相电源上。

4. 采用星形联结的三相对称负载，每相阻抗$Z=(40+j30)\Omega$，线电压为380V，试计算电路消耗的有功功率、无功功率和视在功率。

5. 采用三角形联结的三相对称负载，每相阻抗$Z=(40+j30)\Omega$，线电压为380V，试计算电路消耗的有功功率、无功功率和视在功率。

6. 在三相四线制不对称负载电路中，中性线有何作用？连接时有何要求？

7. 三相对称电源电路如图5-49所示，电源电压为220V，负载阻抗$Z=(30+j40)\Omega$，试求：（1）图中电流表A的读数；（2）三相负载吸收的功率。

8. 如图5-50所示，$Z=(12+j16)\Omega$，电流表读数为32.9A，求电压表读数。

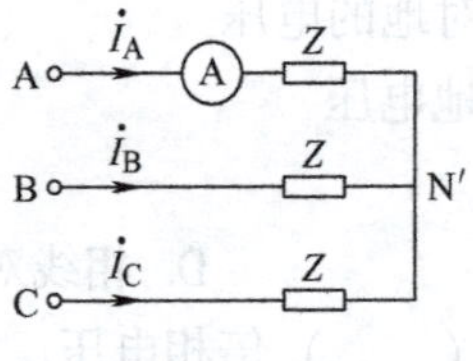

图5-49　计算与简答题7图

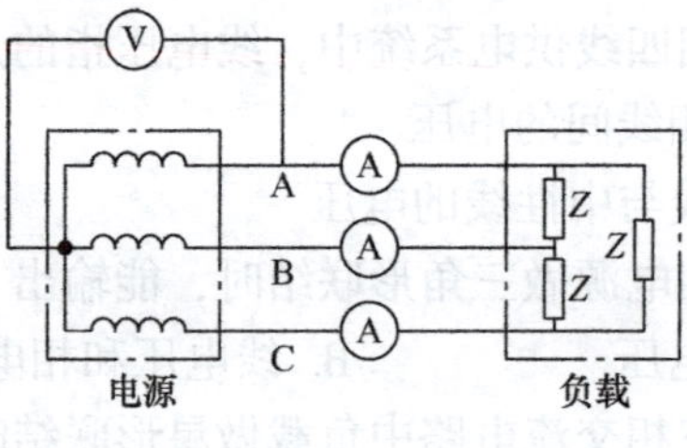

图5-50　计算与简答题8图

项目六

6 安全用电

任务一 安全用电与触电防护

知识目标

1）了解电流与电压对人身安全的影响。

2）掌握触电类型及其理论知识。

能力目标

1）具备对触电事故的原因进行初步分析的能力。

2）能正确进行电路设计，避免触电事故的发生。

敬劳模，传匠心

电网劳模工匠曾晓：心存敬畏，不负韶华

曾晓，中共党员，国家电网有限公司劳动模范，湖南省送变电工程有限公司变电施工一分公司经理、党总支副书记，曾获国家电网公司川藏联网工程建设先进个人、国网湖南省电力有限公司劳动模范等荣誉。

他用20余年的无悔青春，怀抱忠诚信仰的崇高追求、展现百折不挠的奋斗精神、践行舍我其谁的责任担当，履行着国家电网人的电网建设光辉使命。常用自己的人生感悟："一个人的力量始终有限，只有不断提升自我、带好队伍，激励青年、担当作为，注重创新、提质增效，才能进一步为电网建设事业添砖加瓦"激励年轻的电网人。

任务导入

生产和生活都离不开电，电为人类造福不浅，但是如果使用不当，就会造成人身触电、设备损坏，甚至波及供电系统安全运行，导致大面积停电或引起火灾等事故。因此，学习安全用电与触电防护知识，认真执行有关各项安全技术规程是十分有必要的。

知识链接

所谓安全用电，是指电气工作人员及其他人员在既定的环境条件下，采取必要的措施和

手段，在保证人身及设备安全的前提下，正确地使用电力。

一、电流对人体的影响

电流对人体伤害的严重程度与通过人体电流的大小、频率、持续时间，通过人体的路径及人体电阻的大小等多种因素有关。

1. 电流

通过人体的电流越大，人体的反应就越明显，感应就越强烈，引起心室颤动所需的时间就越短，对人致命的危害就越大。持续时间越长，死亡的可能性越大。

对于工频交流电，按照通过人体电流的大小和人体所呈现的状态的不同，可以分为以下三种：

1）感知电流是指引起人体感知的最小电流。实验表明，一般成年男性的平均感知电流约为1.1mA，成年女性的约为0.7mA。

2）摆脱电流是指人体触电后能自主摆脱电源的最大电流。实验表明，一般成年男性的平均摆脱电流约为16mA，成年女性的约为10mA。

3）致命电流是指在较短的时间内危及生命的最小电流。实验表明，一般当通过人体的电流达到30～50mA时，中枢神经就会受到伤害，使人感觉麻痹，呼吸困难。如果通过人体的工频电流超过100mA，在极短的时间内人就会失去知觉而导致死亡。

2. 电流频率

一般认为，频率为40～60Hz的交流电对人最危险。随着频率的增加，危险性降低。

3. 通电时间

通电时间越长，人体电阻因多方面的原因会降低，导致通过人体的电流增加，触电的危险也会随着增加。

4. 电流路径

电流通过头部可使人昏迷，通过脊髓可能导致瘫痪，通过心脏会造成心跳停止及血液循环中断，通过呼吸系统会造成窒息。因此，从左手到胸部是最危险的电流路径，从手到手、从手到脚也是很危险的电流路径，从脚到脚是危险性较小的电流路径。

5. 人体电阻

人体电阻包括内部组织电阻（称为体电阻）和皮肤电阻两部分。皮肤电阻主要由角质层决定，角质层越厚，电阻就越大。人体电阻一般为1500～2000Ω，为保险起见，通常取800～1000Ω。

二、安全电流和安全电压

1. 安全电流

电流通过人体的时间越长，则伤害越严重。当通过人体的电流达到30mA以上时，就会产生呼吸困难，肌肉痉挛，甚至发生生命危险。所以，一般规定30mA以下是安全电流。

2. 安全电压

电压越高对人体的危害越大。按人体电阻是2kΩ 计算，若触及36V 电压，则通过人体的电流是18mA，对人体的安全不会构成威胁，所以通常规定36V 或36V 以下的电压为安全电压。如果在环境潮湿的场所，安全电压通常规定为24V 或12V。

三、触电类型

触电又称为电击伤，是一定量的电流通过人体引起不同程度组织损伤或器官功能障碍或猝死。

按照人体触及带电体的方式和电流通过人体的途径，一般可分为直接触电和间接触电两种主要方式。

1. 直接触电

直接触电是指人体直接接触带电体所造成的触电事故。直接触电主要有单相触电和两相触电。

（1）单相触电　单相触电是指人体站在地面或其他接地体上，人体的某一部位触及电气装置的任一相所引起的触电。人体接触漏电的设备外壳，也属于单相触电。由于导线绝缘破损、导线金属部位外露、导线或电气设备受潮等原因使其绝缘能力降低，导致站在地上的人体直接或间接地与相线接触，这时电流就通过人体流入大地而造成单相触电事故，如图6-1和图6-2 所示。

（2）两相触电　两相触电是指人体同时触及两相电源或两相带电体的触电方式。电流由一相经人体流入另一相，使加在人体上的最大电压为线电压，其危险性最大。两相触电如图6-3 所示。

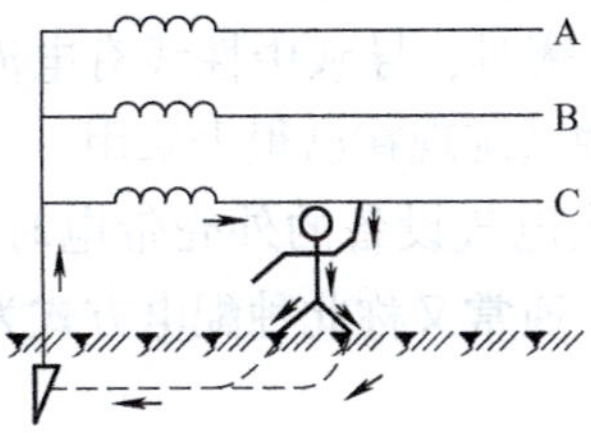

图6-1　中性点接地的单相触电

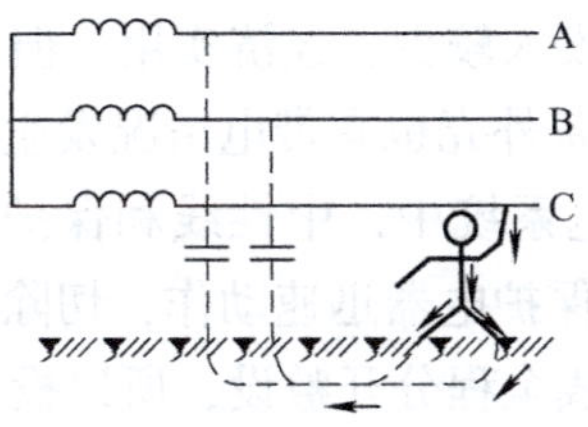

图6-2　中性点不接地的单相触电

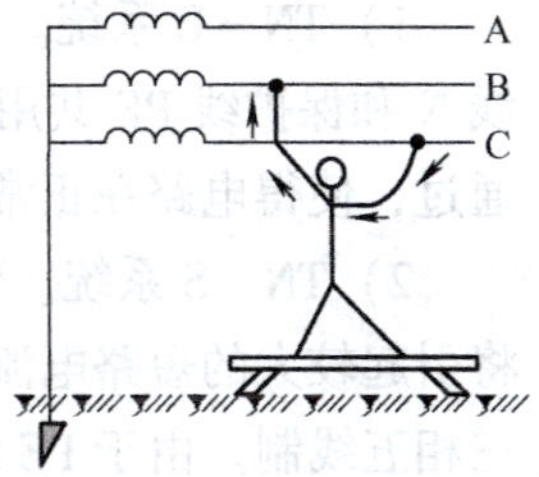

图6-3　两相触电

2. 间接触电

间接触电是指人体接触正常时不带电而事故时带电的导电体所造成的触电事故。间接触电主要有跨步电压触电和接触电压触电。

（1）跨步电压触电　在高压电网接地点或防雷接地点及高压相线断落后绝缘损坏处，有电流流入地下时，强大的电流在接地点周围的土壤中产生电压降。因此，当人走近接地点附近时，两脚因站在不同的电位上而承受跨步电压，即两脚之间的电位差，如图6-4 所示。

若人体双脚跨步以0.8m 计，则在10kV 高压线接地点20m 以外，380V 相线接地点5m 以外才是安全的。如误入危险区域，应双脚并拢或单脚跳离危险区，以免发生触电伤害。

（2）接触电压触电　当人站在发生接地短路故障设备旁边时，手接触设备外漏可导电部分时，手、脚之间所承受的电压为单相电压，造成了接触电压触电，如图 6-5 所示。为了防止这种触电事故的发生，对电气设备常采用保护接地和保护接零（接中性线）的保护装置。

图 6-4　跨步电压触电

图 6-5　接触电压触电

四、触电防护措施

1. 低压系统电源中性点的接地形式

触电事故的防护措施，通常与电源中性点的接地形式有关。因此，在说明用电安全措施之前，必须先介绍低压系统电源中性点的接地形式。

（1）TN 系统　TN 系统的中性点直接接地，所有设备的外露可导电部分均通过公共的保护线（PE 线）或公共的保护中性线（PEN 线）与地相连接。这种接公共 PE 线或 PEN 线的方式，俗称“接零”。

TN 系统又分 TN－C 系统（见图 6-6a）、TN－S 系统（见图 6-6b）和 TN－C－S 系统（见图 6-6c）。

1）TN－C 系统。电气设备的外露可导电部分通过保护中性线与大地相连接。由于中性线 N 和保护线 PE 共用，所以投入较少，经济实用。但当三相不平衡时，导致中性线有电流通过，使得电路在正常时，设备外壳也有带电情况发生，所以这种系统现在已很少采用。

2）TN－S 系统。整个供电系统中，中性线和保护线分开，当电气设备的外壳带电时，将引起较大的短路电流，电路保护电器迅速动作，切除故障电路。通常又称此种配电方式为三相五线制。由于 PE 线和 N 线全程分开敷设，所以投入较大。

3）TN－C－S 系统。配电系统中，有一部分中性线与保护线是合一的，通常在三相电流进户之前，PE 线和 N 线二者合一；当进入用户的总配电箱时，二者在此分开。这种方式介于前两种方法之间，既可以保证电气设备外壳带电时保护电器可靠切除故障，又可以在主

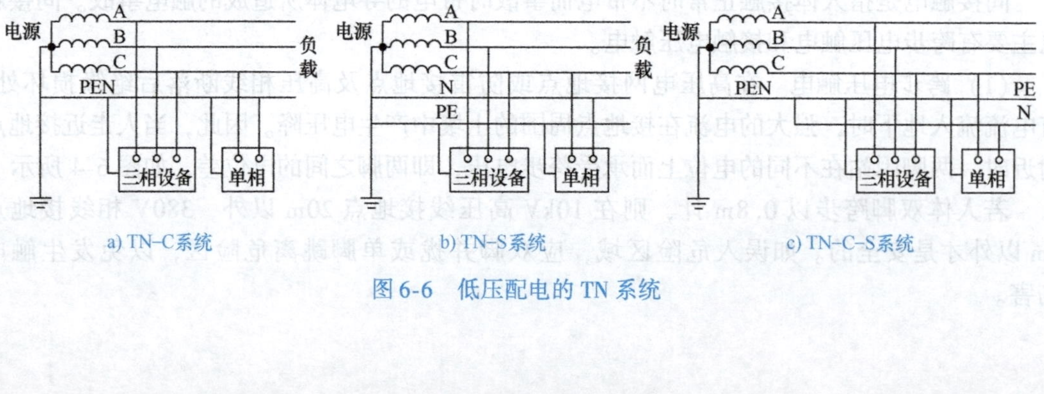

a) TN–C系统　b) TN–S系统　c) TN–C–S系统

图 6-6　低压配电的 TN 系统

干线段节约一段线路，节省了投入，因此在民用建筑中最常用。

（2）TT系统　TT系统的电源中性点直接接地，设备的外露可导电部分通过独立的PE线接在与电源无关的接地装置电源上，如图6-7所示。

这种接地系统就是过去俗称的“接地”。当电气设备的外壳带电时，由于故障电流很小，保护电器通常不会动作切除电源，电气设备可以正常工作，故障点难以发现。如果此时有人员接触设备的带电外壳时，在正常情况下，设备的接地装置能保证人员的接触电压交流小于50V、直流小于100V的话，人员是安全的，否则必须采取其他安全措施。通常的做法是在电路中使用动作灵敏的漏电保护开关，切除故障电路，保护人员安全。

（3）IT系统　IT系统的电源中性点不接地或经高阻抗接地。系统中所有设备的外露可导电部分均经各自的PE线单独与接地装置相连，如图6-8所示。IT系统用于供电要求高的场所，如矿山、井下、医院等。

当电气设备的外壳带电时，故障电流非常小，电源只能采用漏电保护器（漏电保护开关）进行监测。由于故障电流很小，通常不会造成触电事故，第一次故障时，漏电保护器给出故障信号触发系统的声音报警系统而不切断电路，因此供电可靠性较高。

若发生电路中的另外一台设备的外壳带电，则漏电保护器将通过系统切除电路，以免故障扩大升级。这种系统一般不引出中性线。

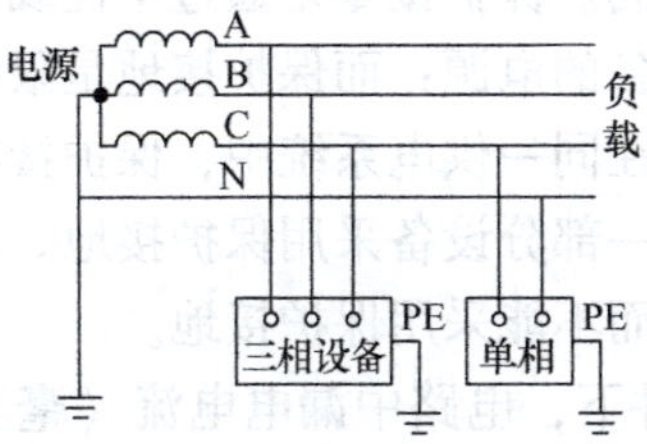

图6-7　低压配电的TT系统

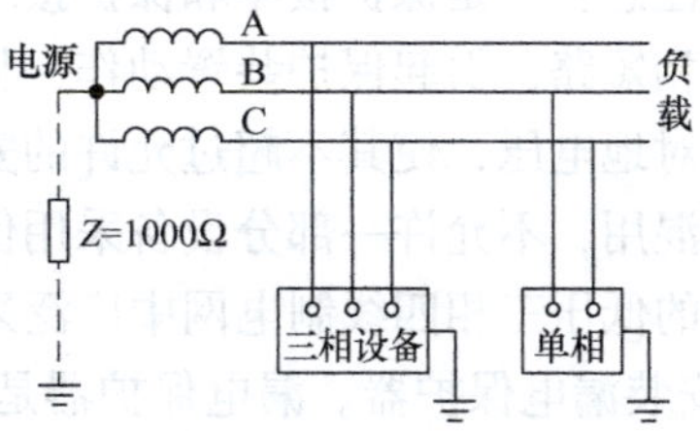

图6-8　低压配电的IT系统

2. 常用的安全用电措施

为了使电气设备能正常运行，人身不致遭受伤害，必须采取各种形式的安全措施。

1）建立健全严格的用电安全制度，如安全操作规程、电气安装规程等，宣传和普及安全用电的基本知识。

2）电气设备采用保护接地和保护接零。电气设备的保护接地和保护接零是为了防止人触及绝缘损坏的电气设备所引起的触电事故而采取的有效措施。二者的保护原理和使用范围如下：

① 保护接地。在中性点不接地的三相三线制低压供电系统中，将电气设备的金属外壳或者其附件（如漏电金属支架和框架等）通过接地装置与大地连接起来，称为保护接地（见图6-9）。在中性点不接地的电网中，由于单相接地电流较小，利用保护接地可使人体避免发生触电事故。

当电气设备绝缘损坏，相线碰到设备金属外壳时，外壳带电，采用保护接地后，如果人体接触到其外壳，人体就与接地装置的接地电阻并联。根据分流原理，只要接地电阻足够小（一般为40Ω以下），流过人体（人体电阻一般取1000Ω）的电流就不会对人体造成伤害。

② 保护接零。在中性点接地的三相四线制低压供电系统中，将电气设备的金属外壳或

者其框架与电网的中性线相连接的方式，称为保护接零，如图 6-10 所示。当电气设备绝缘损坏造成一条相线与金属外壳相碰时，外壳带电，人体触及将发生严重的触电事故。采用保护接零后，其外壳的电流经中性线形成单相闭合回路。由于中性线电阻较小，因此短路电流较大，能烧断熔丝或使短路器等短路保护装置在短时间内动作，切断故障设备的电源，消除人体触及外壳时的危险。

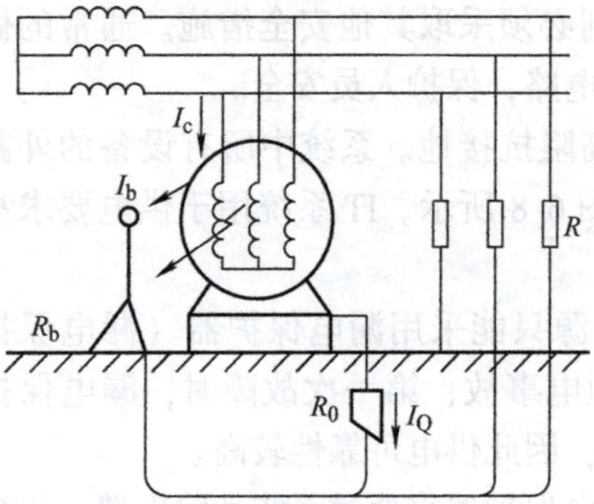

图 6-9 保护接地

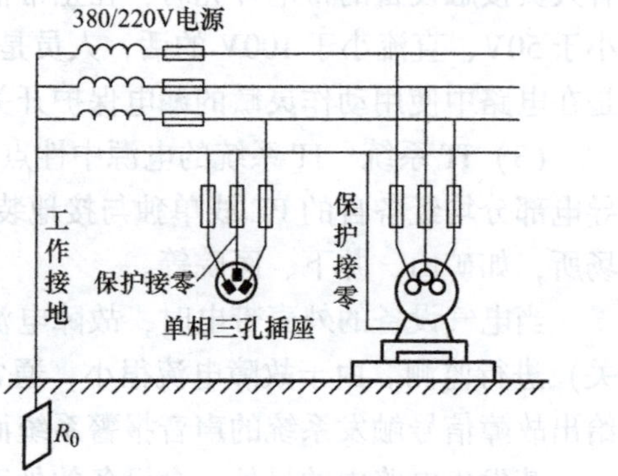

图 6-10 保护接零

必须注意：一是保护接零和保护接地的保护原理不同。保护接零是通过中性线使漏电电流形成单相短路，引起保护装置动作，从而切断故障设备的电源；而保护接地是限制漏电设备和外壳对地电压，使其不超过允许的安全范围。二是在同一供电系统中，保护接零和保护接地不能混用，不允许一部分设备采用保护接零，而另一部分设备采用保护接地。在中性点直接接地的低压三相四线制电网中广泛采用保护接零，而不能采用保护接地。

3）安装漏电保护器。漏电保护器是一种在规定条件下，电路中漏电电流（毫安级）值达到或超过其规定值时能自动断开电路或发出警报的装置。当漏电电流超过允许值时，漏电保护器能够自动切断电源或报警，以保证人身安全。

4）对于一些特殊电气设备（如机床局部照明，携带式照明灯等）以及在潮湿场所、矿井等危险环境，必须采用安全电压（36V、24V 和 12V）供电。

此外，静电防护和电气防火、防爆、防雷也是安全用电的重要内容之一，将在下个任务进行详细介绍。

任务解决

了解了电流对人体的影响，掌握了安全电流、电压以及触电类型与触电防护措施的知识。正确设计电路，正确使用电器，就能避免触电事故的发生，提高生产安全性和人们的生活质量。

任务二 静电防护和电气防火、防爆、防雷

知识目标

1）了解静电防护知识。

2）掌握电气防火、防爆、防雷措施。

能力目标

掌握正确的电气灭火操作。

敬劳模，传匠心

郭达明：输电线路上的“国网湖南工匠”

郭达明，19 岁就参加工作进入湖南省送变电工程有限公司，从此与电结缘，至今已经 30 多年。从一个普通电工起步，一步步成就为三级工匠，凭借着自己的聪慧好学，一步一个脚印地始终坚守在输电线路上。他参建了 54 个工程、30 多次担任项目经理；创造了月平均放线 45km 的长达 13 年的施工奇迹。参建的 100 多条不同电压等级的输电线路至今仍全部安全优质运行。

他同时亦收获在输电线路上，“中央企业劳动模范”“国家电网公司生产技能专家”“国家电网公司优秀共产党员”“湖南省抗冰救灾先进个人一等功”“湖南省直属机关优秀共产党员”“湖南省电力公司劳动模范”等荣誉的获得，离不开坚定的信念，不忘初心的决心和担当。

任务导入

静电电击只发生在瞬间，通过人体的电流为瞬时冲击电流，其危害主要表现直接伤害、二次伤害、精神紧张三方面。人体遭受电击时，精神紧张可能会造成误操作、高空坠落、摔伤或触碰机械造成伤害等后果。

知识链接

一、静电防护

由于物质互相摩擦、分离、受热或受压、受到其他带电物体感应等原因，发生电荷的转移，破坏了物体原子中的正负电荷的平衡，使物体带电，这种现象称为静电现象。静电现象在许多领域中得到应用，如静电除尘、静电喷涂、静电植绒、静电复印、静电分选等。但静电现象也会带来以下危害：

1）静电具有一定的能量，产生火花放电时可能引起火灾和爆炸。

2）静电可能对人身造成伤害，静电对人的生理作用是使人感到刺痛和灼伤，人长期受静电作用可能造成精神紧张等。在某些条件下，产生的静电电压是很高的。

3）静电会造成 MOS 型半导体器件损坏或引起电子装置误动作。

4）静电的吸附效应会影响产品质量和工作效率。

消除静电危害的方法就是在发生火花放电之前，为产生的静电荷提供一条通路，使之泄漏和中和，限制静电的积累。为消除静电现象带来的危害，静电防护措施主要有以下几种方法：

1. 工艺控制法

工艺控制法是从材料选择、工艺设计、设备结构等方面采取适当措施控制静电的产生和积累，使之不超过危险程度。例如，适当选用不同材料，使生产过程中因摩擦产生不同极性的电荷得以相应中和，从而消除静电危险。

2. 泄漏法

泄漏是利用技术措施将带电体上的电荷向大地泄漏、消散，以避免静电的积累。静电泄漏的常用方法有静电接地、空气增湿及加抗静电添加剂等。

3. 中和法

中和法是利用设置在带电体附近的静电消除器使空气电离产生电子和离子，将该处静电电荷中和掉，以消除静电。常用的静电消除器有感应式静电消除器、高压放电式静电消除器、离子流静电消除器、放射线静电消除器等。

二、电气防火、防爆

电气火灾和爆炸在火灾、爆炸事故中占有很大的比例，一旦发生火灾、爆炸，就可能造成重大的经济损失，甚至会造成人员伤亡事故，因此电气防火、防爆事关重大。

1. 电气防火

（1）电气火灾产生的原因　几乎所有的电气故障都可能导致电气着火。如设备材料选择不当，过载、短路或漏电，照明及电热设备故障，熔断器的烧断、接触不良以及雷击、静电等，都可以引起高温、高热或者产生电弧、放电火花，从而引发火灾事故等。电气火灾产生的直接原因：一是电气设备过热；二是电火花或电弧。

（2）电气火灾的预防和紧急处理

1）预防方法。应按场所的危险等级正确地选择、安装、使用和维护电气设备及电气线路，按规定正确采用各种保护措施。在线路设计上，应充分考虑负载容量及合理的过载能力；在用电上，应禁止过度超载及乱接乱搭电源线；对需在监护下使用的电气设备，应“人去停用”；对易引起火灾的场所，应注意加强防火，配置防火器材。

2）电气火灾的紧急处理。首先应切断电源，同时，拨打火警电话报警。不能用水或普通灭火器（如泡沫灭火器）灭火，应使用干粉二氧化碳或“1211”等灭火器灭火，也可用干燥的黄沙灭火。

2. 电气防爆

（1）易爆场所　由电引起的爆炸主要发生在含有易燃、易爆气体、粉尘的场所。

（2）防爆措施　在有易燃、易爆气体、粉尘的场所，应合理选用防爆电动设备，正确敷设电气线路，保证电气设备的正常运行，防止短路、过载应安装自动断电保护装置；防爆场所一定要选用防爆电动机等防爆设备；电源应采用三相五线制与单相三线制，线路接头采用熔焊或钎焊。

三、电气防雷

雷电对电气设备的破坏，可以通过直击、侧击、电磁感应等多种方式造成。当架空输电线上方有带着大量电荷的雷云时，架空输电线会由于静电感应而感应出异性电荷。这些电荷被雷云束缚着，一旦束缚解除（如雷云对其他目标放电），它们就变为自由电荷，形成感应过电压，产生强大的雷电流，并且通过输电线进入室内，破坏电气设备。

为了防止这种破坏的产生，可在被保护电气设备的进线和大地之间装设避雷器。当雷电流沿输电线传向室内的电气设备时，它首先会到达避雷器，使避雷器短时击穿而短路，雷电流由避雷器流入大地。雷电流过后，避雷器又恢复为正常的断路状态。

为防止雷电通过电磁感应方式对设备造成破坏，可以用金属对电气设备进行屏蔽，并使室内的金属回路接触良好。

知识拓展

风电机组防雷系统

风电机组对处于不同雷区的设备采取不同的防雷保护措施，下面结合设备所在雷区分别介绍不同类型的防雷保护措施。

1. 叶片防雷

叶片是风电机组的最高点，因此其遭雷击的概率最大。一般情况下，叶片的导流通道一般按照图 6-11 所示进行设计。

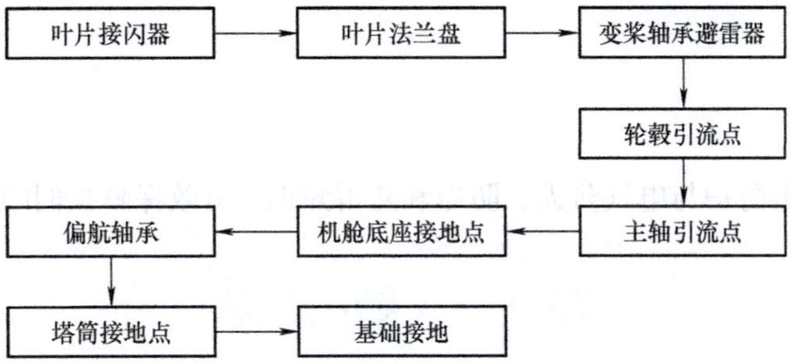

图 6-11 风电机组叶片防雷导流通道

叶片接闪器安装在叶片最易遭受雷击的部位，接闪器可以经受多次雷电的袭击，受损后可以更换。叶片接闪器要与叶片法兰根部可靠连接，在吊装前应对叶片接闪器与叶片根部引下线做电气导通性试验，确保其电气导通，避免因运输过程中造成叶片内部引下线断开而导致叶片遭雷击后无法导流。

2. 机舱顶部防雷

机舱顶部安装有风速仪和风向仪等装置，为了减少雷击对设备造成的损坏，应在机舱顶部的风速仪和风向仪支架上设置合适的接闪器（见图 6-12）。接闪器的高度一般要求高于风速仪和风向仪，具体间距根据设计要求确定，通过风速仪和风向仪的金属支架与机舱内部的金属支架可靠连接，从而形成有效的电气通路。

3. 风电机组电气系统的防雷

风电机组内安装各种类型的电气柜以及相应的弱电信号电路。电气系统的安装位置不同，其处于的雷区也不同，所以要根据所在的雷区按照相应的防护要求，安装合适的浪涌保护器（见图6-13）。

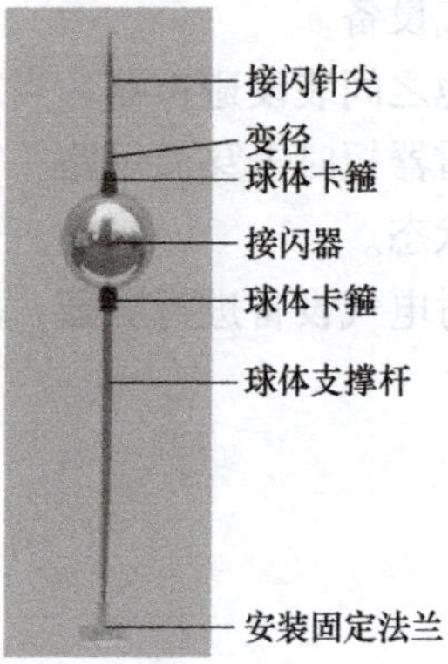

图6-12　接闪器

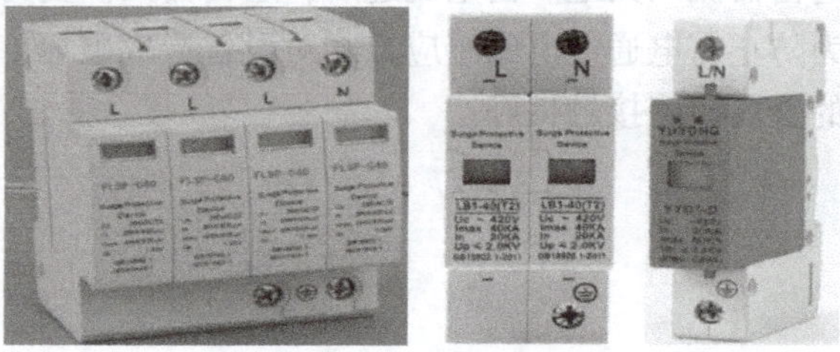

图6-13　浪涌保护器

4. 接地电阻

风电机组的接地电阻是与平均土壤电阻率ρ有关，一般要求小于10Ω或小于4Ω。当平均土壤电阻率$\rho \leqslant 3000\Omega \cdot m$时，单机工频接地电阻$R<4\Omega$。当平均土壤电阻率$\rho>3000\Omega \cdot m$时，因现场地质条件确实无法达到单机工频接地电阻$R<4\Omega$时，可按就近原则，采用多机联合接地的方式降低接地电阻，使联合接地工频接地电阻$R<4\Omega$，特殊情况下允许接地电阻$R<10\Omega$。

任务解决

掌握必要的静电防护与电气防火、防爆和防雷知识，有效保障我们的生产生活安全。

任务三　触电急救

知识目标

掌握触电现场抢救的基本原则。

能力目标

掌握人工呼吸法和胸外心脏按压法。

素质目标

珍爱生命，养成正确的电工操作习惯，安全文明操作，避免触电事故发生。

敬劳模，传匠心

国网工匠：田峥

田峥，国网湖南电力信息通信分公司三级职员，国网湖南电力网络安全首席工程师，湖南省泛在电力物联网“全场景安全研究”实验室带头人。

田峥是公安部备案的网络安全专家、国家电网有限公司网络安全尖兵部队干将队队长，多次参加国家电网有限公司重大活动网络安全预防工作，曾获全国第六届网络安全决赛个人第9名、国家电网有限公司信息通信先进个人等荣誉。

任务导入

触电事故发生时，一定不要惊慌失措，只要采取适当的救护措施，可以最大程度上保护触电者和自己的生命安全。

知识链接

一、触电的现场抢救

如果遇到触电情况，要沉着冷静、迅速果断地采取应急措施。针对不同的伤情，采取相应的急救方法，争分夺秒地抢救，直到医护人员赶到现场。

1. 使触电者尽快脱离电源

脱离电源处理触电急救的的要点是动作迅速，救护得法。发现有人触电，首先要使触电者尽快脱离电源，然后根据具体情况，进行相应的救治。

如图 6-14、图 6-15 所示，脱离低压电源的常用方法可用“拉”“切”“挑”“拽”“垫”五个字来概括。

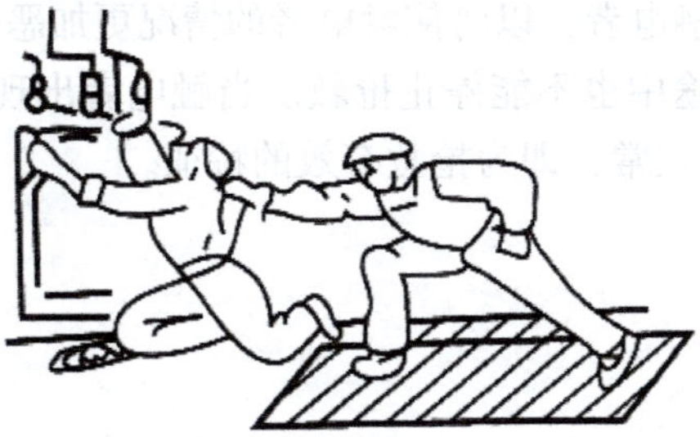

图 6-14　将触电者拉离电源

图 6-15　将触电者身上的电线挑开

“拉”是指就近拉开电源开关，拔出插销或瓷插熔断器。

“切”是指用带有绝缘柄或干燥木柄的工具切断电源。切断时应注意防止带电导线断落碰触周围人体。对多芯绞合导线也应分相切断，以防短路伤害人。

“挑”是指如果导线搭落在触电者身上或压在身下，可用干燥木棍或竹竿等挑开导线，使之脱离电源。

“拽”是救护人戴上手套或在手上包缠干燥衣服、围巾、帽子等绝缘物拖拽触电者使他脱离电源导线。

“垫”是指如果触电者由于痉挛手指紧握导线或导线绕在身上，这时救护人可先用干燥的木板或橡胶绝缘垫塞进触电者身下使其与大地绝缘，隔断电源的通路，然后再采取其他措施把电源电路切断。

在使触电者脱离电源时应注意如下事项：

1）救护人不得采用金属和其他潮湿的物品作为救护工具。

2）在未采取绝缘措施前，救护人不得直接接触触电者的皮肤和潮湿的衣服及鞋。

3）在拉拽触电者脱离电源的过程中，救护人宜用单手操作。这样对救护人比较安全。

4）当触电者在高处时，应采取预防措施预防触电者在解脱电源时从高处坠落造成二次伤害。

5）夜间发生触电事故时，在切断电源时会使照明失电，应考虑切断后的临时照明，如应急灯等，以利于救护。

2. 对症抢救的原则

使触电者脱离电源后，应将其立即移到通风处，并使其仰卧，迅速确定触电者是否有心跳、呼吸。

1）若触电者神志清醒，但感到全身无力、四肢发麻、心悸、出冷汗、恶心，或一度昏迷，但未失去知觉，应将触电者抬到空气新鲜、通风良好的地方舒适地躺下休息，让其慢慢地恢复正常。要时刻注意保温和观察。若发现呼吸与心跳不规则，应立刻设法抢救。

2）若触电者呼吸停止但有心跳，应用口对口人工呼吸法抢救。

3）若触电者心跳停止但有呼吸，应用胸外心脏按压法与口对口人工呼吸法抢救。

4）若触电者呼吸停止、心脏停止跳动，需同时进行胸外心脏按压法与口对口人工呼吸法抢救。

5）千万不要给触电者打强心针或拼命摇动触电者，以防使触电者的情况更加恶化。

6）抢救过程要不停地进行。在送往医院的途中也不能停止抢救。当触电者出现面色好转、嘴唇逐渐红润、瞳孔缩小、心跳和呼吸恢复正常，即为抢救有效的特征。

二、人工呼吸法及胸外心脏按压法

1. 口对口（鼻）人工呼吸法

在做人工呼吸之前，首先要检查触电者口腔内有无异物，呼吸道是否堵塞，特别要注意喉头部分有无痰堵塞，其次要解开触电者身上妨碍呼吸的衣裤，且维持好现场秩序。

口对口（鼻）人工呼吸法不仅方法简单易学且效果最好，较为容易掌握，如图 6-16 所示。

第一步：将触电者仰卧，并使其头部充分后仰，一般应用一手托在其颈后，使其鼻孔朝上，以利于呼吸道畅通，但头下不得垫枕头，同时将其衣扣解开。

第二步：救护人在触电者头部的侧面，用一只手捏紧其鼻孔，另一只手的拇指和食指掰开其嘴巴，准备向鼻孔吸气，即口对鼻。

第三步：救护人深吸一口气，紧贴掰开的嘴巴向内吹气，也可搁一层纱布。吹气时要用力使其胸部膨胀，一般应每5s吹一次，吹2s，放松3s。对儿童可小口吹气。向鼻吹气与向口吹气相同。

第四步：吹气后应立即离开其口或鼻，并松开触电者的鼻孔或嘴巴，让其自动呼气。

在实行口对口（鼻）人工呼吸时，若发现触电者胃部充气膨胀，应用手按住其腹部，并同时进行吹气和换气。

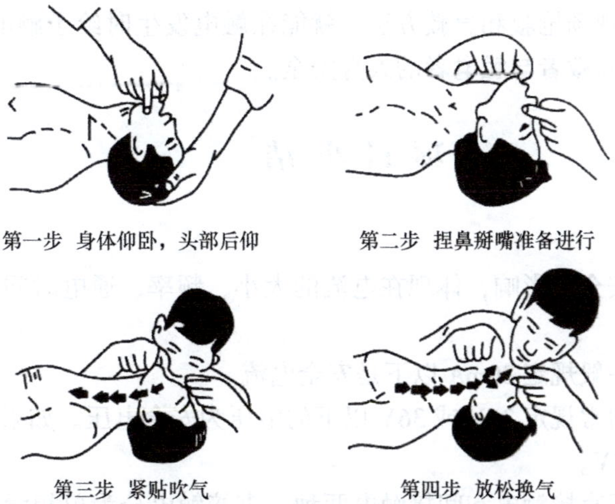

图6-16 人工呼吸法

2. 胸外心脏按压法

胸外心脏按压法是触电者心脏停止跳动后使心脏恢复跳动的急救方法，是每一个电气工作人员应该掌握的。

首先，使触电者仰卧在比较坚实的地方，解开领扣衣扣，并使其头部充分后仰，或由另外一人用手托在触电者的颈后，或将其头部放在木板端部，在其胸后垫以软物。

其次，救护者跪在触电者一侧或骑跪在其腰部的两侧，两手相叠，下面手掌的根部放在心窝上方、胸骨下三分之一至二分之一处，如图6-17所示。

第三，掌根用力垂直向下按压，对位要适中，对成人应压陷3～4cm，频率每分钟100次为宜，如图6-18所示。

第四，挤压后掌根应迅速全部放松，让触电者胸部自动复原，放松时掌根不要离开压迫点，只是不能向下用力而已，如图6-19所示。

为了达到良好的效果，在进行胸外心脏按压法的同时，必须进行口对口（鼻）人工呼吸。因为正常的心脏跳动和呼吸是相互联系且同时进行的，没有心跳，呼吸也要停止，而呼吸停止，心脏也不会跳动。

注意，实施胸外心脏按压法时，必须认真坚持，直到触电者苏醒或其他救护人员赶到。

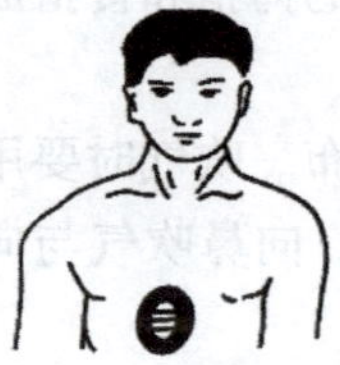

图 6-17 正确压点、叠手方式

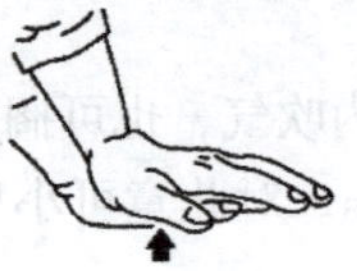

图 6-18 向下按压

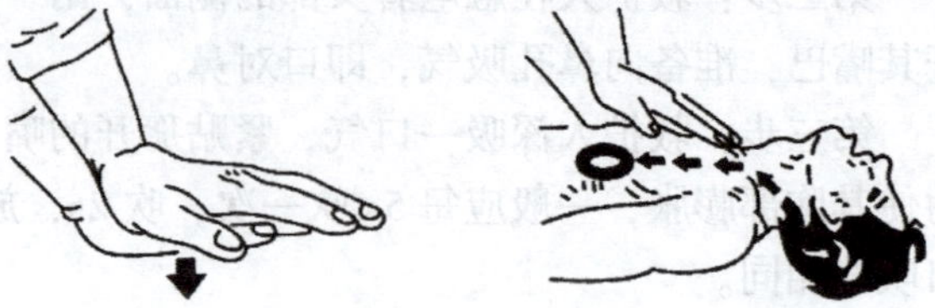

图 6-19 迅速放松

任务解决

掌握必要的触电现场抢救和急救方法，就能在触电发生时给予触电者及时合理的救护，并在最大程度上保护施救者与触电者的人身安全。

项 目 小 结

主要知识点梳理

1）电流对人体安全有影响，体现在电流的大小、频率、通电时间、电流路径和人体电阻的大小等。

2）安全电流：一般规定 30mA 以下是安全电流。

3）安全电压：通常规定 36V 或 36V 以下的电压为安全电压。如果环境潮湿，安全电压通常规定为 24V 或 12V。

4）触电类型包括直接触电和间接触电两种。直接触电分为单相触电和两相触电。间接触电包括跨步电压触电、接触电压触电。

5）触电的防护措施有保护接地、保护接零和安装漏电保护装置等。

6）由于物质间的摩擦、分离、受热或受压、受到其他带电物体感应等原因，发生电荷的转移，破坏了物体原子中的正负电荷的平衡，使物体带电，这种现象称为静电现象。消除静电危害的方法有工艺控制法、泄漏法和中和法。

7）要注意电气防火、防爆与防雷。

8）触电的现场抢救，要使触电者尽快脱离电源，对症实施抢救。

通 关 测 试

一、选择题

1. 三相四线制 380/220V 低压供电系统中，电气设备的外露导电部分与系统的保护线连接的系统称为（　　）系统。

A. IT　　B. TT　　C. TN－C－S　　D. TN－S

2. PE 线是 TN 系统中（　　）的保护线。

A. IT　　B. TT　　C. TN－C　　D. TN－S

3. TN－S 系统中，重复接地应与（　　）线相连接。

A. PEN　　B. PE　　C. N　　D. 都可以

4. IT 系统是中性点不接地或经高阻抗接地的系统，设备外露导电部分（　　）。

A. 不接地　　B. 接地　　C. 经小电阻接地　　D. 经小电容接地

5. 中性点经消弧线圈接地的系统，在单相接地时继续运行的时间不得超过（　　）h。

A. 4　　B. 5　　C. 2　　D. 1

6. 中性点直接接地系统发生单相接地时，故障相对地电压（　　），非故障相对地电压不变。

A. 为零　　B. 不变　　C. 升高　　D. 降低

7. 中性点直接接地系统发生单相接地时，故障相对地电压为零，非故障相对地电压（　　）。

A. 为零　　B. 不变　　C. 升高　　D. 降低

8. 中性点直接接地系统中用电设备的绝缘水平按（　　）考虑。

A. 线电压　　B. 相电压　　C. 线电流　　D. 相电流

9. 三相三线制 380V 供电系统中，电气设备的外露可导电部分直接接地的系统称为（　　）系统。

A. IT　　B. TT　　C. TN－C　　D. TN－S

二、简答题

1. 电流对人体的影响有哪些？
2. 什么是安全电流？什么是安全电压？
3. 什么是触电？触电的类型有哪些？
4. 为什么同一供电系统中，电气设备不能同时采用保护接地和保护接零？
5. 在中性点不接地的系统中，为什么不采用保护接零？
6. 电气火灾的紧急处理措施有哪些？如何预防？
7. 在使触电者脱离电源时应注意哪些事项？

项目七

7 磁路与变压器

任务一 磁路及互感电路参数测定

知识目标

1）了解磁路的基本物理量。

2）掌握自感与互感的概念以及相关应用。

能力目标

1）学会互感线圈进行同名端判定的方法。

2）掌握互感电路互感系数的测定方法。

敬劳模，传匠心

国网工匠：王进

身边是上百万伏的特高压，脚下是70层楼高的线路杆塔。在这样的工作环境中，他已经工作了20余年，参与完成超、特高压带电作业300余次，累计减少停电时间700多个小时，创造的经济价值超过3亿元……他就是“国网工匠”王进，国网山东省电力公司检修公司带电作业班副班长。

王进同志是伴随我国电网事业发展起来的产业工人杰出代表，是知识型、技能型、创新型的“高压带电作业勇士”。他用实际行动生动诠释了习近平总书记“劳动最光荣、劳动最崇高、劳动最伟大、劳动最美丽”的重要思想，在建设具有中国特色国际领先的能源互联网企业的新征程上创新创效干精彩，谱写了新时代的劳动者之歌。

任务导入

大家都知道电气设备的运行离不开电动机，但电动机的定子和转子之间并没有物理连接，为什么定子绕组通电后会带动转子绕组旋转，从而带动负载设备运转呢？电与磁之间有何关系？哪些材料能导磁？铁磁材料有哪些特性？学习磁路知识，可为我们揭开这些谜底。

知识链接

工程中常见的电气设备如变压器、电动机等，不仅包含电路部分，而且还有磁路部分。

一、磁路

磁通经过的闭合路径叫作磁路（见图7-1）。在电机和变压器里，常把线圈套装在铁心上。当线圈内通有电流时，在线圈周围的空间（包括铁心内外）就会形成磁场。由于铁心的导磁性能比空气要好得多，所以绝大部分磁通将在铁心内通过，并在能量传递或转换过程中起耦合场的作用，这部分磁通称为主磁通，对应的磁通回路称为主磁路。

围绕载流线圈、部分铁心和铁心周围的空间，还存在少量分散的磁通，这部分磁通称为漏磁通，对应的磁通回路称为漏磁路。

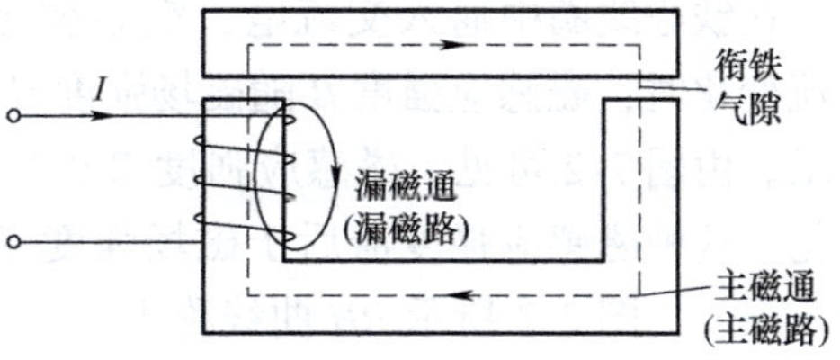

图7-1 磁通与磁路

二、磁路的基本物理量

1. 磁感应强度 B

磁感应强度 $\boldsymbol{B}$ 是表示空间某点磁场强弱和方向的物理量，其大小可用通过垂直于磁场方向的单位面积内磁力线数目来表示。由电流产生的磁场方向可用右手螺旋定则确定，磁感应强度的国际单位为特斯拉，简称特（T）。

2. 磁通 Φ

磁感应强度 B 与垂直于磁力线方向的面积 S 的乘积称为穿过该面的磁通 Φ，即

$$\Phi = BS \text{ 或 } B = \Phi/S \tag{7-1}$$

磁感应强度 $\boldsymbol{B}$ 在数值上可以看成与磁场方向相垂直的单位面积所通过的磁通，故又称为磁通密度。磁通的国际单位为韦伯（Wb）。

3. 磁场强度 H

磁场强度 $\boldsymbol{H}$ 是为了更方便地分析磁场的某些问题而引入的物理量，是矢量，它的方向与磁感应强度 $\boldsymbol{B}$ 的方向相同。磁场强度只决定于产生磁场的传导电流的分布，而与磁介质的性质无关。

磁场强度与产生该磁场的电流之间的关系，可以由安培环路定理确定为

$$\oint H\mathrm{d}l = \sum I \tag{7-2}$$

即磁场强度沿任一闭合路径 l 的线积分等于此闭合路径所包围的电流的代数和。磁场强度的国际单位是安培/米（A/m）。

4. 磁导率 μ

磁导率是用来表示物质导磁性能的物理量，某介质的磁导率是指该介质中磁感应强度与磁场强度的比值，即

$$\mu = B/H \tag{7-3}$$

磁导率的单位为亨/米（H/m）。

真空的磁导率μ_0由实验测得为一常数，其值为$\mu_0 = 4\pi \times 10^{-7}$H/m。为了便于比较不同磁介质的导磁性能，常把它们的磁导率μ与真空的磁导率μ_0相比较，其比值称为相对磁导率，用μ_r表示，即$\mu_r = \mu/\mu_0$。

三、磁滞回线与磁性材料

1. 磁滞回线

在铁心线圈中通入交流电，铁心被交变的磁场反复磁化，在电流变化时，磁感应强度B随磁场强度H变化的关系曲线如图7-2所示。由图7-2可见，磁感应强度B的变化滞后于磁场强度H的变化，这种磁感应强度滞后于磁场强度变化的性质称为磁性物质的磁滞性，图7-2所示BH曲线称为磁滞回线。

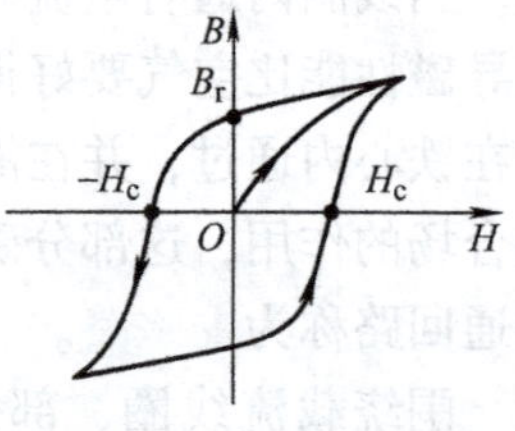

图7-2 磁滞回线

2. 磁性材料

铁、镍、钴及其合金等磁性材料具有高导磁性、磁饱和性（磁性材料由于磁化所产生的磁场不会随外磁场的增加而无限地增强）和磁滞性。按磁化特性的不同，磁性材料可以分为软磁材料、硬磁材料和矩磁材料。

（1）软磁材料　软磁材料具有较小的矫顽力，磁滞回线较窄，一般用来制造电动机、变压器等的铁心。常用的软磁材料有铸铁、硅钢、坡莫合金及铁氧体等。铁氧体在电子技术中的应用很广泛，可用于制作计算机的磁芯、磁鼓及录音机的磁带、磁头等。

（2）硬磁材料　硬磁材料具有较大的矫顽力，磁滞回线较宽。一般用来制造永久磁铁，所以也称永磁材料。常用的硬磁材料有碳钢、钴钢及铁镍铝钴合金等。

（3）矩磁材料　矩磁材料具有较小的矫顽力和较大的剩磁，磁滞回线接近矩形，稳定性较好。在计算机和控制系统中可用作记忆元件、开关元件和逻辑元件。常用的矩磁材料有镁锰铁氧体及铁镍合金。

四、自感与互感

当导体在磁场中切割磁力线或穿过线圈的磁通发生变化时，会产生感应电动势，这种现象称为电磁感应现象。在电磁感应现象中有两种，即自感与互感。

1. 自感

（1）自感现象与自感电动势　自感现象是电磁感应现象中的一种特殊情形。这种由于流过线圈本身电流变化引起感应电动势的现象，称为自感现象。这个感应电动势称为自感电动势。

（2）自感现象的应用与危害　自感现象在各种电器设备和无线电技术中有广泛的应用，荧光灯的镇流器就是利用线圈自感现象的一个例子。自感现象也可引发危害，如在大型电动机的定子绕组中，定子绕组的自感系数很大，而且定子绕组中流过的电流又很强，当电路被切断的瞬间，由于电流在很短的时间内发生很大的变化，会产生很高的自感电动势，在断开处会形成电弧，这不仅会烧坏开关，甚至危及工作人员的安全。因此，切断这类电路时，必须采用特制的安全开关。

2. 互感

（1）互感现象与互感电动势　两个相邻的闭合线圈，当线圈 1 中的电流变化时所激发的变化磁场，会使得与它相邻的线圈 2 中也产生感应电动势；同样，线圈 2 中的电流变化时，也会在线圈 1 中产生感应电动势。这种现象称为互感现象，所产生的感应电动势称为互感电动势。

（2）互感系数　彼此间具有互感的线圈称为互感耦合线圈，简称耦合线圈。对于两个线圈，它们除了互感以外，每个线圈还有自感。耦合线圈中，若选择互感磁链与产生它的电流方向符合右手螺旋定则，则它们的比值称为耦合线圈的互感系数，简称互感，用 M 表示。两线圈间的互感系数 M 和各自的自感系数 L_1、L_2 之间的关系为

$$k=\frac{M}{\sqrt{L_1L_2}} \tag{7-4}$$

式中，k 为两个线圈的耦合系数，它反映了两个线圈之间的耦合程度。由于互感磁通是自感磁通的一部分，所以 $0\leqslant k\leqslant 1$。显然，当 k 近似为 1 时，为强耦合；当 k 接近于 0 时，为弱耦合；当 $k=1$ 时，为全耦合，此时自感磁通全部为互感磁通。

（3）互感现象的应用　互感现象被广泛应用于无线电技术、电磁测量及传感器技术。通过互感线圈能够使能量或信号由一个线圈方便地传递到另一个线圈。电工、无线电技术中使用的各种变压器都是互感器件，常见的有电力变压器、中周变压器、输入输出变压器、电压互感器和电流互感器等。

（4）同名端的判定　在工程中，两个或两个以上的耦合线圈，常常需要知道互感电动势的极性，才能选择正确的连接方式。互感电动势的极性不仅与原磁通及其变化方向有关，还与线圈的绕向有关。在实际应用中，常利用标记同名端的方式来说明互感电动势的极性。当两个线圈通入电流所产生的磁通方向相同时，两个线圈的电流流入端称为同名端（又称同极性端），反之称为异名端。同名端用符号“·”或“*”或“△”标记，如图 7-3 所示。同名端总是成对出现的，如是有两个以上的线圈彼此间都存在此耦合时，同名端应一对一对地加以标记，每一对用不同的符号标出。

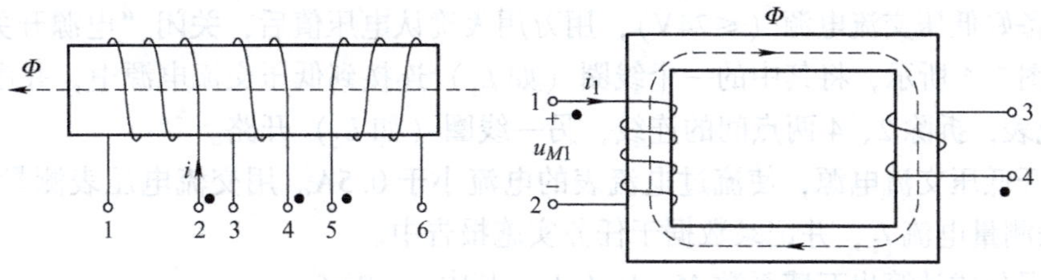

a) 三个互感线圈　　b) 两个互感线圈

图 7-3　同名端

任务实施与评价

一、任务描述

对互感线圈进行同名端判定，并测定其互感系数。

二、任务要求

1）学会用交流法判定两个线圈的同名端。

2）理解互感的概念，掌握互感系数的测定方法。

三、任务实施

1. 交流法判定互感线圈的同名端

1）按照交流法判定互感线圈同名端的电路原理图（见图7-4），准备好低压交流电源（≤24V），如图7-5所示。用万用表确认电压值后，关闭“电源开关”。

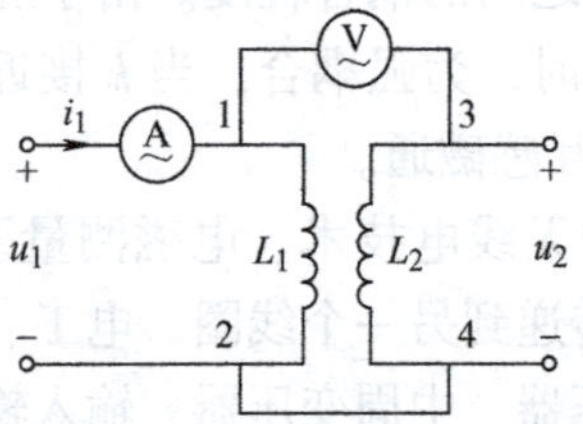

图7-4 交流法判定同名端电路原理图

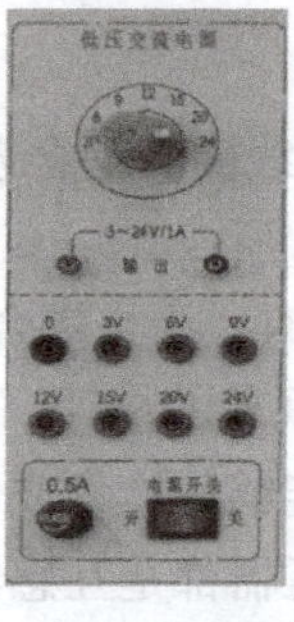

图7-5 低压交流电源

2）如图7-4所示，将线圈 L_1 和线圈 L_2 的任意两端（如2、4端）连接在一起，将其中的一个线圈（如 L_1）连接到低压交流电源中，并串联接入一个交流电流表，另一线圈（如 L_2）开路。

3）打开低压交流电源，使流过电流表的电流小于0.5A。然后用交流电压表分别测量出电压 U_{12}、U_{13}、U_{34}，并记录于任务实施报告中。

4）若 $U_{13}=U_{12}-U_{34}$，则1、3端是同名端；若 $U_{13}=U_{12}+U_{34}$，则1、4端是同名端。

2. 互感系数的测定

1）准备好低压交流电源（≤24V），用万用表确认电压值后，关闭“电源开关”。

2）如图7-4所示，将其中的一个线圈（如 L_1）连接到低压交流电源中，并串联接入一个交流电流表，拆除2、4两点间的连线，另一线圈（如 L_2）开路。

3）打开低压交流电源，使流过电流表的电流小于0.5A。用交流电压表测量 U_2 值，用交流电流表测量电流 I_1，并记录数据于任务实施报告中。

4）根据公式计算出互感系数 $M=U_2/\omega I_1$，其中 $\omega=2\pi f$。

四、注意事项

1）交流电路操作时一定谨记用电安全，先调节好所需电源值，务必关闭交流电源。待实物电路搭建正确无误后，方可合上电源，开始相关操作。变更参数测量前，也要先关闭交流电源，再改动电路进行参数测量。所有操作结束后，应先关闭电源，再拆除电路，恢复现场。严禁带电改动电路。

2）交流电源的输出电压值，用数字万用表测量确认后再输入待测电路中，避免发生用电安全事故。

五、任务实施报告

填写任务实施报告，见表 7-1。

表 7-1　任务实施报告

<table>
<tr><td>任务名称</td><td colspan="2">互感电路特性研究</td><td>学时</td><td>2 学时</td><td>日期</td><td></td></tr>
<tr><td>组员</td><td colspan="6"></td></tr>
<tr><td rowspan="2">成绩评定</td><td colspan="4">实操测评（90%）</td><td colspan="2">线上测评（10%）</td></tr>
<tr><td colspan="4">自评：　　互评：　　教师评定：</td><td colspan="2"></td></tr>
<tr><td>任务要求</td><td colspan="6">1）学会用交流法判定两个线圈的同名端
2）理解互感的概念，掌握互感系数的测定方法</td></tr>
<tr><td>工具、仪表与器材</td><td colspan="6">1）电工技术实验装置 1 台
2）互感线圈 2 个
3）数字万用表 1 块</td></tr>
<tr><td>技术文档</td><td colspan="6">绘制交流法判定同名端的电路原理图，参见图 7-4</td></tr>
<tr><td>技术文档</td><td colspan="6">
互感线圈同名端判定的参数测量
<table>
<tr><td>U_{12}/V</td><td>U_{13}/V</td><td>U_{34}/V</td><td>U_{12}、U_{13}、U_{34} 的关系</td><td>判定两线圈的同名端</td></tr>
<tr><td></td><td></td><td></td><td></td><td></td></tr>
</table>
互感测量记录
<table>
<tr><td>U_2/V</td><td>I_1/A</td><td>互感 M/H（$M = U_2/\omega I_1$，其中 $\omega = 2\pi f$）</td></tr>
<tr><td></td><td></td><td></td></tr>
</table>
</td></tr>
<tr><td>任务总结</td><td colspan="6">1）举例说明互感现象的实际应用</td></tr>
</table>

（续）

任务总结	2）任务实施环节出现了什么问题？如何解决？

六、评价标准

评价标准见表7-2。

表7-2 评价标准

评价项目		配分	考核内容及评分标准	评分
职业素养（20分）	6S基本要求	10	1. 着装不整齐、不规范，不穿戴相关防护用品等，每项扣2分 2. 工具、仪表、材料、作品摆放不整齐，每项扣2分 3. 操作完成后未清理、清扫施工现场，扣5分	
	安全操作	10	浪费耗材，不爱惜工具，扣3分；损坏工具、仪表扣本大项的20分；发生严重违规操作，取消操作成绩	
实操结果及质量（50分）	质量	30	1. 正确进行互感电路的连接，每错一处扣3分 2. 电路连接好后，根据任务要求正确测量电路参数，每错一处扣3分	
	工艺	10	导线连接牢靠，正确放置和使用工具和仪器仪表，每错一处扣3分	
	技术文件	10	按要求填写相关技术文件。填写内容错误，每项扣2分	
操作过程与检测结果（30分）	操作过程及规范	15	根据行业相关标准及规范操作。操作工序、操作规范等每错一处扣3分	
	操作结果检测	15	正确进行操作结果的检测。结果检测方法不当、检测结果错误，每项扣3分	

任务二 变压器及其同名端判定

知识目标

1）了解变压器的结构与工作原理。
2）掌握理想变压器的变压、变流、变阻抗关系。

能力目标

1）掌握指针式万用表的使用。

2）学会直流法进行变压器同名端的判定。

敬劳模，传匠心

国网工匠：李征

李征，国网冀北电力有限公司唐山供电公司变电运维室变电运维管理员。生产一线辛勤耕耘20余载，李征不仅自己收获满满，还带动大家一起进步成长。他先后发现变电设备缺陷1200多项，处理事故异常450多起；主持百余项科技创新项目，43项取得国家专利授权，累计出版专著1部，发表论文30余篇。在与他签订师带徒协议的42名职工中，共有20人获得地市公司级及以上优秀专家人才称号。以他名字命名的创新工作室先后涌现创新成果140余项，取得国家专利授权100余项，发表论文130余篇，被评为全国示范性劳模和工匠人才创新工作室。

任务导入

目前，我国交流输电的电压最高已达1000kV。这样高的电压，无论是从发电机的安全运行或是制造成本方面考虑，都不允许由发电机直接产生。必须采用升压变压器将电压升高才能进行远距离传输；电能输送到用电区域后，又需要通过降压变压器将电压降低为各类电器所需要的电压值。

变压器结构是什么样的？为什么可以实现升压或降压？

知识链接

一、交流铁心线圈

线圈又叫绕组，由导线缠绕而成，缠绕一圈称为一匝。这里的导线不是裸线，而是包有绝缘层的铜线或铝线，因此，线圈的匝与匝之间是彼此绝缘的。变化的磁场可产生感应电动势。如果铁心线圈通入直流电来励磁，则产生的磁通是恒定的，在线圈和铁心中不会感应出电动势来，在一定的电压下，线圈中电流的大小和线圈的电阻有关。

变压器、交流电动机及各种交流电器的铁心线圈都是通过交流电来励磁的。图7-6所示交流铁心线圈电路中，线圈匝数为N，线圈电阻为R。在交流电路中，电压和磁通的波形近似于正弦函数，假设铁心磁通Φ正弦变化，因此有

$$\Phi = \Phi_m \sin\omega t B = B_m \sin\omega t \tag{7-5}$$

式中，Φ_m为铁心磁通的幅值；B_m为磁感应强度的幅值；ω为角频率，$\omega = 2\pi f$，其中f为电源频率。在N匝绕组中感应的电动势为

$$e = -N\frac{d\Phi}{dt} = -\omega N\Phi_m \cos\omega t = -2\pi f N\Phi_m \sin(\omega t + 90°) \tag{7-6}$$

电路中电源电压等于主磁通变化产生的感应电动势、线圈压降、漏磁通变化产生的感应电动势之和。大多数情况下，线圈电阻 R 很小，漏磁通较小，均忽略不计，所以有

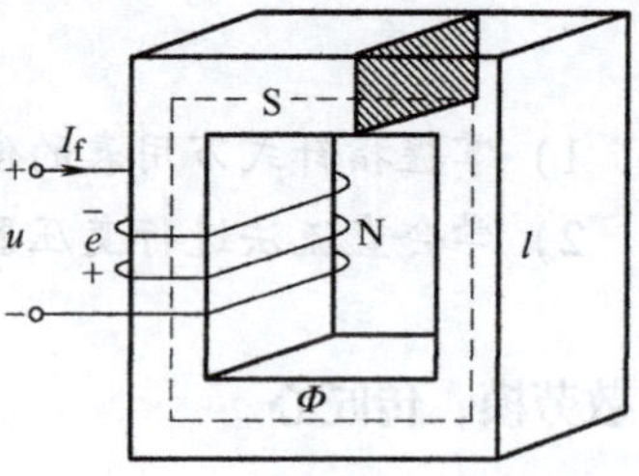

图 7-6 交流铁心线圈电路

$$u=-e$$

所以，电压与磁通的关系为

$$u=2\pi fN\Phi_m\sin(\omega t+90°) \tag{7-7}$$

电压的有效值为

$$U=\frac{1}{\sqrt{2}}\omega N\Phi_m=\frac{2\pi}{\sqrt{2}}fN\Phi_m=4.44fN\Phi_m \tag{7-8}$$

式(7-8) 是分析变压器、交流电动机等电器设备常用的重要公式。

二、磁滞损耗与涡流损耗

1. 磁滞损耗

铁磁材料在反复磁化过程，由于存在有磁滞，总需要有一部分磁场能量用来克服磁矫顽力和消除剩余磁通，这一部分磁场能量不会起增强磁场的作用，只是一种损耗。这种损耗被称为磁滞损耗，其大小与磁滞回线的面积以及磁场的交变频率有关并使铁心发热。为了减小磁滞损耗，交流铁心线圈中的铁心应选用磁滞回线较窄的软磁材料制作。

2. 涡流损耗

当通过铁心的磁通发生交变时，根据电磁感应定律，在铁心中将产生感应电动势，并引起环流。这些环流在铁心内部围绕磁通呈旋涡状流动，称为涡流，如图 7-7 所示。涡流在铁心中引起的损耗，称为涡流损耗。在电动机和变压器中，通常把磁滞损耗和涡流损耗合在一起，称为铁心损耗，简称铁耗。

三、变压器的基本结构

变压器主要由两个或两个以上的绕组绕在一个公共铁心柱上组成，铁心和绕组组合成变压器的主体。图 7-8 所示为电力变压器的外形。变压器的内部基本结构如图 7-9 所示。

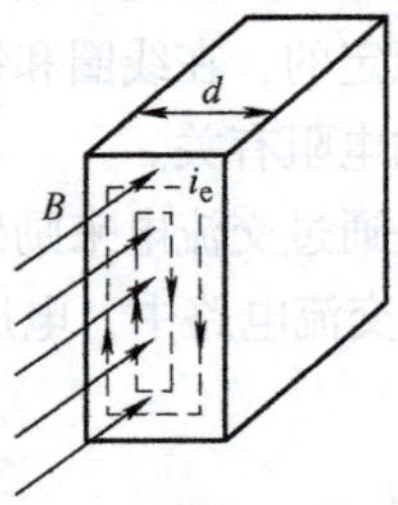

图 7-7 硅钢片中的涡流

图 7-8 电力变压器外形

1. 铁心

铁心一般由导磁性能较好的硅钢片叠制而成，在硅钢片的表面涂有绝缘漆，为了减少涡

流损耗，一般由 0.35 ~ 0.55mm 表面绝缘的硅钢片交错叠压而成。

铁心的基本结构有心式和壳式两种。心式变压器的绕组装在铁心的两个铁心柱上，其结构比较简单，有较大的绝缘空间，电力变压器大多采用心式结构。壳式变压器的铁心包围着绕组的上下和两侧，这种变压器机械强度较好，铁心散热条件好，但工艺复杂，用钢量较大。

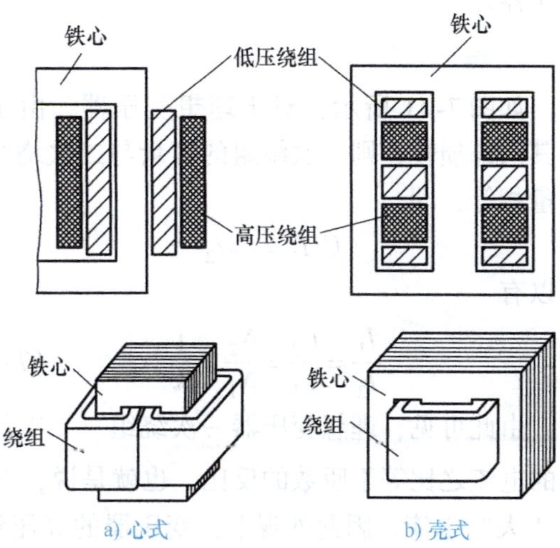

图 7-9 变压器的内部基本结构

2. 绕组

变压器的线圈即绕组，它由绝缘导线绕制而成。一般说来，变压器有两个或两个以上的绕组，与电源相接的绕组称为一次绕组，与负载相接的绕组称为二次绕组。

3. 其他

变压器一般都有一个外壳，用来保护绕组、散热和屏蔽。变压器工作时，铁心和绕组都要发热，为防止变压器过热，必须采用适当的冷却方式。小容量的变压器可以直接散热到空气中，这种方式称为空气自冷式。较大容量的变压器还具有油箱、储油柜、防爆管、瓦斯报警器、高压绝缘管套及继电保护装置等。

四、变压器的工作原理

为便于讨论变压器的工作原理和基本作用，通常采用理想变压器模型进行分析，即假设变压器无漏磁，铜损（导线电阻产生的功率损耗）、铁损（铁心的磁滞损耗与涡流损耗）均可以忽略，并且当空载运行（二次侧不接负载、开路）时，一次绕组中的电流为零。

1. 电压变换作用

电路如图 7-10 所示，设一次绕组和二次绕组的匝数分别为 N_1、N_2。根据电磁感应定律，一、二次绕组中的感应电动势分别为

$$E_1 = 4.44f\Phi_m N_1, E_2 = 4.44f\Phi_m N_2$$

得到

$$\frac{E_1}{E_2} = \frac{N_1}{N_2} = k$$

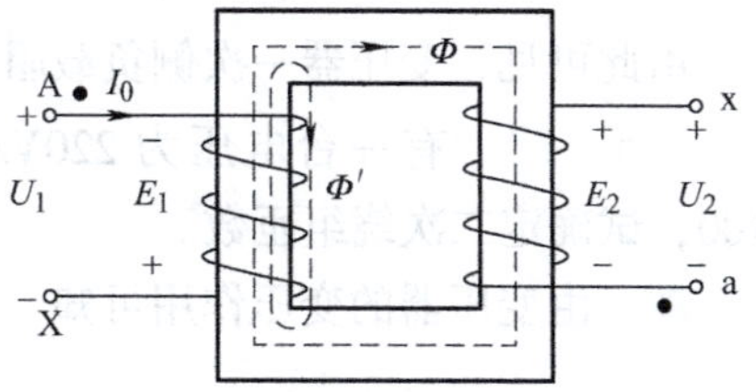

图 7-10 变压器空载变压原理图

忽略线圈电阻，根据 KVL 得 $E_1 = U_1$，$E_2 = U_2$，所以有

$$\frac{U_1}{U_2} = \frac{N_1}{N_2} = k \tag{7-9}$$

式中，k 为变压器的电压比。由此可见，理想变压器的一、二次电压比等于两绕组匝数之比。

当 $k>1$ 时，$U_1>U_2$，此变压器为降压变压器；当 $k<1$ 时，$U_1<U_2$，此变压器为升压

变压器。

2. 电流变换作用

如图 7-11 所示，对于理想变压器，由于忽略其内部损耗，则一次绕组的容量与二次绕组的容量相等，即

$$U_1I_1=U_2I_2$$

所以有

$$\frac{I_1}{I_2}=\frac{U_2}{U_1}=\frac{N_2}{N_1}=\frac{1}{k} \tag{7-10}$$

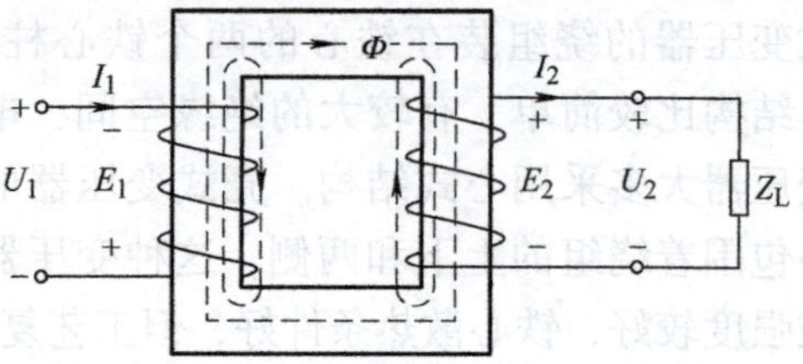

图 7-11　变压器的有载变流原理图

由此可见，理想变压器一次绕组、二次绕组中的电流之比等于匝数的反比。也就是说，“高”压绕组通过“小”电流，“低”压绕组通过“大”电流。因此外观上，变压器的高压绕组匝数多，通过的电流小，以较细的导线绕制；低压绕组匝数少，通过的电流大，要用较粗的导线绕制。

3. 阻抗变换作用

变压器不但可以变换电压和电流，还可以变换阻抗。在电子技术中，为了获得最大功率，常用变压器来变换阻抗。

设从电源端把整个变压器看成负载，则一次侧负载阻抗 Z'_L大小为

$$|Z'_L|=\frac{U_1}{I_1}$$

设变压器二次侧负载阻抗 Z_L的大小为

$$|Z_L|=\frac{U_2}{I_2}$$

变压器一次侧负载阻抗与二次侧负载阻抗的关系有

$$|Z'_L|=\frac{U_1}{I_1}=\frac{kU_2}{\frac{I_2}{k}}=k^2\frac{U_2}{I_2}=k^2|Z_L| \tag{7-11}$$

由此可见，变压器一次侧负载阻抗为二次侧负载阻抗的 k^2倍。

【例 7-1】 有一台电压为 220V/36V 的降压变压器，若变压器的一次绕组匝数 $N_1=1100$，试确定二次绕组匝数。

解：由变压器的变压作用可知

$$\frac{U_1}{U_2}=\frac{N_1}{N_2}$$

将已知参数代入上式，得

$$\frac{220}{36}=\frac{1100}{N_2},\ N_2=\frac{36}{220}\times1100=180$$

【例 7-2】 有一台电压为 220V/12V 的降压变压器，如果二次绕组接上 10Ω 的电阻，求变压器一次绕组的输入阻抗。

解：计算变压器的电压比可得

$$k=\frac{N_1}{N_2}=\frac{U_1}{U_2}=\frac{220}{12}\approx 18.3$$

变压器的阻抗变换有

$$|Z_1|=\frac{N_1^2}{N_2^2}|Z_2|=k^2|Z_2|$$

可求得一次绕组的输入阻抗为

$$|Z_1|=18.3^2\times 10\Omega=3348.9\Omega$$

4. 变压器的外特性

变压器输出电压 U_2 随负载电流 I_2 变化的关系称为它的外特性，可用图 7-12 表示。

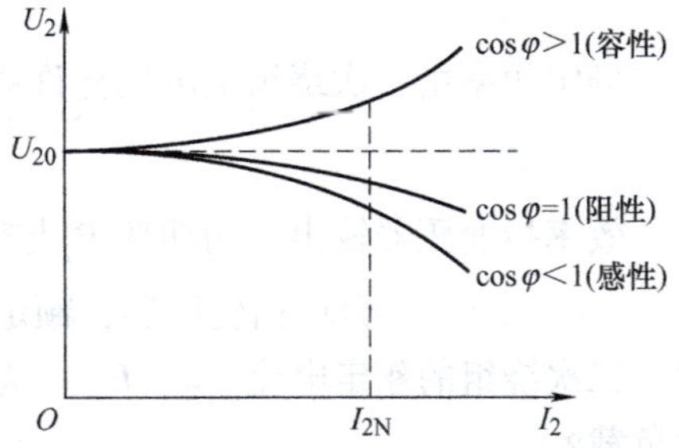

图 7-12 变压器的外特性

变压器外特性变化的程度可以用电压调整率 ΔU 表示，电压调整率定义为变压器由空载到额定负载时，二次侧输出电压 U_2 的变化程度。

$$\Delta U=\frac{|U_{20}-U_2|}{U_{20}}\times 100\% \tag{7-12}$$

式中，U_{20}为变压器二次绕组开路时的电压；U_2 为变压器二次绕组接入负载后的输出电压值。电压调整率 ΔU 越小，变压器的稳定性越好，一般控制在 5% 左右。

5. 变压器的功率与效率

变压器一次侧的输入功率为

$$P_1=U_1I_1\cos\varphi_1 \tag{7-13}$$

变压器二次侧的输出功率为

$$P_2=U_2I_2\cos\varphi_2 \tag{7-14}$$

变压器的效率为输出功率与输入功率的比值，即

$$\eta=\frac{P_2}{P_1}\times 100\% \tag{7-15}$$

五、变压器的铭牌

为了使变压器能正常运行，制造厂在变压器外壳上的铭牌上标有额定值和型号等。它是选择和使用变压器的依据。

1. 变压器的型号

型号用来表示变压器的特征和性能，一般由两部分组成：前一部分用汉语拼音字母表示，表示特性和性能；后一部分用数字组成，表示额定值。如 S－200/10，S 表示三相，200 表示额定容量为 200kV · A，10 表示高压绕组的额定电压为 10kV。

2. 额定电压

一次绕组额定电压 U_{1N}：指保证长时间安全可靠工作时应加的电压有效值，在三相变压器中指线电压有效值。

二次绕组额定电压 U_{2N}：指变压器空载一次绕组加上额定电压时，二次绕组两端的电压

有效值，在三相变压器中指线电压有效值。

3. 额定电流

一次绕组额定电流 I_{1N}：指在容许发热条件下，一次绕组中长期通过的最大电流有效值。

二次绕组额定电流 I_{2N}：指满载时长期允许通过的电流有效值，在三相变压器中均指线电流有效值。

4. 额定容量 S_N

额定容量指变压器在额定电压、电流工作状态下的视在功率，单位为千伏安（kV·A）。

5. 额定频率 f

额定频率指一次绕组上电压允许频率。我国规定工频频率为 50Hz。

6. 效率

效率指变压器输出有功功率 P_2 与输入有功功率 P_1 之比，一般用百分数表示。

【例 7-3】 一台单相变压器，额定容量 $S_N = 180\text{kV·A}$，额定电压为 6000V/220V。求一次、二次绕组的额定电流 I_{1N}、I_{2N}。这台变压器能否接入 150kW 功率因数 $\cos\varphi = 0.75$ 的感性负载？

解：一次、二次绕组额定电流分别为

$$I_{1N} = \frac{S_N}{U_{1N}} = \frac{180 \times 10^3}{6000}\text{A} = 30\text{A}$$

$$I_{2N} = \frac{S_N}{U_{2N}} = \frac{180 \times 10^3}{220}\text{A} = 818\text{A}$$

当二次绕组接入 150kW 功率因数 $\cos\varphi = 0.75$ 的感性负载，二次电流为

$$I_2 = \frac{P}{U_2 \cos\varphi} = \frac{150 \times 10^3}{220 \times 0.75}\text{A} = 909\text{A}$$

由于 $I_{2N} < I_2$，所以，该负载不能长期投入运行。

六、变压器的同名端

变压器同名端（异名端）的概念表达了一个交流变压器，其一次绕组与二次绕组的缠绕方式的关系。同名端（异名端）作为变压器一个重要的特征，可以快速判断出变压器工作时一次绕组与二次绕组内部电动势的相位关系。

在同一交变磁通的作用下，任意时刻两个（或两个以上）绕组中具有相同电动势极性的端点彼此互为同名端。同名端用“·”或“*”或“△”做标记，如图 7-13 所示。

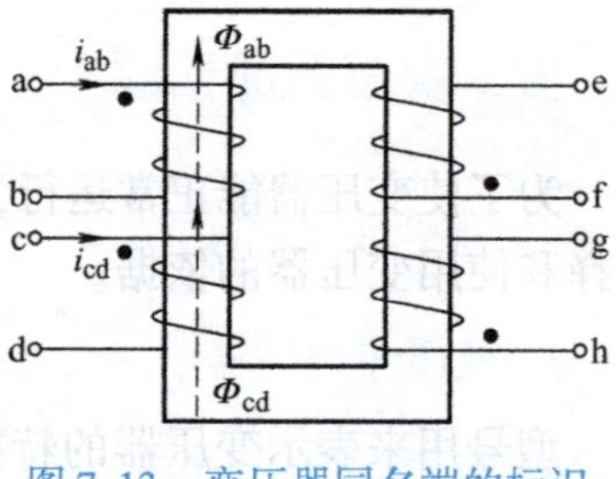

图 7-13 变压器同名端的标识

任务实施与评价

一、任务描述

按照国家相关标准，使用指针式万用表，利用直流法正确判定单相变压器的同名端。

二、任务要求

1）学会正确使用指针式万用表。

2）用导线正确连接电路，掌握直流法判定单相变压器同名端的方法。

3）增强电工规范操作意识，培养良好的电工技能习惯。

三、任务实施

（1）指针式万用表使用前的准备　对指针式万用表进行外观检查，确保无破损。将万用表水平放置在工作台上，对其进行机械调零和欧姆调零后，方可使用。

（2）单相变压器使用前的检测　以 BK－150 型单相控制变压器（见图 7-14）为例，进行使用前的检测，确保变压器的一次绕组与相应接线端连接完好，二次绕组与相应接线端连接完好。

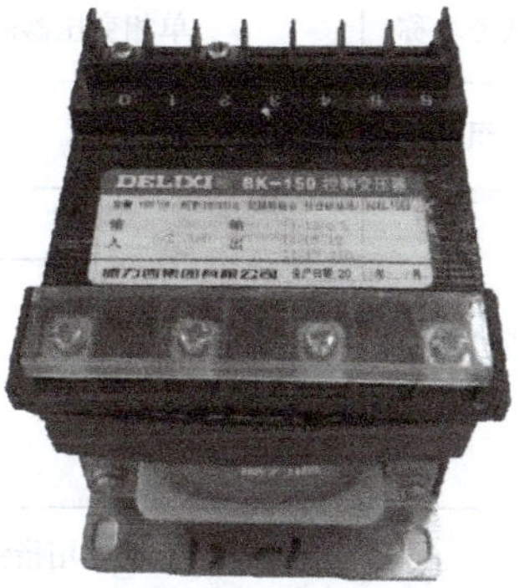

图 7-14　BK－150 型单相控制变压器

1）用万用表的电阻档检测变压器一次绕组，阻值约为 200Ω 为正常。变压器铭牌上标注一次绕组为“输入：0－2 号接线端”。

2）用万用表的欧姆档检测变压器二次绕组，阻值约为 200Ω 为正常。变压器铭牌上标注二次绕组为“输出：11－13、11－15、11－17 号接线端”。

（3）直流法正确判定单相变压器的同名端

1）如图 7-15 所示，将单相变压器一次绕组即“输入”的两个接线端子用导线引出，并通过开关 S 接入 3V 直流电源中，并保证开关处于断开状态。

2）将万用表功能旋钮调至“A”档，档位旋钮调至“μA”档。

3）万用表的红、黑表笔分别接入变压器二次绕组即“输出”端的任意两个接线端上。

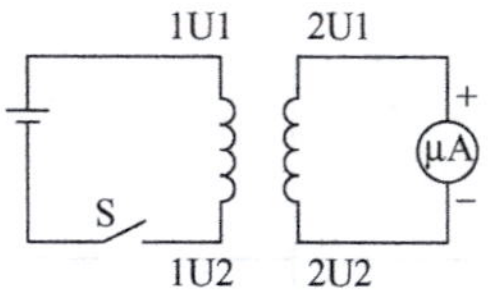

图 7-15　直流法判定单相变压器同名端接线图

4）合上开关 S 的瞬间，观测指针偏转情况：指针若正偏（向右摆动），则万用表红表笔所接的端子与电源正极所接的端子为同名端；指针若反偏（向左摆动，为避免把指针打坏，请不要选择二次绕组相距最远的两个端子），则万用表黑表笔所接的端子与电源正极所接的端子为同名端。

四、注意事项

1）指针式万用表使用前必须进行外观检查、机械调零和欧姆调零，确保万用表检查合格后方可使用。

2）直流法判定变压器同名端时，务必在开关闭合的瞬间观察万用表的指针摆动情况；不要在开关闭合一段时间后，或是在开关断开瞬间观察指针摆动情况，后两种方式会引起判定错误。

3）导线应连接牢固，正确使用指针式万用表。

4）实训结束后，先关闭电源，再拆除导线，整理好设备，清理好现场。

5）万用表使用完毕后，务必将其调至空档或交流电压最高档。

五、任务实施报告

填写任务实施报告，见表 7-3。

表 7-3 任务实施报告

<table>
<tr><td>任务名称</td><td>单相变压器同名端判定</td><td>学时</td><td>2 学时</td><td>日期</td><td></td></tr>
<tr><td>组员</td><td colspan="5"></td></tr>
<tr><td rowspan="2">成绩评定</td><td colspan="3">实操测评（90%）</td><td colspan="2">线上测评（10%）</td></tr>
<tr><td colspan="3">自评： 互评： 教师评定：</td><td colspan="2"></td></tr>
<tr><td>任务要求</td><td colspan="5">1）学会正确使用指针式万用表
2）用导线正确连接电路，掌握直流法判定单相变压器同名端的方法
3）增强电工规范操作意识，培养良好的电工技能习惯</td></tr>
<tr><td>工具、仪表与器材</td><td colspan="5">1）指针式万用表 1 块
2）单相变压器 1 台、3V 直流电源、导线若干
3）通用电工工具 1 套</td></tr>
<tr><td>技术文档</td><td colspan="5">画出直流法判定单相变压器同名端的接线图，并在变压器上标注出同名端</td></tr>
<tr><td>任务总结</td><td colspan="5">变压器利用什么原理实现变压作用？</td></tr>
</table>

六、评价标准

评价标准见表 7-4。

表 7-4 评价标准

评价项目		配分	考核内容及评分标准	评分
职业素养（20 分）	6S 基本要求	10	1. 着装不整齐、不规范，不穿戴相关防护用品等，每项扣 2 分 2. 工具、仪表、材料、作品摆放不整齐，每项扣 2 分 3. 操作完成后未清理、清扫施工现场，扣 5 分	
	安全操作	10	浪费耗材，不爱惜工具，扣 3 分；损坏工具、仪表扣本大项的 20 分；发生严重违规操作，取消操作成绩	
实操结果及质量（50 分）	质量	30	1. 正确连接电路。每错一处扣 3 分 2. 按照直流法判定单相变压器同名端的步骤，判定变压器同名端，得出准确的功能结果。每错一处扣 3 分	
	工艺	10	导线连接牢靠，布局合理，正确放置仪表等。每错一处扣 3 分	
	技术文件	10	按要求填写相关技术文件。填写内容错误，每项扣 2 分	
操作过程与检测结果（30 分）	操作过程及规范	15	根据行业相关标准及规范操作。操作工序、操作规范等每错一处扣 3 分	
	操作结果检测	15	正确进行操作结果的检测。结果检测方法不当、检测结果错误，每项扣 3 分	

任务三 仪表变压器与典型电路安装与调试

知识目标

1）了解仪用变压器的类型。

2）掌握仪用变压器的特性。

能力目标

1）掌握带电流互感器的单相计量电路的安装与调试。

2）掌握带电流互感器的三相计量电路的安装与调试。

敬劳模，传匠心

国网工匠：徐纪忠

徐纪忠，鲁能集团有限公司新能源（集团）有限公司江苏分公司副总工程师兼工程建设部经理，国内首屈一指的海上风电建设专家。

他带领团队不断探索，提供了大量海上风电技术解决方案，成为我国海上风电开发建设的领跑者；带领团队创下海上升压站“滑移装船、整体吊装”、风机“塔筒预先拼装，风机分体吊装”等多项国内海上施工纪录；创新发明的海缆“登滩排架敷设”施工方法，创造了国内海缆敷设距离最长、难度最大的纪录；负责的海上风电项目建设周期比计划工期缩短16个月，创国内海上风电项目建设新速度，打造了海上风电开发建设的优秀样本；主持制定的工程造价、安全质量等规程制度，形成了海上风电项目建设标准体系。

任务导入

仪用变压（互感）器是电力系统中用于测量和保护的重要设备，它可以把高电压转换成低电压，把大电流转换成小电流。仪用变压器能够很好地使测量仪表和继电器与高压装置在电气方面隔离，从而保证工作人员的安全；同时使测量仪表标准化、小型化，可采用小截面的电缆进行远距离测量。此外，当电路发生短路时，仪用变压器使仪表和电流线圈不受冲击电流的影响。

知识链接

常用的仪用变压器主要有电流互感器和电压互感器。

一、电流互感器

1. 外形与电气符号

如图7-16所示，电流互感器是一种将大电流转换为小电流，便于计量的仪用变压器。电流互感器的一次绕组线径较粗，匝数很少，与被测电路负载串联；二次绕组线径较细，匝数很多，与电流表、功率表、电能表、继电器的电流线圈串联。使用时，二次绕组电路不允许开路。

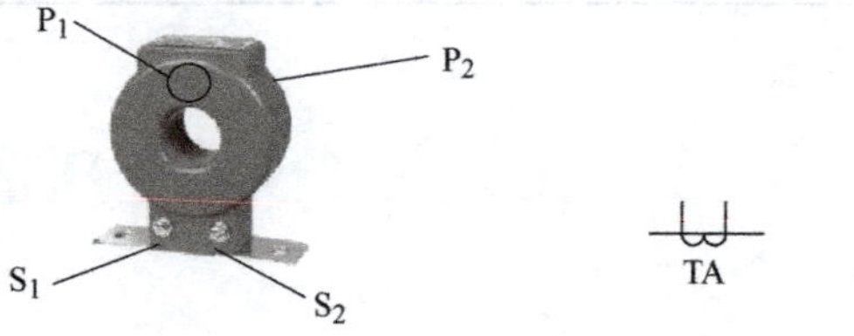

a) 外形结构　　b) 文字与图形符号

图7-16　电流互感器

图7-16a中，电流互感器上印有 P_1 和 P_2 字样，以区别线圈的两个平面；同时，下方有两个接线柱，印有 S_1 和 S_2，与电能表等进行连接。

2. 电流互感器与电源、单相电能表间的连接方法

下面介绍电源线从电流互感器 P_1 面穿过，且单相电能表的电压连片（即电能表中电流线圈5号接线柱与电压线圈1号接线柱间的连片）不拆除情况下，电流互感器与电源、单相电能表间的连接方法。

如图7-17所示，电源的相线接入电能表的1号接线端；且相线从电流互感器的 P_1 面穿入，P_2 面穿出后接负载。电流互感器的 S_1 接线柱接入单相电能表1号接线端，S_2 接线柱接入单相电能表2号接线端。电源的中性线接入电能表的3号接线端，从4号接线端引出后接负载。

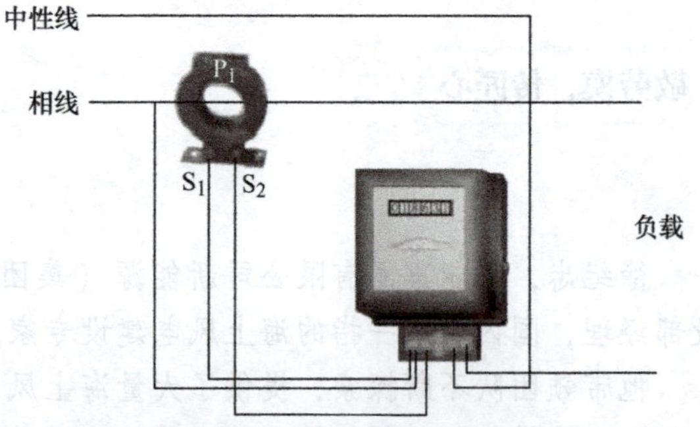

图7-17　电流互感器与电源、单相电能表间的连接方法

3. 电流互感器与三相电能表、三相交流电源间的连接

电流互感器与三相电能表的连接与单相电能表的连接方法类似：每根相线都要穿过一个电流互感器后，再接入三相电能表中。

具体接法如图7-18所示：各相线依次接入电能表1、4、7号接线端，且各相线从每个电流互感器的P_1面穿入，P_2面穿出后接负载。三个电流互感器的S_1接线柱分别接入电能表1、4、7号接线端，S_2接线柱分别接入电能表3、6、9号接线端。电源的中性线N接入电能表的10号接线端，并从10（或11）号接线端引出后接负载。

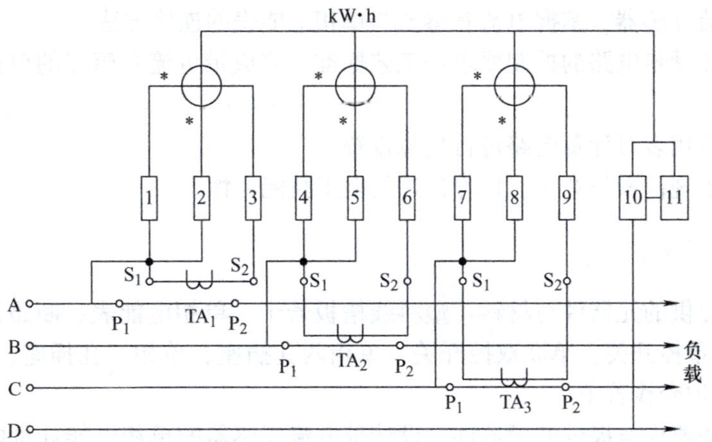

图7-18 电流互感器与三相电能表、三相交流电源间的连接示意图

二、电压互感器

电压互感器是一种将高电压转换成低电压，便于计量的仪用变压器。各类电压互感器如图7-19所示。电压互感器的一次绕组匝数很多，并联于待测电路两端；二次绕组匝数较少，与电压表、电能表、功率表、继电器的电压线圈并联。使用时，二次绕组不允许短路。

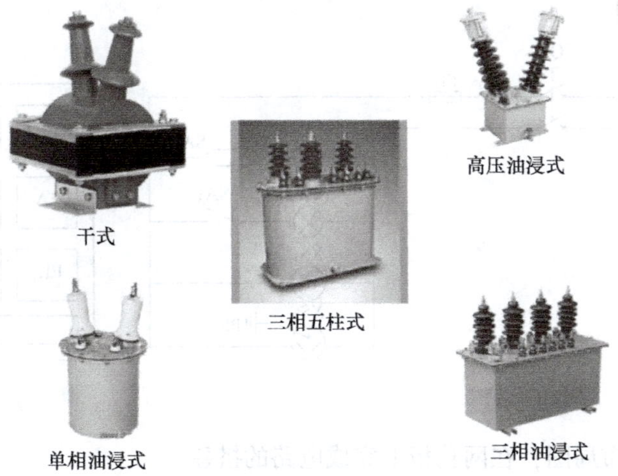

图7-19 各类电压互感器

任务实施与评价一

一、任务描述

按照国家相关标准，进行带电流互感器的单相电能计量电路的安装与调试，实现单相电能的计量功能。

二、任务要求

1）认识电流互感器，掌握电流互感器与单相电能表的连接方法。

2）按照单相计量电路的控制要求和工艺标准，完成带电流互感器的单相电能计量电路的安装。

3）学会用万用表对计量电路进行故障排查。

4）增强电工规范操作意识，培养良好的电工技能习惯。

三、任务实施

1）本任务提供的元器件与材料：塑料线槽板若干、单相电能表、断路器、熔断器、电流互感器、单联单控开关、单联双控开关、单相两孔插座、单相三孔插座、灯座、白炽灯、塑料线卡若干、护套线若干。

2）根据任务要求与提供的元器件，设计带电流互感器的单相电能计量电路的安装原理图，可参考图7-20。

3）根据原理图，确定所需元器件的类型以及数量。

4）对各元器件进行检测，确保能正常使用。

5）在网孔板上合理布局各元器件。布局参考图如图7-21所示。

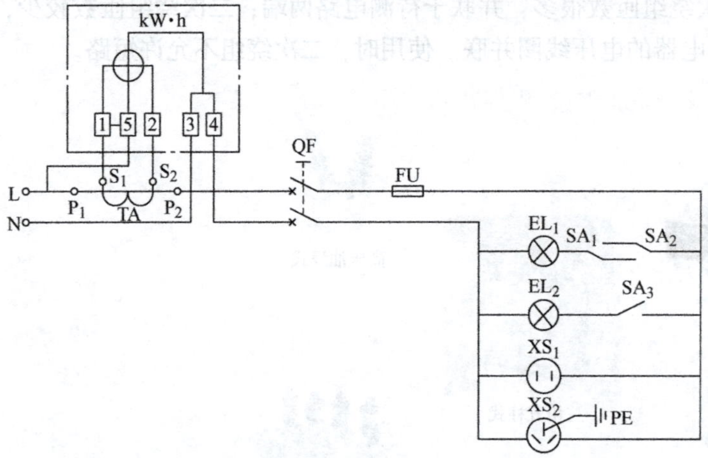

图7-20 带电流互感器的单相电能计量电路安装原理图

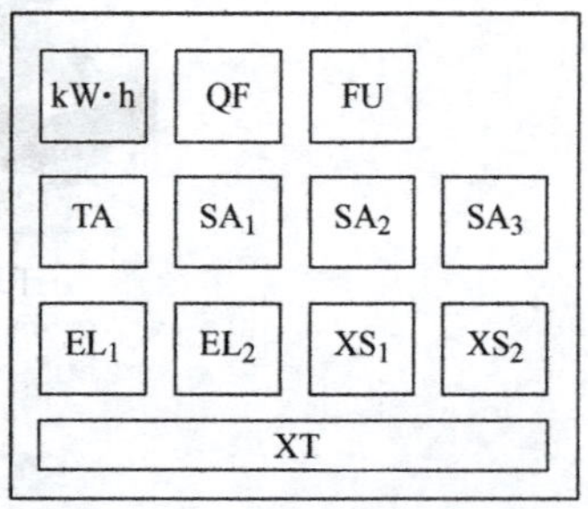

图7-21 元器件布局参考图

6）根据元器件布局图，在网孔板上完成电路的搭建。

7）在断电情况下，用万用表对带电流互感器的单相电能计量电路进行检测。

8）确保电路连接正确无误后，在指导老师的监护下接通单相交流电源，验证带电流互感器的单相电能计量电路安装的正确性：电流互感器连接正确；单相电能表能正常工作；单控开关能正确控制一盏白炽灯；双控开关能正确控制一盏白炽灯；单相两孔插座与单相三孔插座的相线、中性线连线正确，电压值正确等。

四、注意事项

1）搭建电路前，正确检测各元器件的结构与功能完好性。

2）电路搭建完后，在断电情况下用万用表检测电路搭建的正确性。

3）确保电路搭建的工艺性要求。

4）通电检测时，必须有指导老师在现场监护，同时做到安全文明生产。

5）任务实施结束后，先关闭网孔板上的各负载开关，再断开低压断路器，再关闭网孔板外交流电源总闸；最后拆卸电路，整理恢复工位。

五、任务实施报告

填写任务实施报告，见表7-5。

表7-5 任务实施报告

<table>
<tr><td>任务名称</td><td>带电流互感器的单相电能计量电路的安装与调试</td><td>学时</td><td>4学时</td><td>日期</td><td></td></tr>
<tr><td>组员</td><td colspan="5"></td></tr>
<tr><td rowspan="2">成绩评定</td><td colspan="3">实操测评（90%）</td><td colspan="2">线上测评（10%）</td></tr>
<tr><td colspan="3">自评：　　互评：　　教师评定：</td><td colspan="2"></td></tr>
<tr><td>任务要求</td><td colspan="5">1）认识电流互感器，掌握电流互感器与单相电能表的连接方法
2）按照单相计量电路的控制要求和工艺标准，完成带电流互感器的单相电能计量电路的安装
3）学会用万用表对计量电路进行故障排查
4）增强电工规范操作意识，培养良好的电工技能习惯</td></tr>
<tr><td>工具、仪表与器材</td><td colspan="5">1）万用表1块
2）塑料线槽板若干、单相电能表、断路器、熔断器、电流互感器、单联单控开关、单联双控开关、单相两孔插座、单相三孔插座、灯座、白炽灯、塑料线卡若干、护套线若干
3）通用电工工具1套</td></tr>
<tr><td>技术文档</td><td colspan="5">画出带电流互感器的单相电能计量电路的原理图</td></tr>
</table>

（续）

任务总结	任务实施环节出现了什么问题？如何解决？

六、评价标准

评价标准见表 7-6。

表 7-6 评价标准

评价项目		配分	考核内容及评分标准	评分
职业素养（20 分）	6S 基本要求	10	1. 着装不整齐、不规范，不穿戴相关防护用品等，每项扣 2 分 2. 工具、仪表、材料、作品摆放不整齐，每项扣 2 分 3. 操作完成后未清理、清扫施工现场，扣 5 分	
	安全操作	10	浪费耗材，不爱惜工具，扣 3 分；损坏工具、仪表扣本大项的 20 分；发生严重违规操作，取消操作成绩	
实操结果及质量（50 分）	质量	30	1. 单相电能表安装在电路板上，不能倾斜。每错一处扣 2 分 2. 能正确布线、工艺美观、符合安全要求，元器件、导线排列整齐，不松动，不压线。每错一处扣 3 分 3. 互感器、灯具、开关、插座的安装符合安全用电规范。互感器的接线方法和缠绕圈数须符合要求。相线一定要进开关，中性线不能进熔断器和开关；单相插座接线时，应将相线接在右边插孔的接线柱，中性线接左边插孔，保护线接上边插孔。每错一处扣 3 分 4. 接上所有的用电器，断开所有的开关、接上电源，逐步合上各路电源开关，各插座和灯具应按要求工作。每错一处扣 3 分	
	工艺	10	护套线应敷设得横平竖直，不松弛、不扭曲、不可损坏护套层，按工艺要求进行布线。每错一处扣 2 分	
	技术文件	10	按要求填写相关技术文件。填写内容错误，每项扣 2 分	
操作过程与检测结果（30 分）	操作过程及规范	15	根据行业相关标准及规范操作。操作工序、操作规范等每错一处扣 3 分	
	操作结果检测	15	正确进行操作结果的检测。结果检测方法不当、检测结果错误，每项扣 3 分	

任务实施与评价二

一、任务描述

按照国家相关标准，进行带电流互感器的三相电能计量电路的安装与调试，实现三相电能的计量功能。

二、任务要求

1）认识三相电能表，掌握其连线方法。

2）将三相电能表、三相断路器、熔断器、电流互感器、三相插座、三相异步电动机等电器，按照三相计量电路的控制要求和工艺标准，完成其安装与调试。

3）学会用万用表对计量电路进行故障排查。

4）增强电工规范操作意识，培养良好的电工技能习惯。

三、任务实施

1）本任务提供的元器件与材料：塑料线槽板若干、三相电能表、三相断路器、熔断器、电流互感器、三相插座、三相异步电动机、塑料线卡若干、护套线若干。

2）根据任务要求与提供的元器件，设计带电流互感器的三相电能计量电路的安装原理图，可参考图 7-22。

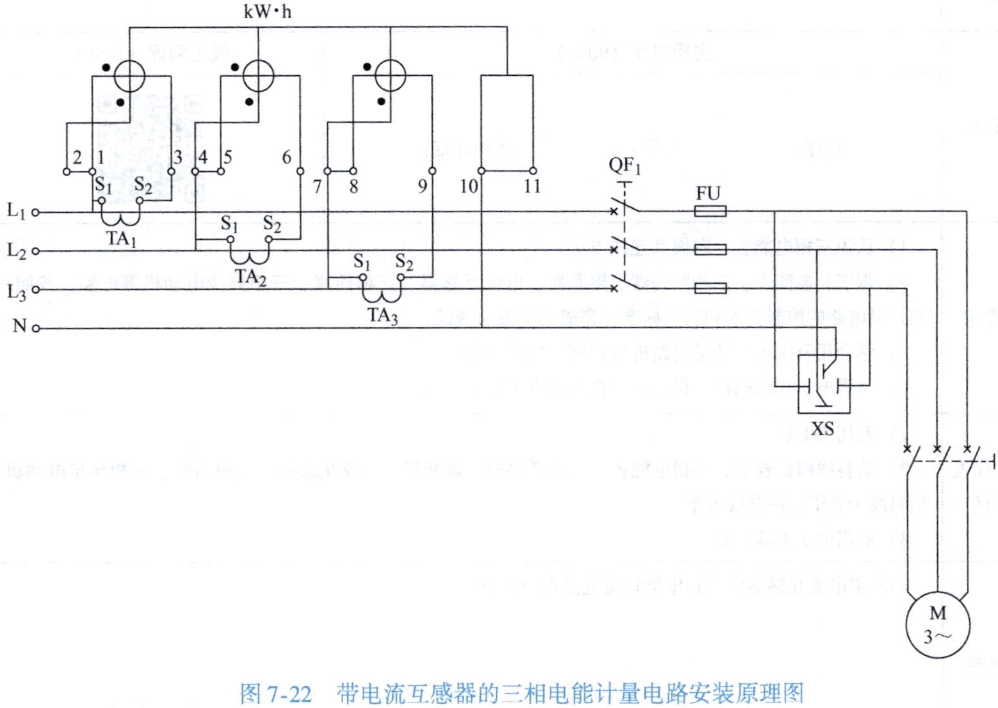

图 7-22 带电流互感器的三相电能计量电路安装原理图

3）根据原理图，合理设计元器件布局图，并进行电路搭建。

4）在断电情况下，用万用表对带电流互感器的三相电能计量电路进行检测。

5）确保电路连接正确后，在指导老师监护下接通三相交流电源，验证电流互感器的连接正确性；验证三相电能计量电路安装的功能正确性：三相电能表能正常工作；三相异步电动机通电能正常运行；三相插座连接正确，相电压、线电压值正确，中性线连接正确等。

四、注意事项

1）搭建电路前，正确检测各元器件的结构与功能完好性。

2）电路搭建完后，用万用表检测电路搭建的正确性。

3）确保电路搭建的工艺性要求。

4）通电检测时，必须有指导老师在现场监护，同时做到安全文明生产。

5）任务实施结束后，先关闭网孔板上的各负载开关，再断开低压断路器，再关闭网孔板外的交流电源总闸，最后拆卸电路，整理恢复工位。

五、任务实施报告

填写任务实施报告，见表7-7。

表7-7 任务实施报告

<table>
<tr><td>任务名称</td><td>带电流互感器的三相电能计量电路的安装与调试</td><td>学时</td><td>4学时</td><td>日期</td><td></td></tr>
<tr><td>组员</td><td colspan="5"></td></tr>
<tr><td rowspan="2">成绩评定</td><td colspan="4">实操测评（90%）</td><td>线上测评（10%）</td></tr>
<tr><td colspan="4">自评：　互评：　教师评定：</td><td></td></tr>
<tr><td>任务要求</td><td colspan="5">1）认识三相电能表，掌握其连线方法
2）将三相电能表、三相断路器、熔断器、电流互感器、三相插座、三相异步电动机等电器，按照三相计量电路的控制要求和工艺标准，完成其安装与调试
3）学会用万用表对计量电路进行调试与故障排查
4）增强电工规范操作意识，培养良好的电工技能习惯</td></tr>
<tr><td>工具、仪表与器材</td><td colspan="5">1）万用表1块
2）塑料线槽板若干、三相电能表、三相断路器、熔断器、电流互感器、三相插座、三相异步电动机、塑料线卡若干、护套线若干
3）通用电工工具1套</td></tr>
<tr><td>技术文档</td><td colspan="5">画出带电流互感器的三相电能计量电路的原理图</td></tr>
<tr><td>任务总结</td><td colspan="5">任务实施环节出现了什么问题？如何解决？</td></tr>
</table>

六、评价标准

评价标准见表7-8。

表7-8 评价标准

评价项目		配分	考核内容及评分标准	评分
职业素养（20分）	6S基本要求	10	1. 着装不整齐、不规范，不穿戴相关防护用品等，每项扣2分 2. 工具、仪表、材料、作品摆放不整齐，每项扣2分 3. 操作完成后未清理、清扫施工现场，扣5分	
	安全操作	10	浪费耗材，不爱惜工具，扣3分；损坏工具、仪表扣本大项的20分；发生严重违规操作，取消操作成绩	
实操结果及质量（50分）	质量	30	1. 三相电能表安装在电路板上，不能倾斜。每错一处扣2分 2. 能正确布线、工艺美观、符合安全要求，元器件、导线排列整齐，不松动，不压线。每错一处扣3分 3. 插座的安装符合安全用电规范。三相插座接线时，应将地线接在上面插孔的接线柱。每错一处扣3分 4. 接上电动机，接上电源，合上电源开关，电路能正常完成计量工作。每错一处扣3分	
	工艺	10	护套线应敷设得横平竖直，不松弛、不扭曲、不可损坏护套层，按工艺要求进行布线。每错一处扣2分	
	技术文件	10	按要求填写相关技术文件。填写内容错误，每项扣2分	
操作过程与检测结果（30分）	操作过程及规范	15	根据行业相关标准及规范操作。操作工序、操作规范等每错一处扣3分	
	操作结果检测	15	正确进行操作结果的检测。结果检测方法不当、检测结果错误，每项扣3分	

项 目 小 结

主要知识点梳理

1）交流铁心线圈是非线性元件，不考虑线圈的电阻及漏磁通时，其端电压、感应电动势与磁通的关系为

$$U \approx E = 4.44 f N \Phi_m$$

2）变压器是由铁心和绕组构成的，它利用电磁感应现象来实现电能传递，只有变化电流才会产生感应电压。

3）单相变压器具有变换电压、变换电流及变换阻抗的作用，即

$$\frac{U_1}{U_2}=\frac{N_1}{N_2}=k \quad \frac{I_1}{I_2}=\frac{U_2}{U_1}=\frac{N_2}{N_1}=\frac{1}{k} \quad |Z_L'|=k^2|Z_L|$$

4）同名端是指电压瞬时极性始终相同的端子。

5）变压器的运行特性有外特性和效率特性两种。

通关测试

一、选择题

1. 变压器的输入和输出关系为（　　）。

A. 电压和频率等级相同　　B. 电压等级相同、频率不同

C. 电压等级不同、频率相同　　D. 电压和频率等级不同

2. 当变压器的一次绕组匝数大于二次绕组匝数时，变压器允许输出（　　）。

A. 高电压、小电流　　B. 高电压、大电流

C. 低电压、大电流　　D. 低电压、小电流

3. 当（　　）时，变压器为升压变压器。

A. $k>1$，$N_1>N_2$，$U_1>U_2$　　B. $k<1$，$N_1<N_2$，$U_1<U_2$

C. $k>1$，$M_1<M_2$，$U_1>U_2$　　D. $k<1$，$N_1>N_2$，$U_1<U_2$

4. 升压变压器带负载工作时，其二次绕组允许输出的（　　）。

A. 电压高、电流小　　B. 电压高、电流大

C. 电压低、电流大　　D. 电压低、电流小

5. 变压器负载运行时的外特性是指当负载的功率因数一定时，二次绕组端电压与（　　）的关系。

A. 时间　　B. 主磁通　　C. 负载电流　　D. 电压比

6. 变压器运行时，其二次绕组端电压随负载电流增大，则负载为（　　）。

A. 电阻性　　B. 电感性　　C. 电容性　　D. 阻感性

7. 变压器带（　　）负载运行时，其二次绕组端电压随负载电流增大而降低。

A. 电容性　　B. 电感性　　C. 电阻性　　D. 阻容性

8. 单相降压变压器的输出（　　）。

A. 电压低、电流小　　B. 电压低、电流大

C. 电压高、电流小　　D. 电压高、电流大

9. 在三相变压器铭牌上所标出的额定电压、额定电流均指（　　）。

A. 相电压、相电流　　B. 线电压、相电流

C. 线电压、线电流　　D. 相电压、线电流

10. 二次绕组额定电压是指变压器（　　）时，一次绕组加上额定电压后，二次绕组两端的电压值。

A. 负载　　B. 空载　　C. 加载　　D. 负载恒定

11. 各台变压器并联运行的条件是必须具有相同的联结组，相等的电压比和（　　）。

A. 额定电流　　B. 相电压　　C. 阻抗　　D. 功率因数

12. 电压互感器工作时，其一次绕组（　　）在被测电路中，其二次绕组接电压表。

A. 串联　　B. 并联　　C. 可串可并　　D. 串电阻并联

13. 电流互感器工作时相当于（　　）。

A. 满载运行的降压变压器　　B. 短路状态的升压变压器

C. 短路状态的降压变压器　　D. 满载运行的升压变压器

二、简答与计算题

1. 变压器由哪几部分组成？变压器的铁心为什么要用硅钢片叠装？能用整块的铁心吗？

2. 变压器能否用于直流电压的变换？

3. 机修车间的单相行灯变压器，一次侧的额定电压为 220V，额定电流为 4.55A，二次侧的额定电压为 36V，试求二次侧可接 36V、60W 的白炽灯多少盏？

4. 如图 7-23 所示变压器，一次绕组匝数 $N_1=1100$，接在电压 $U_1=220\text{V}$ 的交流电源上，二次侧有两个绕组，匝数分别为 $N_2=180$，$N_3=120$，负载电阻 $R_2=7.2\Omega$，$R_3=3\Omega$，求：

（1）两个二次绕组的电压 U_2、U_3 各为多少？

（2）一次、二次电流 I_1、I_2、I_3 各为多少？

（3）一次等效负载电阻是多少？

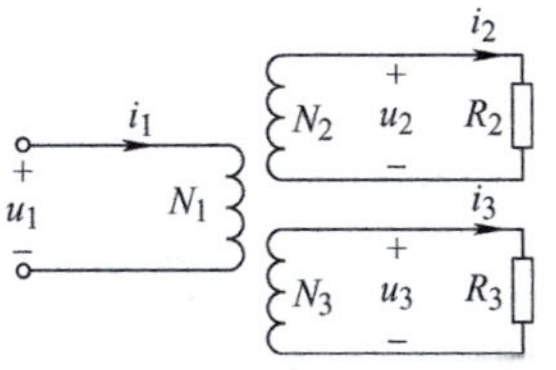

图 7-23　简答与计算题 4 图

5. 某单相变压器容量为 10kV · A，额定电压为 3300V/220V。如果向 220V/60W 的白炽灯供电，白炽灯能装多少盏？如果向 220V/60W，功率因数为 0.5 的荧光灯供电，荧光灯可以装多少盏？

6. 某收音机输出变压器的一次绕组匝数为 $N_1=300$，二次绕组匝数 $N_2=80$。原配扬声器 6Ω，现欲改接 10Ω 的扬声器，若一次绕组匝数不变，问二次绕组匝数应为多少才能阻抗匹配？

7. 某电力变压器的电压变化率 $\Delta U=4\%$，要使该变压器在额定负载下输出的电压 $U_2=220\text{V}$，求该变压器二次绕组的额定电压 U_{2N}。

项目八 8 一阶动态电路分析

任务一　动态电路的基本概念与换路定律

知识目标

1）了解什么是动态电路。

2）了解电路的状态。

3）掌握电路中产生过渡过程的原因。

4）掌握确定电路稳态值的方法。

能力目标

1）学会用换路定律求解电路的初始值。

2）学会计算电路的稳态值。

敬劳模，传匠心

国网工匠：李凤祁

李凤祁，国家电网公司运行分公司直流技术中心副主任，一直奋战在我国直流输电事业发展的最前线。20多年的孜孜以求，让他成了业内公认的专家。他担任国际电工委员会（IEC）直流输电标准委员会委员、国际大电网会议（CIGRE）直流输电专家委员会委员和能源行业高压直流输电标准化技术委员会委员；主持起草IEC标准《换流站运行维护导则》，成为我国主导编写并成功发布的首份直流运维专业国际标准，为直流系统安全运行提供了“中国智慧”和“中国方案”；带领团队诊断处理直流系统故障百余起，发现并消除重大缺陷隐患数百项。

任务导入

大家都有这样的体会：电风扇接通电源后，叶片由静止到保持某种速度恒定旋转需要一段时间；手机充电也需要一段时间，电池才能充满。为什么会出现这些现象呢？我们一起来学习动态电路，揭晓谜底。

知识链接

一、电路的稳态和暂态

1. “稳态”和“暂态”的概念

（1）稳态　顾名思义，稳态就是指稳定状态。例如，电风扇断电时，叶片的静止状态是稳定状态。电风扇通电后，叶片保持恒定速度旋转也是一种稳定状态。

（2）暂态　暂态指的是事物从一种稳定状态到另一种稳定状态的变化过程中所处的状态，这个变化的过程称为过渡过程或瞬态过程。过渡过程所处的状态称为瞬态或暂态。例如，电风扇接通电源后，叶片由静止到保持恒速旋转的中间状态就是过渡过程。手机充电的过程也是过渡过程。

2. 产生过渡过程的原因

为了解过渡过程，可以搭建以下三个基本电路（见图 8-1），并进行相应分析。

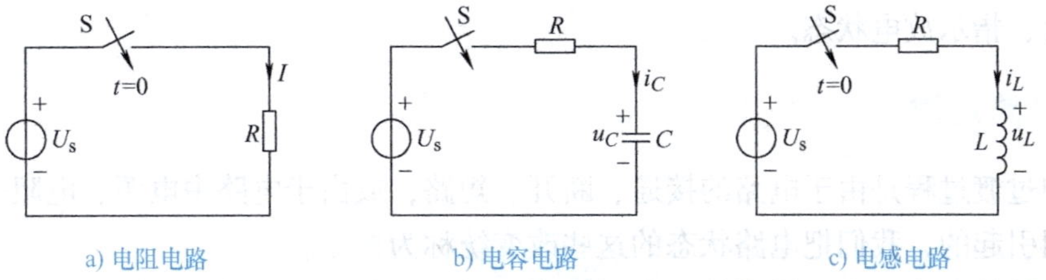

图 8-1　过渡过程分析电路

电阻电路如图 8-1a 所示，在开关 S 闭合前，电阻上的电压和电流都是 0。一旦开关 S 闭合，电阻上的电压立刻等于电源电压 U_s，电流立刻变化为$\frac{U_s}{R}$。电阻是耗能元件，其电流随电压成比例变化，当电阻两端存在电压时，电阻内就有电流流过，当电阻两端电压消失时，电流就随之消失，所以电阻电路不存在过渡过程。

电容电路如图 8-1b 所示，由于电容属于储能元件，存储的是电场能，电容上电压的增大和减小、电场能量的存储和释放都需要一个过程，所以电容电路存在过渡过程。

电感电路如图 8-1c 所示，跟电容类似，电感内磁场能的存储和释放也需要一个过程，以致电感内流过的电流呈现逐渐连续变化的现象，所以电感电路也存在过渡过程。

总结以上分析可知，电路产生过渡过程的原因包括两个方面：

1）电路中含有储能元件电感或电容（内因）。

2）电路断开与闭合的改变（外因）。

二、简单充电电路

1. 简单充电电路的组成

图 8-2 所示为一种简单充电电路，由电阻 R 和电容 C、发光二极管（LED）和选择开关 S 和 USB 供电电源构成。

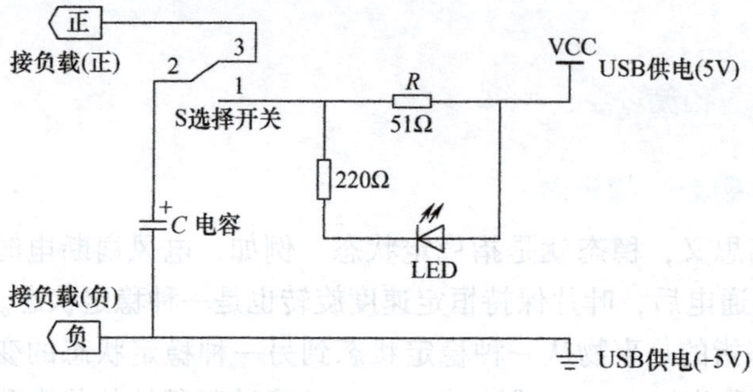

图 8-2 简单充电电路

2. 工作原理

图 8-2 所示充电电路，电容 C 与 51Ω 电阻进行并联；220Ω 电阻与发光二极管串联后再与 51Ω 电阻进行并联。当选择开关 S 拨在位置 1 时，USB 供电电源（直流电压 5V）给电容 C 充电，发光二极管亮，指示充电状态。当选择开关 S 拨在位置 3 时，电容 C 进行放电，发光二极管灭，指示放电状态。

三、换路定律

电路的过渡过程是由于电路的接通、断开、短路，或由于电路中电源、电阻等参数突然改变等原因引起的，我们把电路状态的这些改变统称为换路。

图 8-2 所示电路，当选择开关 S 由 1 转到 3 时，电容从充电转变为放电状态就是一种换路过程。此过程中，电容充电时存储的电场能在放电瞬间不能突变，所以电容两端的电压不能跃变。

同样，对电感元件而言，通电时电感内储有磁场能在断电瞬间不能突变，所以电感中的电流不能跃变。

电路在换路时电容或电感中的能量不能跃变，换路瞬间，电容两端的电压不能跃变；通过电感的电流不能跃变，这一规律是分析暂态过程的重要定律，称为换路定律。

将电路换路的瞬间定为计时起点 $t=0$，并用 $t=0_-$ 和 $t=0_+$ 分别表示换路前和换路后的瞬间，换路定律表示为

$$\begin{cases} u_C(0_+)=u_C(0_-) \\ i_L(0_+)=i_L(0_-) \end{cases} \tag{8-1}$$

四、电路的初始值计算

式(8-1) 是计算电路初始值的根据，又称为初始条件。要计算电路在换路时各电压和电流的初始值，首先根据换路定律得到电感电流或电容电压的初始值，再根据基尔霍夫定律计算其他各电压和电流的初始值。

现将电路初始值的计算步骤描述如下：

1）由换路前的稳态电路求得电容两端的电压 $u_C(0_-)$ 和电感中流过的电流 $i_L(0_-)$。换路前电路处于稳态，把电容看成开路，电感看成短路。

2）假定换路瞬时所用的时间为零，根据换路定律 $u_C(0_+)=u_C(0_-)$ 和 $i_L(0_+)=i_L(0_-)$，确定电容电压和电感电流的初始值。

3）若电路较为复杂，则需要画出换路后的电路。

4）由换路后的电路，根据 KCL、KVL、欧姆定律等，求解 0_+ 时刻其他物理量的初始值。

值得说明的是，换路瞬间除电容电压 u_C 和电感电流 i_L 外，其他物理量都可能跃变。

【例 8-1】 电路如图 8-2 所示，选择开关置于 1 处时，电路处于稳定状态。求开关 S 断开后，电容上的电压值。

解：(1) 换路前的稳态电路，电容与 51Ω 电阻为并联关系，并联在直流电压 5V 处，可得电容两端的电压 $u_C(0_-)$ 为

$$u_C(0_-)=5\text{V}$$

(2) 根据换路定律求出 $u_C(0_+)$ 为

$$u_C(0_+)=u_C(0_-)=5\text{V}$$

【例 8-2】 如图 8-3 所示，开关 S 断开前，电路处于稳定状态。求开关 S 断开后，电容所在支路的电流初始值 $i_C(0_+)$。

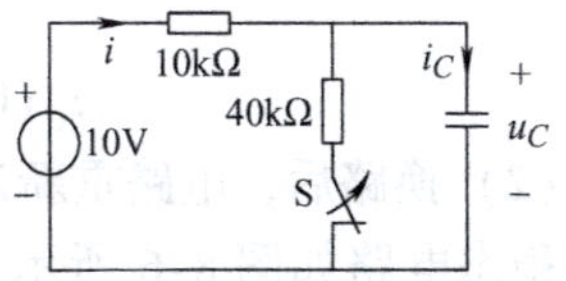

图 8-3　例 8-2 图

解：(1) 由换路前的稳态电路可得电容两端的电压 $u_C(0_-)$。

$$u_C(0_-)=10\text{V}\times\frac{40}{10+40}=8\text{V}$$

(2) 根据换路定律求出 $u_C(0_+)$。

$$u_C(0_+)=u_C(0_-)=8\text{V}$$

(3) 根据换路后的电路列写电路方程，求出 $i_C(0_+)$。

$$i_C(0_+)=\frac{10\text{V}-u_C(0_+)}{10\text{k}\Omega}=0.2\text{mA}$$

五、电路的稳定值确定

当电路的过渡过程结束后，电路进入新的稳定状态，这时各元件电压和电流的值称为稳态值（或终值）。稳态值也是分析一阶电路过渡过程规律的要素之一。因电路重新处于稳态，所以电路分析时再次把电容看成开路，电感看成短路。

【例 8-3】 如图 8-4 所示，已知 $U_s=12\text{V}$，$R_1=2\text{k}\Omega$，$R_2=4\text{k}\Omega$，$C=1\text{mF}$，开关 S 动作前电路已处于稳态，$t=0$ 时开关闭合。试求：(1) 开关闭合后，各元件电压和电流的初始值；(2) 电路重新达到稳态后，电容上的电压和电流的稳态值。

解：(1) 求开关闭合瞬间，$t=0_+$ 时刻各元件电压和电流的初始值。

由于换路前开关断开，若电容两端存在电压，电容与电阻 R_2 形成放电回路，使电容电压下降，所以电路稳态时，电容两端电压为零，即

$$u_C(0_-)=0\text{V}$$

开关闭合瞬间，根据换路定律可求出

$$u_C(0_+)=u_C(0_-)=0\text{V}$$

换路后的暂态电路如图 8-5 所示，求出其他物理量的初始值。

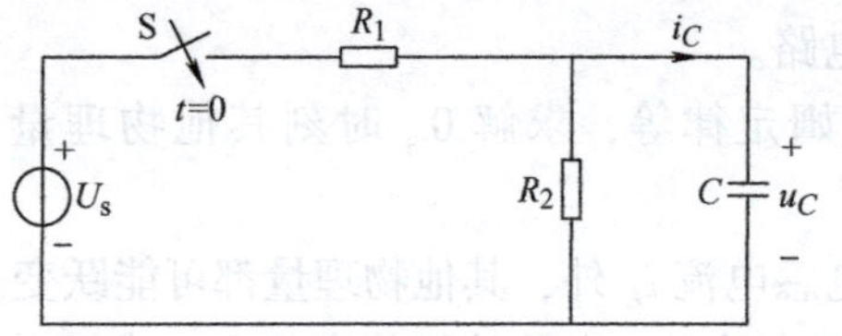

图 8-4　例 8-3 题图

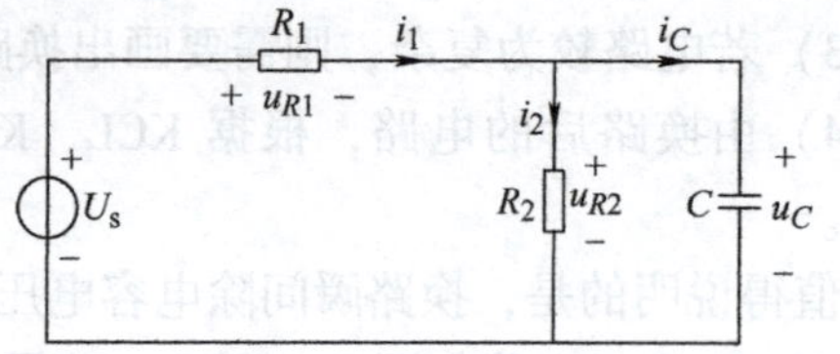

图 8-5　例 8-3 换路后的暂态电路

$$u_{R2}(0_+) = u_C(0_+) = 0\text{V}$$

$$u_{R1}(0_+) = U_s - u_C(0_+) = U_s - 0\text{V} = 12\text{V}$$

$$i_1(0_+) = \frac{u_{R1}(0_+)}{R_1} = \frac{12\text{V}}{2\text{k}\Omega} = 6\text{mA}$$

$$i_2(0_+) = \frac{u_{R2}(0_+)}{R_2} = \frac{0\text{V}}{4\text{k}\Omega} = 0\text{mA}$$

$$i_C(0_+) = i_1(0_+) - i_2(0_+) = 6\text{mA} - 0\text{mA} = 6\text{mA}$$

（2）换路后，电路重新达到稳态时，即 $t=\infty$ 时的稳态电路如图 8-6 所示，求此时电容上的电压和电流的稳态值。

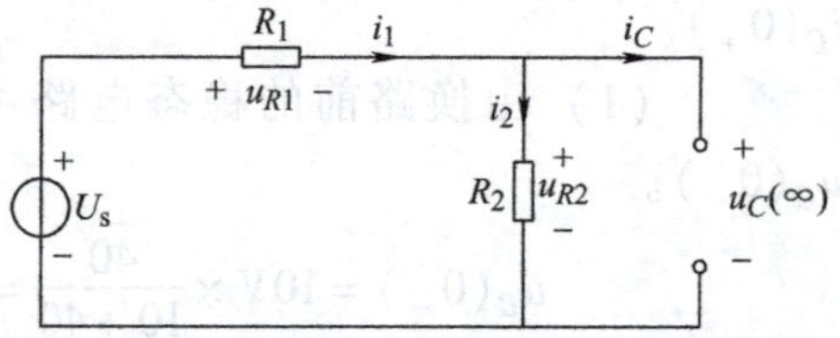

图 8-6　换路后稳态电路图

直流电路中，电路处于稳态时，电容相当于开路，所以有

$$i_C(\infty) = 0\text{A}$$

$$u_C(\infty) = u_{R2}(\infty) = U_s\frac{R_2}{R_1+R_2} = 12\text{V}\times\frac{4\text{k}\Omega}{2\text{k}\Omega+4\text{k}\Omega} = 8\text{V}$$

【例 8-4】　如图 8-7 所示，已知 $R=1\text{k}\Omega$，$L=1\text{H}$，$U_s=20\text{V}$，开关动作前电感无储能。$t=0$ 时开关闭合。试求：（1）开关闭合后，各元件电压和电流的初始值；（2）电路重新达到稳态后，电感上的电压和电流的稳态值。

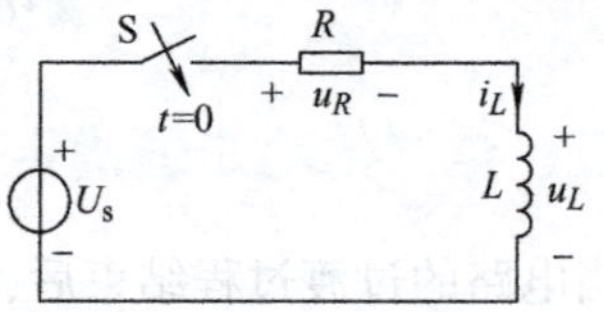

图 8-7　例 8-4 题图

解：（1）求 $t=0_+$ 时的初始值。

由于换路前电路处于稳定状态，电感无储能，所以，电感电流为 0，即

$$i_L(0_-) = 0$$

换路瞬间，电感上的电流不能突变，因此根据换路定律可求出

$$i_L(0_+) = i_L(0_-) = 0\text{A}$$

根据电路方程，求出其他物理量的初始值：

$$u_R(0_+) = i_L(0_+)R = 0\text{A}\times 1\text{k}\Omega = 0\text{V}$$

$$u_L(0_+) = U_s - u_R(0_+) = 20\text{V} - 0\text{V} = 20\text{V}$$

（2）求换路后，电路达到新的稳定状态，即 $t=\infty$ 时的稳态值。

直流电路中，电路处于稳态时，电感相当于短路，所以有

$$u_L(\infty)=0\text{V}$$

$$i_L(\infty)=\frac{U_s-u_L(\infty)}{R}=\frac{20\text{V}-0\text{V}}{1\text{k}\Omega}=20\text{mA}$$

任务解决

由于储能元件的存在，能量的存储和释放不能突变，电路在断开或闭合过程中有了电路电压、电流的变化过渡过程；电路有了稳态、暂态和新稳态的变化。稳态状态下，直流电路中，电容看作断路，电感看作短路。在暂态下，电容上的电压不能跃变，电感上的电流不能跃变。这也解释了电风扇通电时，叶片从静止到匀速旋转为什么需要一段时间，以及手机充满电为什么需要一段时间。

任务二　一阶动态电路的响应

知识目标

1）了解什么是一阶动态电路。

2）了解一阶动态电路的响应类型。

3）掌握零输入响应、零状态响应和全响应的概念。

4）掌握 *RC*、*RL* 串联电路的瞬态过程、时间常数的概念。

能力目标

1）学会计算 *RC*、*RL* 电路的时间常数。

2）学会计算一阶动态电路的响应参数。

敬劳模，传匠心

国网工匠：陈国信

陈国信，国网福建电力厦门供电公司五级职员、不停电作业高级师、带电班副班长，享受国务院政府特殊津贴，是第一批全国输电线路技术技能带头人。他参与研究的“220千伏大跨越高塔悬垂绝缘子串带电更换方法和作业工具”等专利技术填补了国内空白。在他负责或主要参与的60多项科研成果中，15项获省部级科技成果奖，20项获国家发明专利，35项获国家实用新型专利。陈国信同志曾获全国五一劳动奖章、中华技能大奖、全国技术能手、全国知识型职工先进个人等荣誉。

任务导入

有一只100μF的电容，当用万用表的“$R\times1\text{k}$”档检测质量时，如果出现下列现象之一：①表针不动；②表针满偏转；③表针偏转后慢慢返回；④表针偏转后不能返回原刻度处。试根据现象分析电容质量的优劣，并说明原因。

知识链接

一、一阶动态电路的概念

仅含有一个电容或一个电感的电路，称为一阶电路或一阶动态电路。

二、零输入响应

动态电路在没有外施激励（输入为零）的情况下，仅由动态元件的初始储能引起的响应称为零输入响应。典型的一阶电路有 *RC* 电路和 *RL* 电路，下面分别讨论它们的零输入响应。

1. *RC* 电路零输入响应

图 8-8 所示电路中，换路前开关 S 置于位置 1，电容上已充有电压。$t=0$ 时开关 S 从位置 1 拨到位置 2，使 *RC* 电路脱离电源。根据换路定理，电容电压不能突变。于是，电容电压由初始值开始，通过电阻 *R* 放电，在电路中产生放电电流 i_C。随着时间增长，电容电压 u_C 和放电电流 i_C 将逐渐减小，最后趋近于零。这样，电容存储的能量全部被电阻所消耗。可见电路换路后的响应仅由电容的初始状态所引起，故为零输入响应。

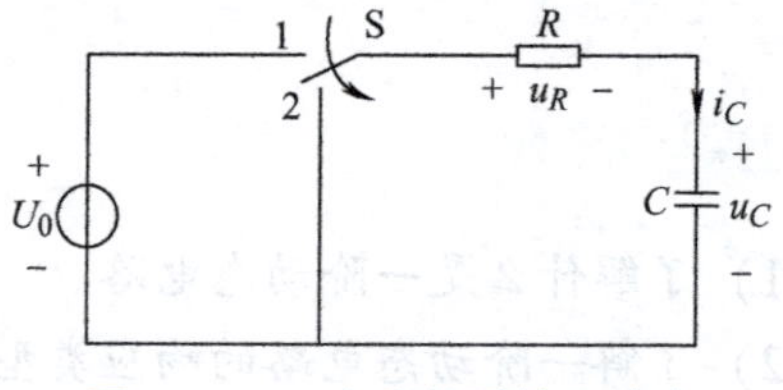

图 8-8 *RC* 电路的零输入响应

图 8-8 中，$t=0$ 时，开关 S 由位置 1 拨到位置 2，根据 KVL，得回路电压方程

$$u_R + u_C = 0$$

由元件的电流电压关系式有：

$$i_C = C\frac{\mathrm{d}u_C}{\mathrm{d}t}$$

$$u_R = Ri_C = RC\frac{\mathrm{d}u_C}{\mathrm{d}t}$$

从而得到微分方程

$$RC\frac{\mathrm{d}u_C}{\mathrm{d}t} + u_C = 0$$

解微分方程得

$$u_C = A\mathrm{e}^{-\frac{t}{\tau}}$$

由初始值 $u_C(0_+) = U_0$，可确定积分常数 $A = U_0$。引出时间常数 τ，决定过渡过程的快慢，即

$$\tau = RC \tag{8-2}$$

式(8-2) 中，电阻 *R* 的单位为欧（Ω），电容 *C* 的单位为法（F），时间常数 τ 的单位为秒（s）。引入时间常数后，u_C、u_R 和 i_C 可表示为

$$u_C = u_C(0_+)\mathrm{e}^{-\frac{t}{\tau}} = U_0\mathrm{e}^{-\frac{t}{\tau}}$$

$$u_R = -u_C(0_+)\mathrm{e}^{-\frac{t}{\tau}} = -U_0\mathrm{e}^{-\frac{t}{\tau}} \tag{8-3}$$

$$i_C = -\frac{u_C(0_+)}{R}\mathrm{e}^{-\frac{t}{\tau}} = -\frac{U_0}{R}\mathrm{e}^{-\frac{t}{\tau}}$$

放电过程的快慢是由时间常数 τ 决定的。τ 越大，在电容电压的初始值 U_0 一定的情况下，C 越大，电容存储的电荷越多，放电时间越长；而 R 越大，则放电电流就越小，放电所需要的时间也就越长。相反，τ 越小，电容放电时间越短。一般经过 $(3\sim5)\tau$ 暂态过程基本结束，电路达到新的稳定状态。RC 电路零输入响应曲线如图 8-9 所示。

【例 8-5】 将一个 20μF 高压电容器从电路中断开，在断开瞬间电容电压为 10kV，如图 8-10所示。试求：(1) 开关 S_1 断开后，如果让电容器通过自身的绝缘电阻放电，已知绝缘电阻 $R_C=100\mathrm{M\Omega}$，经过 30min 后，电容电压为多少？(2) 断开电源后，如果将该电容器通过一个外接电阻 R 放电（S_2 闭合），要求最大放电电流不超过 50mA，则此放电电阻的阻值为多少？(3) 要使电容电压在 2min 内下降到 5V，则放电电阻的阻值不能大于多少？

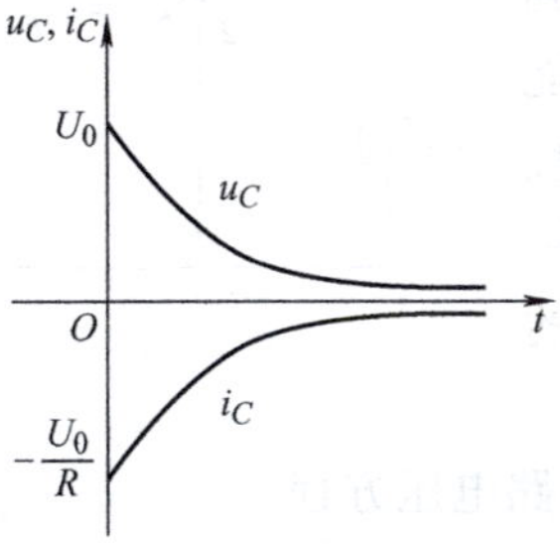

图 8-9　RC 电路零输入响应曲线

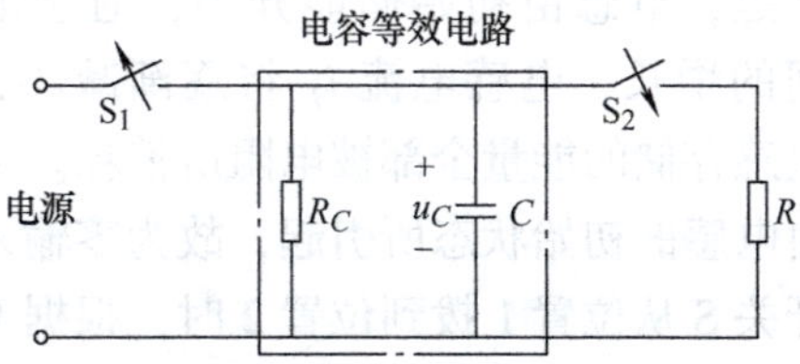

图 8-10　例 8-5 题图

解：(1) 设 $t=0$ 时，电容器从电路中断开，电容电压的初始值为

$$u_C(0_+) = u_C(0_-) = 10\mathrm{kV} = 10000\mathrm{V}$$

时间常数 τ 为

$$\tau = R_C C = 100\mathrm{M\Omega}\times 20\mu\mathrm{F} = 2000\mathrm{s}$$

由此可知：

$$u_C(t) = U_0\mathrm{e}^{-\frac{t}{\tau}} = 10000\mathrm{e}^{-\frac{t}{2000}}\mathrm{V}$$

断开 30min（1800s）的电容电压为

$$u_C(1800) = U_0\mathrm{e}^{-\frac{t}{\tau}} = 10000\mathrm{e}^{-\frac{1800}{2000}}\mathrm{V} \approx 4066\mathrm{V}$$

由此可知，含大电容的电路在断开电源后，由于电容的储能效应，电容两端仍会有很高的电压。

(2) 因为最大放电电流不能超过 50mA，所以取放电电流的初始值为 50mA，忽略电容的绝缘电阻，则

$$i(0+) = \frac{u_C(0_+)}{R} = \frac{10\mathrm{kV}}{R} = 50\mathrm{mA}$$

求得放电电阻的阻值为

$$R = 200\mathrm{k\Omega}$$

(3) 要使电容电压在 2min 内下降到 5V，即

$$u_C(t)=U_0\mathrm{e}^{-\frac{t}{\tau}}=10000\mathrm{e}^{-\frac{2\times60}{\tau}}\text{V}\leqslant5\text{V}$$

可求得时间常数

$$\tau\leqslant15.79\text{s}$$

而 $\tau=RC$，所以

$$RC\leqslant15.79\text{s}$$

$$R\leqslant790\text{k}\Omega$$

故放电电阻不能大于 790kΩ。

由例 8-5 可知，含大电容的电路在断开电源后，由于电容的储能效应，电容两端仍可能会有很高的电压。所以在对含有电容的电路进行设备维护时，必须先对电容进行放电，确认电容不带电后才能进行维修，否则可能造成人身伤害。

2. RL 电路零输入响应

电路如图 8-11 所示，换路前开关 S 置于位置 1，电路已处于稳态，电感中已有电流。在 $t=0$ 时，开关 S 从位置 1 拨到位置 2，使 RL 电路脱离电源。根据换路定理，电感电流不能突变。于是，电感由初始储能开始，通过电阻 R 释放能量。随着时间的增长，电感电流 i_L 将逐渐减小，最后趋近于零。这样，电感存储的能量全部被电阻所消耗。可见电路换路后的响应仅由电感的初始状态所引起，故为零输入响应。

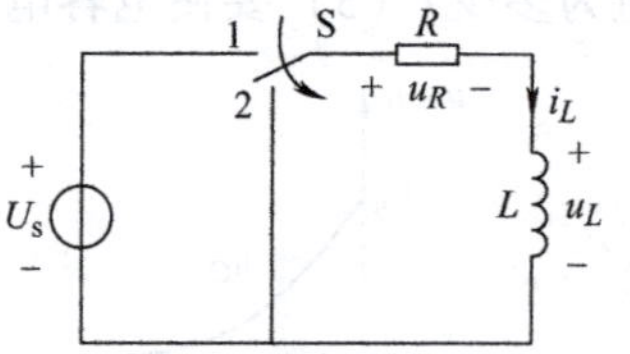

图 8-11 RL 电路的零输入响应

当开关 S 从位置 1 拨到位置 2 时，根据 KVL 定律可得回路电压方程

$$u_R+u_L=0$$

将 $u_R=Ri_L$ 和 $u_L=L\frac{\mathrm{d}i_L}{\mathrm{d}t}$ 代入上式，解微分方程得

$$i_L=i_L(0_+)\mathrm{e}^{-\frac{t}{\tau}}=I_0\mathrm{e}^{-\frac{R}{L}t}$$

$$u_L=L\frac{\mathrm{d}i_L}{\mathrm{d}t}=-RI_0\mathrm{e}^{-\frac{R}{L}t}=u_L(0_+)\mathrm{e}^{-\frac{R}{L}t} \tag{8-4}$$

$$\tau=\frac{L}{R}$$

式(8-4) 中时间常数 τ 决定了 RL 电路暂态过程的快慢。τ 越大，暂态过程需要的时间越长。相反，τ 越小，暂态过程需要的时间越短。一般经过 $(3\sim5)\tau$ 暂态过程基本结束，电路达到新的稳定状态。图 8-12 为 RL 电路的响应曲线。

三、零状态响应

在储能元件的初始储能为零的情况下，仅由外施激励引起的响应称为零状态响应。

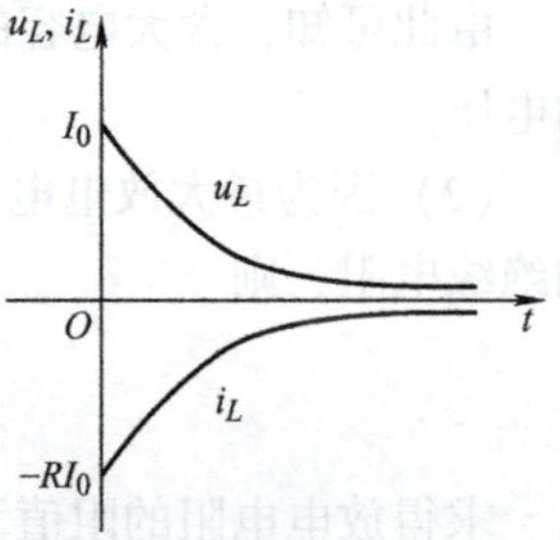

图 8-12 RL 电路响应曲线

1. RC 电路的零状态响应

在图 8-13 所示的 RC 电路中，开关原处于断开状态，电容的初始值为零，即 $u_C(0_-)=0$。在 $t=0$ 时开关闭合，换路后

$u_C(0_+)=u_C(0_-)=0$，此时电路接通直流电源 U_s，电源将向电容充电。根据 KVL 有

$$u_R+u_C=U_s$$

由 R、C 的伏安关系有

$$i=C\frac{\mathrm{d}u_C}{\mathrm{d}t},u_R=Ri=RC\frac{\mathrm{d}u_C}{\mathrm{d}t}$$

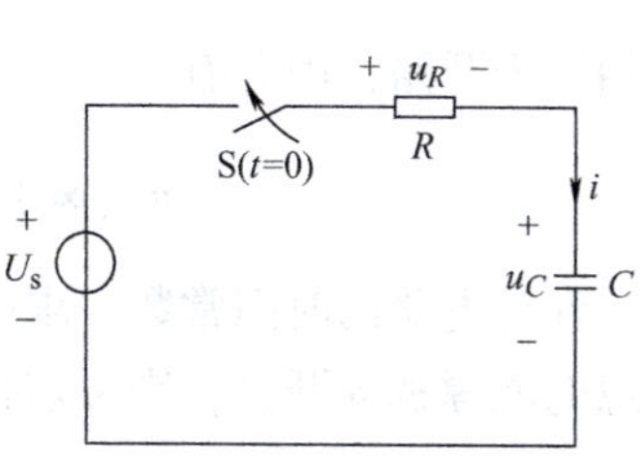

图 8-13　*RC* 电路的零状态响应

可得

$$RC\frac{\mathrm{d}u_C}{\mathrm{d}t}+u_C=U_s$$

解此方程可求得电容电源、电阻电压和电路中电流随时间的变化情况：

$$u_C(t)=U_s(1-\mathrm{e}^{-\frac{t}{\tau}})\quad(t\geqslant0)\tag{8-5}$$

$$i=C\frac{\mathrm{d}u_C}{\mathrm{d}t}=\frac{U_s}{R}\mathrm{e}^{-\frac{t}{\tau}}\quad(t>0)\tag{8-6}$$

$$u_R=Ri=U_s\mathrm{e}^{-\frac{t}{\tau}}\quad(t>0)\tag{8-7}$$

$$\tau=RC\tag{8-8}$$

$u_C(t)$、$u_R(t)$ 和 $i(t)$ 随时间变化的曲线如图 8-14 所示。

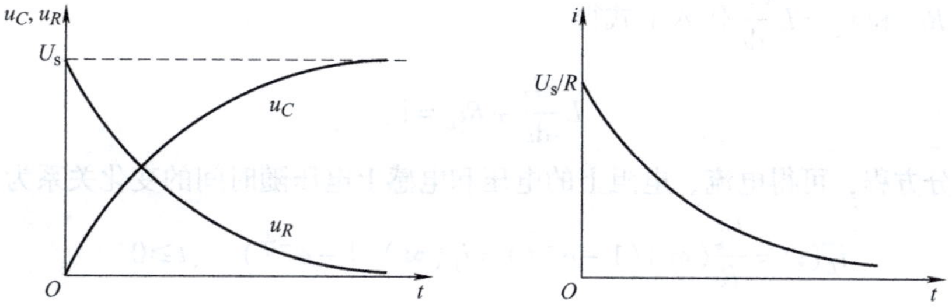

a) $u_C(t)$、$u_R(t)$波形　　b) $i(t)$波形

图 8-14　*RC* 电路零状态响应曲线

时间常数 τ 反映电容充电的快慢。在充电过程中，电源发出功率，电容和电阻吸收功率。电源发出的能量，一部分转换成电场能量储存在电容中，另一部分被电阻转换称热能消耗掉。充电的快慢由时间常数 τ 决定。当 $t=3\tau$ 时，$u_C=0.95U_s$，即电容电压达到电源电压的 95%；当 $t=5\tau$ 时，$u_C=0.99U_s$，即电容电压达到电源电压的 99%，所以一般经过 $(3\sim5)\tau$ 后即可认为充电已经结束。

由于 u_C的稳态值也是时间 t 趋于∞时的值，因此，式(8-5) 也可写作

$$u_C(t)=u_C(\infty)(1-\mathrm{e}^{-\frac{t}{\tau}})\quad(t\geqslant0)$$

【例 8-6】 电路如图 8-15 所示，$U_s=9\mathrm{V}$，$R_1=6\mathrm{k\Omega}$，$R_2=3\mathrm{k\Omega}$，$C=0.01\mathrm{\mu F}$，$u_C(0_-)=0$。求开关 S 接通后的电容电压 $u_C(t)$。

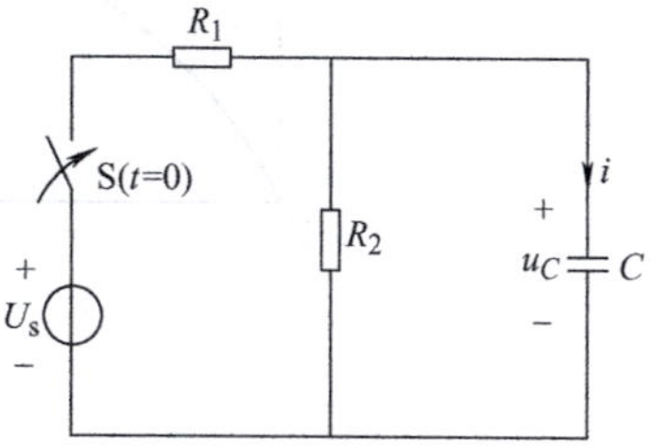

图 8-15　例 8-6 题图

解： 由图 8-15 可知，电容元件初始储能为 0，即 $u_C(0_+)=u_C(0_-)=0$，故为零状态响应。下面求开关闭合后，电容电压的稳态值。由于直流电路的稳态电路中，电

容相当于开路，因此有

$$u_C(\infty)=\frac{U_s}{R_1+R_2}\times R_2=\frac{9\text{V}}{6\text{k}\Omega+3\text{k}\Omega}\times 3\text{k}\Omega=3\text{V}$$

计算电路的时间常数，求时间常数时应将电路中的电源除去，即理想电压源视为短路，理想电流源视为开路，则可求得

$$\tau=(R_1//R_2)C=\frac{6\times 3}{6+3}\times 10^3\times 0.01\times 10^{-6}\text{s}=2\times 10^{-5}\text{s}$$

开关S接通后的电容电压为

$$u_C(t)=u_C(\infty)(1-\text{e}^{-\frac{t}{\tau}})=3(1-\text{e}^{-\frac{t}{2\times 10^{-5}}})\text{V}=3(1-\text{e}^{-5\times 10^4 t})\text{V}$$

2. *RL* 电路的零状态响应

图8-16所示为 RL 串联电路，在接通直流电源前，电路中没有储存能量，根据换路定律有 $i_L(0_+)=i_L(0_-)=0$，所以称为电路处于零状态。

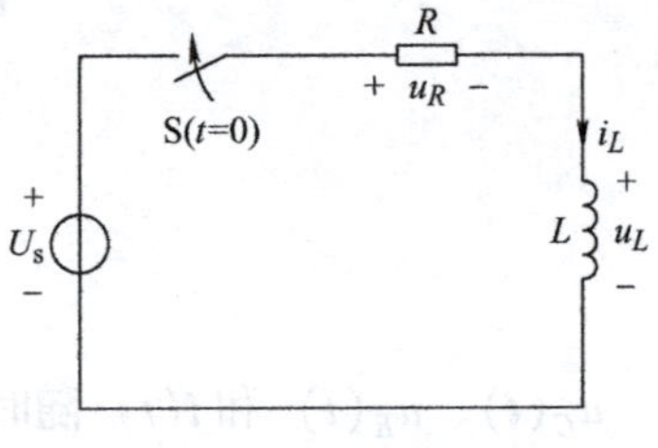

图8-16　*RL* 电路的零状态响应

在 $t=0$ 时，开关闭合。电路换路后，根据KVL列回路电压方程为

$$u_R+u_L=U_s$$

将 $u_R=Ri_L$ 和 $u_L=L\frac{\text{d}i_L}{\text{d}t}$ 代入上式得

$$L\frac{\text{d}i_L}{\text{d}t}+Ri_L=U_s$$

解此微分方程，可得电流、电阻上的电压和电感上电压随时间的变化关系为

$$i_L(t)=\frac{U_s}{R}(\infty)(1-\text{e}^{-\frac{t}{\tau}})=i_L(\infty)(1-\text{e}^{-\frac{t}{\tau}})\quad(t\geqslant 0)\tag{8-9}$$

$$\tau=\frac{L}{R}\tag{8-10}$$

$$u_R(t)=Ri_L=U_s(1-\text{e}^{-\frac{R}{L}t})\quad(t>0)\tag{8-11}$$

$$u_L(t)=L\frac{\text{d}i_L}{\text{d}t}=U_s\text{e}^{-\frac{R}{L}t}\quad(t>0)\tag{8-12}$$

$i_L(t)$、$u_R(t)$、$u_L(t)$ 的曲线如图8-17所示。

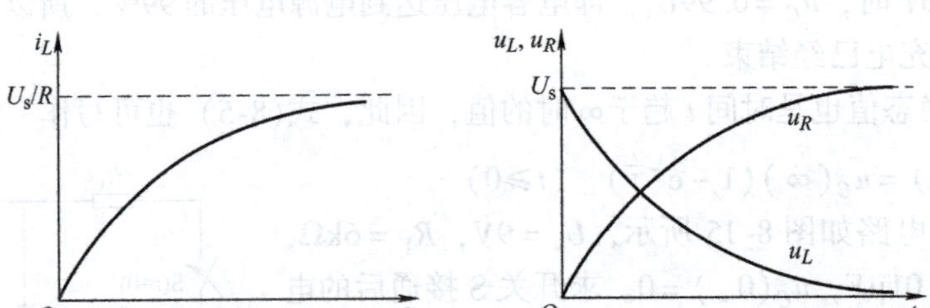

图8-17　*RL* 电路零状态响应曲线

由以上分析可知，电流 i_L 由零开始按指数规律逐渐增长到稳态值 U_s/R，电感上的电压

u_L则由零跃变到 U_s后按同一指数规律逐渐衰减为零。

【例 8-7】　在图 8-18a 中，$R_1=R_2=1\text{k}\Omega$，$L_1=15\text{mH}$，$L_2=L_3=10\text{mH}$，电流源 $I_s=10\text{mA}$。当开关闭合后，求电流 i（设电感间无互感）。

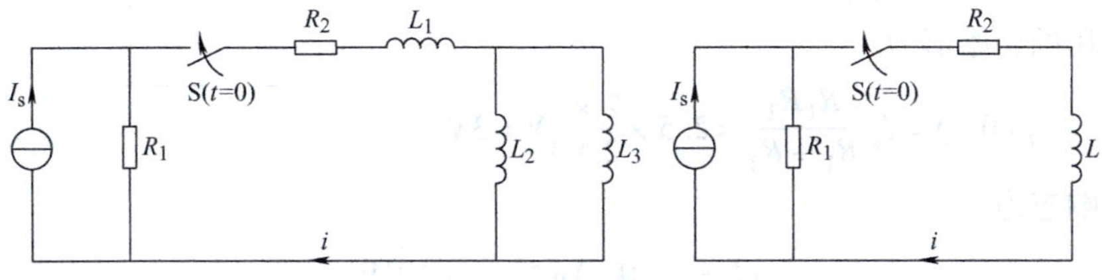

a) 原电路　　b) 等效电路

图 8-18　例 8-7 题图

解：电路中的等效电感 L 为

$$L=L_1+L_2/\!/L_3=\left(15\times10^{-3}+\frac{10\times10^{-3}\times10\times10^{-3}}{10\times10^{-3}+10\times10^{-3}}\right)\text{H}=20\times10^{-3}\text{H}=20\text{mH}$$

等效电路如图 8-18b 所示，电感电流的初始值为零，即 $i_L(0_+)=i_L(0_-)=0$，开关闭合后，电感电流的稳态值为

$$i_L(\infty)=\frac{R_1}{R_1+R_2}I_s=\frac{1}{2}\times10\text{mA}=5\text{mA}$$

下面求电路的时间常数。求时间常数时应将电路中的电源除去，即理想电压源视为短路，理想电流源视为开路，则时间常数为

$$\tau=\frac{L}{R_1+R_2}=\frac{20\times10^{-3}}{2\times10^3}\text{s}=10\times10^{-6}\text{s}=10\mu\text{s}$$

于是，电流为

$$i_L(t)=i_L(\infty)(1-e^{-\frac{t}{\tau}})=5(1-e^{-\frac{t}{10\times10^{-6}}})=5(1-e^{-10^5t})\text{mA}$$

四、全响应

初始状态不为零，且在外施激励下产生的响应称为全响应。根据激励与响应的因果关系，全响应可分解为零输入响应和零状态响应，即

全响应 = 零输入响应 + 零状态响应

一阶 RC 电路中，电容电压 u_C 随时间变化全响应规律可为

$$u_C=U_0e^{-\frac{t}{\tau}}+U_s(1-e^{-\frac{t}{\tau}}) \tag{8-13}$$

$$\tau=RC$$

一阶 RL 电路中，电感电流 i_L 随时间变化全响应规律可为

$$i_L=I_0e^{-\frac{R}{L}t}+\frac{U_s}{R}(1-e^{-\frac{t}{\tau}}) \tag{8-14}$$

$$\tau=\frac{L}{R}$$

【例 8-8】　如图 8-19 所示电路，有两个开关 S_1 和 S_2，$t<0$ 时，S_1闭合，S_2打开，电路处于稳定状态。$t=0$ 时，S_1打开，S_2 闭合。已知 $I_s=2.5\text{A}$，$U_s=12\text{V}$，$R_1=2\Omega$，$R_2=3\Omega$，

$R_3=6\Omega$，$C=1F$。求换路后电容电压的全响应。

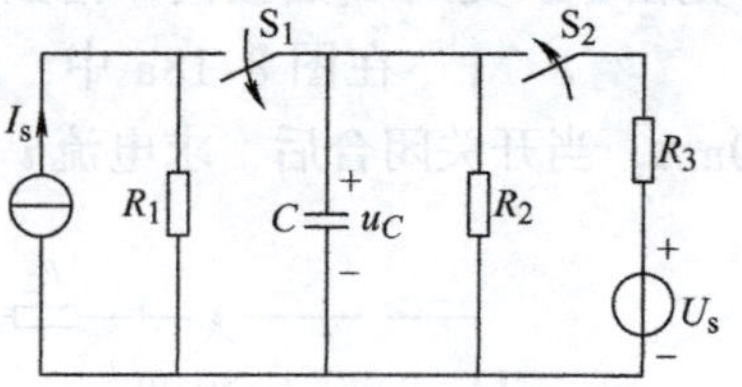

图 8-19　例 8-8 题图

解： 时间常数 τ 为

$$\tau=RC=\frac{R_2R_3}{R_2+R_3}C=\frac{3\times6}{3+6}\times1s=2s$$

电容电压的初始值为

$$u_C(0_+)=u_C(0_-)=I_s\frac{R_1R_2}{R_1+R_2}=2.5\times\frac{2\times3}{2+3}V=3V$$

零输入响应为

$$u_C'=u_C(0_+)e^{-\frac{t}{\tau}}=3e^{-\frac{1}{2}t}V$$

电容电压达到新的稳态时

$$u_C(\infty)=\frac{R_2}{R_2+R_3}U_s=\frac{3}{3+6}\times12V=4V$$

零状态响应为

$$u_C''=u_C(\infty)(1-e^{-\frac{t}{\tau}})=4(1-e^{-\frac{1}{2}t})V$$

换路后电容电压的全响应 = 零输入响应 + 零状态响应，因此有

$$u_C=u_C'+u_C''=[3e^{-\frac{1}{2}t}+4(1-e^{-\frac{1}{2}t})]V=(4-e^{-0.5t})V$$

五、一阶动态电路的三要素分析

求全响应的方法有两种：一种是之前介绍的通过解微分方程求出零输入响应和零状态响应，从而求解全响应的方法，称为经典法；还有一种方法叫作三要素分析法。

三要素分析法是利用动态电路的三个要素：初始值、稳态值和时间常数来求解动态电路的方法。一阶线性电路的全响应为

$$f(t)=f(\infty)+[f(0_+)-f(\infty)]e^{-\frac{t}{\tau}} \tag{8-15}$$

式中，$f(0_+)$ 为待求电压或电流的初始值；$f(\infty)$ 为待求电压或电流的稳态值；τ 为时间常数，具体取值为

$$\tau=RC \text{ 或 } \tau=\frac{L}{R}$$

需要注意的是：

1）三要素法仅适用于一阶线性电路。

2）换路瞬间，用换路定律求初始值。换路很长时间后电路达到新的稳定状态，此时电容视作开路，电感视作短路。

3）在同一个一阶电路中的各响应均具有相同的时间常数 τ。RC 电路中，$\tau=RC$；RL 电路中，$\tau=\frac{L}{R}$。

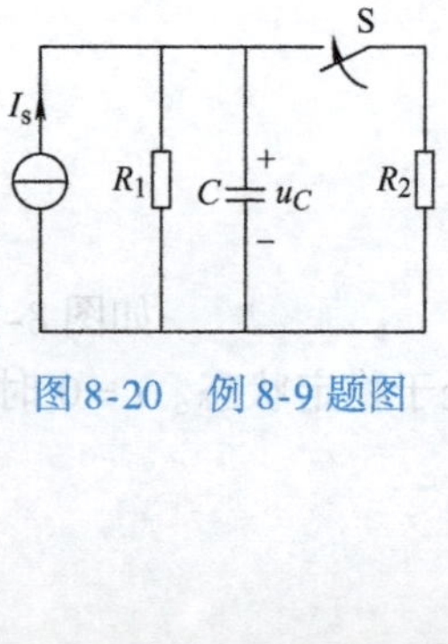

图 8-20　例 8-9 题图

【例 8-9】 如图 8-20 所示电路，$I_s=10mA$，$R_1=20k\Omega$，$R_2=5k\Omega$，$C=100\mu F$。开关 S 闭合之前，电路已经处于稳态，在 $t=0$ 时开关 S 闭合。试用三要素法求开关 S 闭合后的 u_C 的值。

解：（1）根据换路定律可求出电容的初始值：

$$u_C(0_+) = u_C(0_-) = I_s R_1 = 10\times10^{-3}\times20\times10^3\text{V} = 200\text{V}$$

（2）求出新稳态时电容值，此时电容可看作开路：

$$u_C(\infty) = I_s\frac{R_1R_2}{R_1+R_2} = 10\times10^{-3}\times\frac{20\times5\times10^3}{20+5}\text{V} = 40\text{V}$$

（3）求时间常数，此处应将电流源开路，电容断开，求等效电阻值，再计算 τ：

$$R = \frac{R_1R_2}{R_1+R_2} = \frac{20\times5}{20+5}\text{k}\Omega = 4\text{k}\Omega$$

$$\tau = RC = 4\times10^3\times100\times10^{-6}\text{s} = 0.4\text{s}$$

（4）求 u_C的值，利用三要素公式可得

$$u_C = 40\text{V} + (200-40)\text{e}^{-\frac{t}{0.4}}\text{V} = (40+160\text{e}^{-2.5t})\text{V}$$

【例 8-10】 电路如图 8-21 所示，已知 $U_{s1}=9\text{V}$，$U_{s2}=6\text{V}$，$R_1=6\Omega$，$R_2=3\Omega$，$L=1\text{H}$。开关 S 闭合之前，电路已经处于稳态，在 $t=0$ 时开关 S 闭合。试用三要素法求开关 S 闭合后的 i_L和 u_2的值。

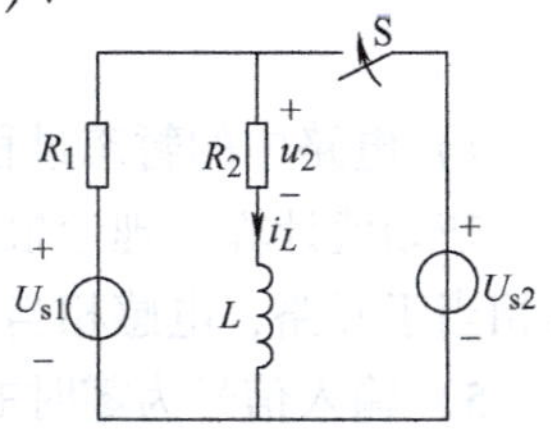

图 8-21　例 8-10 题图

解：（1）求初始值。因为开关 S 闭合前，电路处于稳态，故在换路瞬间电感 L 可看作短路，因此有

$$u_2(0_+) = R_2 i_L(0_+) = 3\times1\text{V} = 3\text{V}$$

$$i_L(0_+) = i_L(0_-) = \frac{U_{s1}}{R_1+R_2} = \frac{9}{6+3}\text{A} = 1\text{A}$$

（2）求稳态值。当 $t=\infty$ 时，电感 L 同样可看作短路，因此有

$$u_2(\infty) = R_2 i_L(\infty) = 3\times2\text{V} = 6\text{V}$$

$$i_L(\infty) = \frac{U_{s2}}{R_2} = \frac{6}{3}\text{A} = 2\text{A}$$

（3）求时间常数 τ。将电感支路断开，恒压源短路，得

$$R = R_2 = 3\Omega$$

$$\tau = \frac{L}{R} = \frac{1}{3}\text{s}$$

（4）求 i_L和 u_2的值，利用三要素公式，得

$$i_L = [2+(1-2)\text{e}^{-3t}]\text{A} = (2-\text{e}^{-3t})\text{A}$$

$$u_2 = [6+(3-6)\text{e}^{-3t}]\text{V} = (6-3\text{e}^{-3t})\text{V}$$

任务解决

当用万用表的“$R\times1\text{k}$”档检测电容质量时，万用表的表笔与电容接在一起，相当于万用表内部的电源通过内部电阻给电容充电。表针不动，说明电容器内部开路或失效；表针满偏转，说明电容器内部短路；表针偏转后慢慢返回，说明电容充电正常，即开始充电电流较大，以后充电电流逐渐减小，电容是好的；表针偏转后不能返回原刻度（∞）处，说明电容存在漏电阻，其值一般为几十到几百兆欧，阻值越大，电容器的绝缘性能越好。

项目小结

主要知识点梳理

1）电路的状态及参数改变都称为换路。

2）电路中储能元件的能量变化过程短暂，因而叫作暂态过程。产生暂态过程的原因是储能元件的能量不能发生跃变。

3）在换路瞬间（$t=0$），电容两端电压和电感中的电流都应保持原值而不跃变，这就是换路定律，即

$$\begin{cases} u_C(0_+)=u_C(0_-) \\ i_L(0_+)=i_L(0_-) \end{cases}$$

4）电路中的暂态过程是指从换路后瞬间（$t=0$）开始到新的稳定状态（$t=\infty$）时结束。初始值计算的理论根据是换路定律。稳态值计算可通过等效电路求出，在求稳态值时电容相当于开路，电感相当于短路。

5）输入信号为零时的响应叫作零输入响应，其形式为

$$f(t)=f(0_+)\mathrm{e}^{-\frac{t}{\tau}} \quad (t\geqslant 0)$$

式中，$f(0_+)$ 为初始值；τ 为电路的时间常数，RC 电路的 $\tau=RC$，RL 电路的 $\tau=L/R$。时间常数反映响应衰减的快慢。

6）储能元件初始储能为零时的响应叫作零状态响应，其形式为

$$f(t)=f(\infty)(1-\mathrm{e}^{-\frac{t}{\tau}}) \quad (t\geqslant 0)$$

式中，$f(\infty)$ 为稳态值；τ 为电路的时间常数，计算方法与零状态响应时间常数计算一样。

7）既有输入信号又为非零初始条件的响应叫作全响应。任一变量的全响应都可分解为零输入响应和零状态响应，其形式为

$$f(t)=f(0+)e^{-\frac{t}{\tau}}+f(\infty)(1-\mathrm{e}^{-\frac{t}{\tau}}) \quad (t\geqslant 0)$$
$$\tau=RC \text{ 或 } \tau=L/R$$

8）一阶动态电路的三要素分析法。即利用动态电路的三个要素：初始值、稳态值和时间常数来求解动态电路的全响应方法。其形式为

$$f(t)=f(\infty)+[f(0_+)-f(\infty)]\mathrm{e}^{-\frac{t}{\tau}} \quad (t\geqslant 0)$$
$$\tau=RC \text{ 或 } \tau=L/R$$

式中，$f(0_+)$ 为初始值；$f(\infty)$ 为稳态值；τ 为时间常数。时间常数中的电阻是动态元件两端电路的戴维南等效电路的等效电阻。

通关测试

一、判断题

1. 电感元件在过渡过程中，流过它的电流不变。 （ ）

2. 电容元件在过渡过程中两端电压不变。 (　　)

3. 电容元件换路定律的应用条件是电容的电压 u_C 有限。 (　　)

4. RC 电路过渡过程的时间常数 $\tau=1/RC$。 (　　)

二、单项选择题

1. 当动态电路的状态或参数发生变化时，电路从原稳定状态（　　）进入新的稳定状态。

A. 立即　B. 经过一段时间　C. 不会自动　D. 经过无限长时间

2. 当动态电路的（　　）发生变化时，电路从原稳定状态经过渡过程后进入新的稳定状态。

A. 状态　B. 参数　C. 连接方式　D. 以上三者

3. 电感元件在过渡过程中，流过它的电流（　　）。

A. 逐渐增加　B. 逐渐降低　C. 不能突变　D. 不变

4. 电路产生过渡过程的原因是（　　）。

A. 电路中存在储能元件　B. 电路中元件的储能未变化

C. 电路发生变化　D. 电路发生变化时，元件的储能发生变化

5. 在过渡过程中，电容两端电压（　　）。

A. 逐渐增加　B. 逐渐降低　C. 不变　D. 逐渐变化

6. 电容元件换路定律的应用条件是电容的（　　）。

A. 电流 i_C 有限　B. 电流 i_C 不变　C. 电压 u_C 有限　D. 电压 u_C 无限大

7. 电感元件换路定律的应用条件是电感的（　　）。

A. 电流 i_L 有限　B. 电流 i_L 无限大　C. 电压 u_L 有限　D. 电压 u_L 不变

8. RL 电路过渡过程的时间常数为（　　）。

A. $\tau=R/L$　B. $\tau=L/R$　C. $\tau=RL$　D. $\tau=1/RL$

9. RC 电路过渡过程的时间常数为（　　）。

A. $\tau=RC$　B. $\tau=R/C$　C. $\tau=C/R$　D. $\tau=1/RC$

三、计算题

1. 已知图 8-22 所示电路在开关动作前已经稳定，求开关动作后电路中各电压、电流的初始值和新的稳态值。

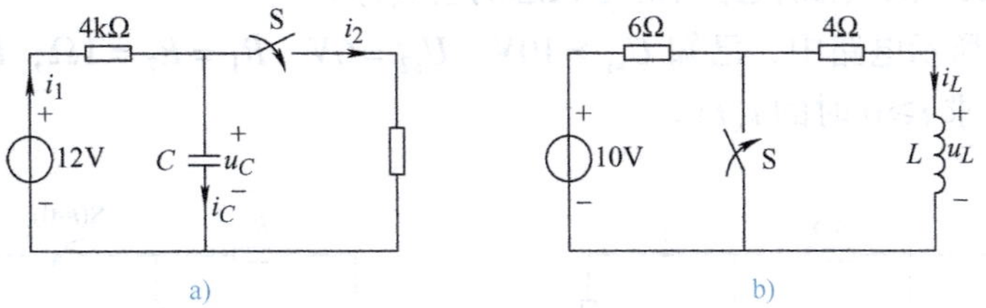

图 8-22　计算题 1 图

2. 电路如图 8-23 所示，求电路的时间常数 τ。

3. 电路如图 8-24 所示，$U_s=12\text{V}$，$R_1=R_2=R_3=2\text{k}\Omega$，$C=1\mu\text{F}$，在 $t=0$ 时断开开关 S，且换路前电路处于稳态，试求 $t\geqslant0$ 时的 u_C。

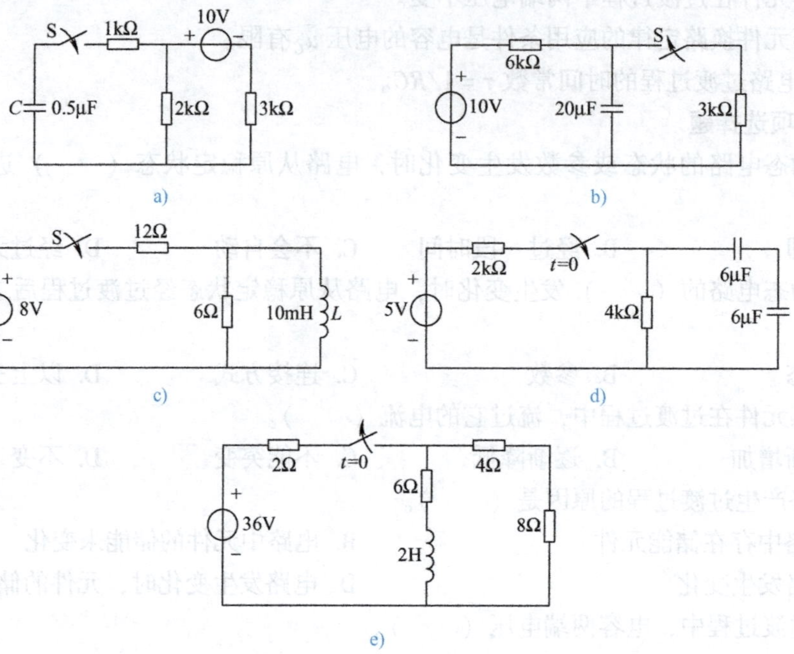

图 8-23 计算题 2 图

4. 在图 8-25 所示电路中，如在稳定状态下 R_1 被短路（即 $t=0$ 时，S 合上），试问短路后经过多少时间，电流才达到 15A？

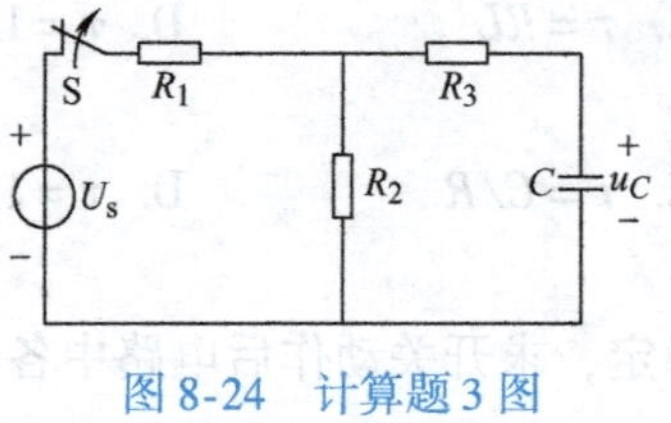

图 8-24 计算题 3 图

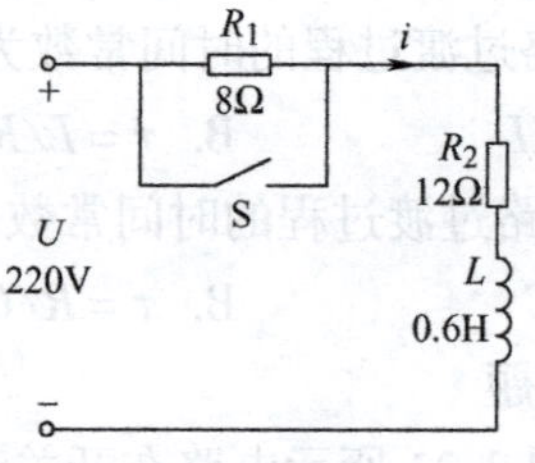

图 8-25 计算题 4 图

5. 试求图 8-26 所示电路换路后的零状态响应 $i(t)$。

6. 在图 8-27 所示电路中，已知 $U_{s1}=10\text{V}$，$U_{s2}=6\text{V}$，$R_1=R_2=1\Omega$，$R_3=2\Omega$，$L=1\text{H}$。$t=0$时开关闭合，求 $t\geqslant 0$ 时的 $i(t)$。

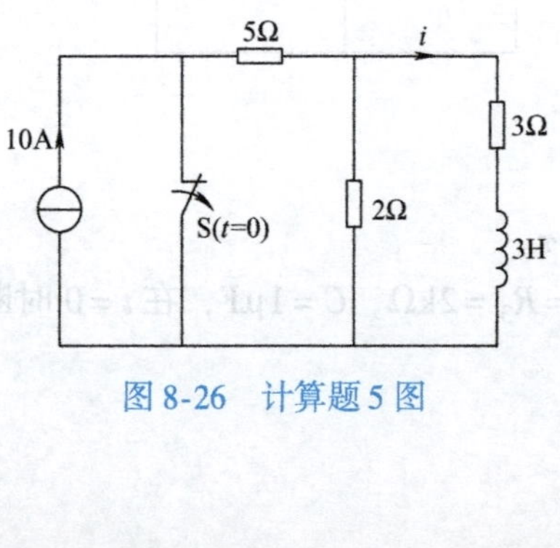

图 8-26 计算题 5 图

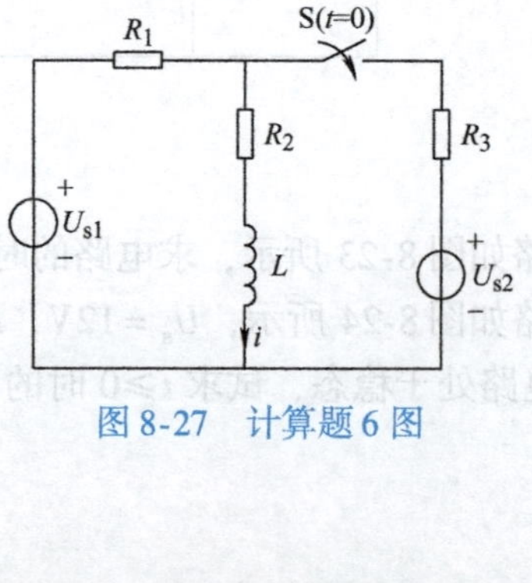

图 8-27 计算题 6 图

7. 在图 8-28 所示电路中，已知 $U_s = 30V$，$R_1 = 100\Omega$，$R_2 = 200\Omega$，$C_1 = 0.2\mu F$，$C_2 = 0.1\mu F$，换路前电路处于稳定状态。试求 $t \geqslant 0$ 时的 $i(t)$、$u_{C1}(t)$、$u_{C2}(t)$。

8. 如图 8-29 所示电路，换路前已稳定，在 $t = 0$ 时，开关 S 闭合，试求 $t \geqslant 0$ 时的 $u_C(t)$。

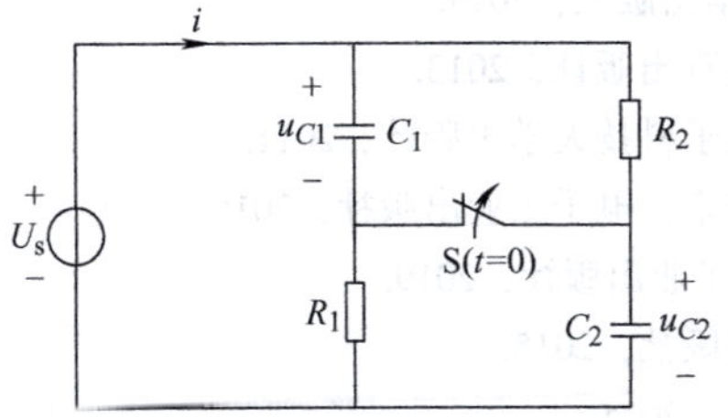

图 8-28　计算题 7 图

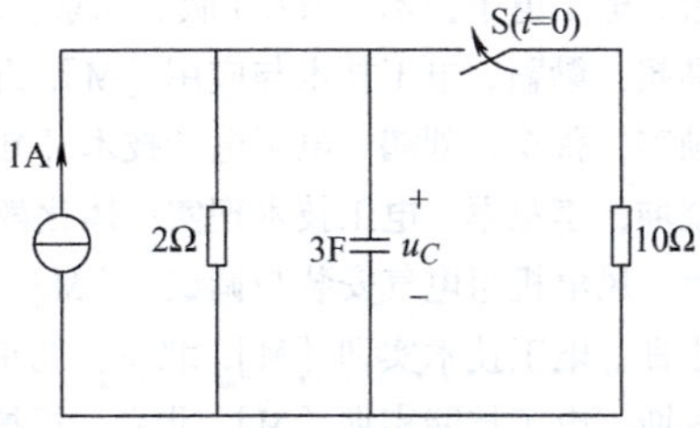

图 8-29　计算题 8 图

参考文献

［1］ 顾阳．电路与电工技术项目教程：教、学、做一体化［M］．北京：电子工业出版社，2014.

［2］ 杨云英．电工技术［M］．北京：北京理工大学出版社，2011.

［3］ 王琳．电工电子技术［M］．3 版．北京：北京理工大学出版社，2019.

［4］ 林训超，梁颖．电工技术与应用［M］．北京：高等教育出版社，2013.

［5］ 李锁牢，张军，刘鸿．电工电子技术［M］．成都：电子科技大学出版社，2011.

［6］ 郑晓坤，李福军．电工技术理实一体化教程［M］．北京：电子工业出版社，2016.

［7］ 王艳．风电机组电气安装与调试．［M］．北京：机械工业出版社，2019.

［8］ 杨志良．电工技术实训［M］．北京：北京理工大学出版社，2015.

［9］ 特古斯．电工技能实训［M］．北京：机械工业出版社，2015.

［10］ 任晓敏．电工实训［M］．北京：北京理工大学出版社，2013.

［11］ 华满香，刘小春，陈庆，等．电气自动化技术［M］．长沙：湖南大学出版社，2017.

［12］ 石琼，宁金叶．电子技术实训教程［M］．北京：机械工业出版社，2018.

［13］ 人力资源和社会保障部教材办公室．电力拖动控制线路与技能训练［M］．5 版．北京：中国劳动社会保障出版社，2014.

［14］ 容慧，裴琴．电工技术实训教程［M］．北京：机械工业出版社，2020.